伊学农　主编

刘　彬　刘建胜　副主编

城市防洪规划设计与管理

化学工业出版社

·北京·

本书是一本集理论基础、设计、施工与管理于一体的综合城市防洪设计与管理的书籍；注重专业性、实用性、可操作性，可帮助读者直观、系统地了解雨洪水形成机理、地面径流和防洪治理工程与措施等的理论与技术方法，并结合作者多年的研究与工程实践，给出了具有参考性的工程实例。

本书可作为市政工程专业本科生、研究生、设计院设计人员、防洪工程的管理者和政府部门的决策者的参考书和学习用书。

图书在版编目（CIP）数据

城市防洪规划设计与管理/伊学农主编 . —北京：
化学工业出版社，2014.4
ISBN 978-7-122-19810-5

Ⅰ.①城⋯　Ⅱ.①伊⋯　Ⅲ.①城市-防洪工程-城市
规划②城市-防洪工程-工程管理　Ⅳ.①TU998.4

中国版本图书馆 CIP 数据核字（2014）第 029378 号

责任编辑：董　琳　　　　　　　　　　装帧设计：关　飞
责任校对：徐贞珍

出版发行：化学工业出版社（北京市东城区青年湖南街 13 号　邮政编码 100011）
印　　装：大厂聚鑫印刷有限责任公司
787mm×1092mm　1/16　印张 16　字数 417 千字　2014 年 7 月北京第 1 版第 1 次印刷

购书咨询：010-64518888（传真：010-64519686）　售后服务：010-64518899
网　　址：http://www.cip.com.cn
凡购买本书，如有缺损质量问题，本社销售中心负责调换。

定　　价：58.00 元　　　　　　　　　　　　　　　　版权所有　违者必究

前　言

近年来，当城市遭受一次次暴雨来袭时，给我们的生活和生产造成了损失和不便，也使城市屡屡出现汽车"潜水"、市民"看海"的奇景；且每逢暴雨必有重要城市内涝发生，致使我们的家园出现财产损失甚至人员伤亡的悲剧。这给我们敲响了统一思想、高度重视、加强城市防洪与内涝治理的警钟。

随着城市的发展和范围扩大，内涝和洪涝灾害更加强烈和严重，北京、上海、广州、武汉、南京、重庆等大城市分别出现了不同程度的内涝灾害，给国家和人民造成了严重的财产损失，因此各级政府均出台了政策和措施，国家下发《国务院关于加强城市基础设施建设的意见》，要求到 2015 年，重要防洪城市达到国家规定的防洪标准；加强城市河湖水系保护和管理，强化城市蓝线保护，坚决制止因城市建设非法侵占河湖水系的行为，维护其生态、排水防涝和防洪功能；完善城市防洪设施，健全预报预警、指挥调度、应急抢险等措施，到 2015 年，重要防洪城市达到国家规定的防洪标准；全面提高城市排水防涝、防洪减灾能力，用 10 年左右时间建成较完善的城市排水防涝、防洪工程体系。

城市防洪工程是一个系统工程，涉及面广，范围大。可以说包括了从天上降雨，到地下排水的整个过程。在城市外部要考虑上游来水的防御和下泄，在城市内部要考虑城市内的基础设施建设与内涝防治。城市防洪系统工程涉及城市总体规划、城市排水工程、城市雨水综合利用、城市排水系统的管理和监督、城市内涝防治与居民防涝能力建设、城市防洪与内涝应急方案与措施、暴雨预警与洪水预警预报等。

为了系统地了解城市防洪和内涝防治理论和工程设计，本书从城市降雨规律和雨洪水径流的理论出发，以国家规范为准则，阐述城市防洪系统的规划设计和管理。内容主要包括设计洪水、城市内涝、山洪和客水洪涝规划设计、水库综合管理与调蓄利用、河道规划管理、流域洪水的宏观调度和优化管理等系统理论与计算，优化管理措施等，尤其增加了现代化的优化软件的管理机制，使城市防洪工程更加系统化，增加可靠性和稳定性，并进行投资与分析，施工与验收等内容。

本书是一本集理论基础、设计、施工与管理于一体的综合城市防洪设计与管理的书籍；注重专业性、实用性、可操作性，可帮助读者直观、系统地了解雨洪水形成机理、地面径流和防洪治理工程与措施等的理论与技术方法，并结合编者多年的研究与工程实践，给出了具有参考性的工程实例。本书可作为市政工程专业本科生、研究生，市政设计院设计人员、防洪工程的管理者和政府部门的决策者的参考书和学习用书。

本书由伊学农主编并统稿，第1章由周伟博、刘建胜编写，第2章、第6章由艾典胜、张艳森编写；第3章、第4章由王峰、伊学农编写；第5章由王玉琳、伊学农编写；第7章、第13章由金鑫、王卫东编写；第8章由段小龙、刘建胜、王俊超编写；第9章由宋桃莉编写；第10章由王卫东、周伟博编写；第11章由鞠秀娟、宋桃莉、伊学农编写；第12章由周伟博、伊学农编写；第14章由刘彬、宋桃莉编写。在此，一并感谢为本书提供资料的单位和个人。

防洪系统是一个庞大的系统，涉及面广，内容多，由于编者水平所限，书中难免存在不当之处，敬请广大读者指正。

编　者

2014 年 1 月

目　录

第1章 城市洪水与规划基础

1.1 城 市 洪 水

洪水，一般是指江河流量剧增，水（潮）位猛涨，并带有一定危险性的自然现象。洪水可分为本地洪水和客流洪水，前者是指当地由于暴雨造成的洪水，后者是指江河从上游输送至当地的洪水。

早期的城市一般是随着政治、军事和商业的需要发展起来的，由于供水和航运等方面的要求，大多数城市都临近河流、湖泊、海滨，为供水和航运提供了便利，但也遭受洪水威胁。"高毋近旱，而水足用；下毋近水，而沟防省。因天才、就地利"（《管子，乘马》），因此在城市的形成和发展中如何解决水利和水害的矛盾是很重要的问题，它关系到城市的兴盛和衰败。

城市人口密集，财富集中，是一个国家或地区的经济文化或政治中心，世界上的著名城市多临江、河、湖、海，因而常受到洪水威胁，甚至遭受洪水灾害。城市虽然是在流域内的一个点，范围小，但涉及面广。由于城市所在具体位置不同，遭遇雨洪水或海水的危害也不同：①沿河流兴建的城市，主要受河流洪水如暴雨洪水、融雪洪水、冰凌洪水以及溃坝洪水的威胁；②处于地势低平有围堤防护的城市，除河、潮洪水外，还有市区暴雨洪水与洪涝的影响；③位居海滨或河口的城市，有潮汐、风暴潮、地震海啸、河口洪水等产生的水位暴涨问题；④依山傍水的城市，除河流洪水外，还有山洪、山体塌滑或泥石流等潜在危害。

我国有1/10的国土和100多座大中城市地面高程在江河水位或潮位以下，易于遭受洪水危害。我国有18000km之多的大陆海岸线和数千个大小岛屿、70%以上的城市、58%的国民经济收入和绝大多数经济开发区分布在沿海地带，因此来自海上的台风、巨浪、海啸、海冰、赤潮等成为沿海地带严重的灾害。经多年统计，以风暴潮在海岸附近造成的损失最多。由于海平面上升和地面沉降，沿海许多地区如渤海周围，东南沿海等地海水入侵现象日渐严重，莱州湾海水入侵的速度达500m/年，加重了这个地区城市的洪水灾害。另外，我国还有许多城市位于山坡下，易于遭受山洪和泥石流威胁。

长江洪水灾害，以荆江、皖北沿江、汉江中下游、洞庭湖和鄱阳湖等地区最为严重。据史料记载，从公元前206～公元1911年的2117年间，长江共发生洪灾214次，平均10年一次。19世纪中叶，连续发生了1860年和1870年两次特大洪水。20世纪，长江又发生了1931年、1935年、1954年、1998年等多次特大洪水，历次大洪水都造成了重大的灾害损失。

黄河洪灾以下游最为严重。据历史记载，自周定王五年（公元前602年）～1949年前的2500多年中，黄河下游决口泛滥的年份共有543年，决溢次数多达1590余次，较大的改道26次。黄河下游改道迁徙的范围，西起孟津，北抵天津，南达江淮，纵横$25 \times 10^4 km^2$。在广阔的黄淮海大平面上，冀、鲁、豫、皖、苏5省到处都留下了黄河改道迁徙的痕迹。

历史上淮河流域的洪水灾害很严重。其中安徽、江苏两省因位居淮河中下游，灾害最为频繁，其次为河南、山东。据史料统计，公元前252～公元1948年的2200年中，淮河流域每100年平均发生水灾27次。在1400～1855年456年间，淮河流域大范围的洪涝灾年有45年，其间以1593年和1730年灾情最重；1855年黄河北徙以后，自1856～1911年的56年中，黄河洪水仍向南决口成灾的有 9 年；民国时期黄河洪水造成淮河流域大水灾有两次，即 1935 年和 1938 年。1949 年以来，淮河流域先后发生了 1950 年、1954 年、1991 年、2003 年流域性大水。淮河水系发生过 1968 年淮河上游洪水；1975 年洪汝河、沙颍河洪水；1965 年下游洪涝等。沂沭泗水系发生过 1957 年、1974 年洪水等，均造成严重的洪涝灾害。

　　历史上上海市也多次经历了暴雨的袭击。1963 年 9 月 12～13 日热带气旋暴雨，南汇县受灾最重，过程降雨量达 434.6mm。全县境内普降特大暴雨，降雨时间集中，雨量大，过程降雨量：大团 512mm，惠南 497mm，周浦 431mm，新场 385mm，泥城 351mm，六灶 322mm。受暴雨影响，水位上涨迅猛，塘东塘西水位高达 4.52m，塘西水位越过钦公塘东流。松江、奉贤、上海等降雨量 300mm 以上，川沙、金山等县及市区降雨量 250mm 以上，其他县也在 100mm 以上。最大风力达 11 级。特大暴雨导致郊区受涝面积 170 万亩，秋熟作物损失严重。据不完全统计，共有 257 个工厂进水，260 个工厂停工，学校停课的 114 所，积水点 204 个。以长宁区最严重，居民受水浸达 7000 余户，最深积水达 1.4m 左右。由于仓库进水，大量粮食、棉花、饲料、化肥、农药等因水浸受潮，损失很大，在灾害中死亡 13 人，房屋倒塌千余间。南汇县倒塌桥梁 97 座，沉没抽水引擎船 99 条，金山县沉没农船 7 条。1977 年 8 月 21～22 日东风扰动暴雨，为上海百余年来罕见的一次特大暴雨。暴雨中心在宝山县塘桥和嘉定县南翔，降雨量分别为 585.6mm 和 571.7mm。暴雨范围波及全市（除川沙、南汇县部分地区），≥100mm 的大暴雨从市区北部、宝山、嘉定直至崇明县。蕴藻浜两岸因此洪水泛滥，积水最深处达 2m，一片汪洋，田园尽淹。全市农田受淹 104 万亩，房屋棚舍受淹约 7 万间，倒塌万余间，沉船 1389 条，塌桥 26 座，死 2 人，伤 16 人，死猪、禽 5.5 万头。9 月份上市蔬菜锐减，供应紧张。市区杨浦、虹口、普陀区有 3 万户居民家中进水。外贸、粮食仓库进水，上钢一厂、五厂、铁合金厂因进水完全停产。据市防汛指挥部统计，财产损失近 2 亿元。1985 年 9 月 1 日冷锋暴雨。暴雨特大中心在川沙县，高桥水文站总雨量高达 459.6mm，川沙气象站 1h 雨量 108.8mm，短时间骤降的特大暴雨为上海所少见。受淹菜田 36300 亩、稻田 9580 亩、棉田 7000 亩。市区西部大面积积水成灾，严重积水路段水深达 70～80cm，致使不少工厂、仓库、商店和住房进水。因电气设备受潮触电死亡 4 人。1991 年 8 月 7 日、9 月 5 日两场大雷暴雨，局部特大暴雨。8 月 7 日以宝山最大，日雨量达 210mm，市区及半数以上县均在 100mm 以上。松江、金山、青浦、奉贤县境内还遭受龙卷风袭击。20 多万户居民住房进水，6 万亩农田受淹，砖坯淋坏 625 万块，死亡 9 人（龙卷风损失另计）。9 月 5 日以金山县雨量最大，为 209mm，其次是市区 165～185mm，崇明县境内出现龙卷风。全市数百条马路积水，10 万多户居民住房进水，13 条公交线路一度停驶，死亡 4 人，伤 10 多人。

　　城市市区各种市政工程最为密集，城市防洪工程总体规划设计，特别是江河沿岸防洪工程布置应与河道整治、码头建设、道路桥梁、取水建筑、污水截流，以及滨江公园、绿化等市政工程密切配合。在协调配合中出现矛盾时，应首先服从防洪的需要，在确保防洪安全的前提下，尽量考虑使用单位和有关部门的要求，充分发挥防洪工程的综合效益。城市防洪规划既要为这些城市的基础设施提供防洪保障，又要与这些城市基础设施的功能相协调，改善、不影响或少影响其功能的正常发挥。

1.2　城　市　河　道

　　城市河道是城市的重要基础设施，承担着多种功能，概括为经济功能、社会功能和生物功能，社会功能和生物功能中又蕴含着文化功能。经济功能，即直接为经济服务的功能，如泄洪排涝、引水灌溉和城乡供水、水力发电、水上运输等；社会功能，即河流为社会安定、经济发展、文化繁荣、精神文明、改善气候、美化环境等提供的服务功能；生物功能，即河流水文对于生态系统孕育繁衍、进化、发展的功能，如对局部气候的改善稳定作用、水体的自我净化功能、对各种废弃物的解毒分解功能、各种适水生物的养殖传播功能、为生物多样性提供水服务的功能等。

河流上游来沙量超过河流挟沙能力时会造成泥沙淤积，河槽变形，影响过水能力，对因泥沙淤积影响防洪的河段需要进行整治。另外，由于水流和河槽相互作用，天然河道特别是平原河道总是弯曲的，弯曲的河道对于防洪、灌溉一般都有有利之处。但是，河流过度弯曲也有不利之处，例如，弯道曲率过大会阻水，增加上游壅水高度，对防洪不利；迎流顶冲还会引起凹岸坍塌，影响堤防和沿岸建筑设施安全；河流曲折迂回，占地多，河势恶化，影响城市布局；弯曲河道还会增加堤线长度和防洪工程投资。因此对过度弯曲的河流需要结合城市规划、防洪、河势等进行整治。所以，以城市防洪为目的的河道整治主要是河道疏浚、裁弯取直。

河道疏浚可以改善河道水力条件，加大河道宣泄洪水能力，降低洪水位，减轻洪水对城市的威胁。特别对于城市市区段的河道，当受条件限制，无法或难以实施其他有效河道整治措施时，河道的常年疏浚更显得重要。河道疏浚断面，首先要清除障碍物如城市河道内的垃圾等，保证设计断面，满足设计洪水安全下泄的要求，并兼顾市政有关部门的需要，还要考虑设计断面适合河道演变的自然规律，使其具有良好的稳定性。河道整治必须按照水力计算确定的设计断面清除河道淤积层和障碍物，以满足洪水下泄要求。

1.3　城　市　内　涝

城市内涝是指由于强降水或连续性降水超过城市排水能力致使城市内产生积水灾害的现象。近年来，我国多个大中城市频繁遭遇内涝灾害袭击，造成了惨重的人员伤亡和财产损失。

根据住房和城乡建设部 2010 年对国内 351 个城市排涝能力的专项调研显示，2008～2010 年间，有 62% 的城市发生过不同程度的内涝，其中内涝灾害超过 3 次以上的城市有 137 个；在发生过内涝的城市中，有 57 个城市的最大积水时间超过 12h。

我国暴雨洪水主要集中在大兴安岭－阴山－贺兰山－六盘山－岷山－横断山以东区域。特别是长江、淮河、黄河、珠江、海河、辽河、嫩江－松花江七大江河的中下游平原地区。其次是四川盆地、关中地区以及云贵高原的部分地区。我国洪涝灾害的灾情特点：范围广、发生频繁、突发性强，而且损失大，其中，农业受洪水灾害影响最为严重。

2008 年 6 月，南方（如贵州、湖南、江西、广西、广东、浙江、福建、上海等 12 个省/区市）不同程度发生洪涝灾害；2008 年 8 月 25 日，一场局部雨量超出百年一遇标准的强雷暴雨袭击上海市，造成中心城区 150 多条马路积水，超过 1.1 万户民居进水，徐家汇等地一度交通严重拥堵。全市最高的小时降雨量超过 117mm，这是上海徐家汇气象观测站 130 多年以来的最高纪录。受灾统计数字显示，由于雨量过于集中，已造成全市 150 余条（段）马路积水 10～40cm，1.1 万余户民居进水 5～10cm；地铁 9 号线漕河泾开发区站点的出入口由于积水严重而暂时关闭，由此导致上海往江苏方向 50 余趟车班次延误，延误时间最久的班次近 2h 没有到站；全市一些立交桥因积水严重而临时封闭，不少"抛锚"汽车 3h 之后还未被妥善处置；机场的部分航班也出现延误现象。

2010 年 5 月，重庆垫江、梁平、涪陵、彭水等 12 个区县（自治县）遭受了大风、冰雹、暴雨灾害；5月，湖北、江西、广东、湖南、贵州等南方多省遭遇严重的洪水灾害；7月，山东遭受暴风雨袭击，受灾人口45.8万人；东北地区，特别是松花江流域持续出现大到暴雨，造成严重的洪涝灾害。

2012年6月23日下午至深夜，北京遭遇十年以来最大降雨，局部地区雨量达到百年一遇。6月23日16～19点，全市平均降水量为35mm，城区降水量为57mm，降水主要集中在西南城区，部分地区降水量甚至超过180mm，达到大暴雨级别。北京的多个低洼路段由于严重积水，已致瘫痪状态，公交系统部分中断。地铁1号线和亦庄线运营受影响，部分站点停运。北京首都国际机场的航班造成较大影响。延误滞留1h以上航班66架次，进出港合计取消95架次。更不幸的是两名青年因被暴雨冲入下水道而身亡。

2012年7月18日午后，南京城遭遇短时大暴雨，主城区多个地方2h内降雨量超过100mm，部分城区出现内涝。暴雨造成南京禄口机场午后至晚间航班大面积延误。暴雨还造成南京火车站铁路沿线的红山路、玄武大道附近区域积水严重。16点许，大量积水倒灌铁路，导致沪宁城际铁路部分轨道被淹。

2012年8月1日凌晨5时至2日凌晨1时，受台风"凤凰"过境影响，南京市浦口区、江宁区和主城区大部地区，累计降水超过100mm，部分地区雨量达到300mm，致使许多道路积水严重，交通瘫痪。

1.3.1　城市内涝产生的原因

1.3.1.1　城市发展与扩展，使水面率降低

大规模不科学的城市开发建设是内涝灾害频发的重要诱因。城市建设的扩张使原本具有自然蓄水调洪错峰功能的洼地、山塘、湖泊、水库等被人为地填筑破坏或填为它用，降低了雨水的调蓄分流功能。

城市缺乏综合防洪减灾规划建设造成的一个重要影响，是导致城市可渗水地面逐渐减少，地表径流增加，汇集速度加快，从而导致城市低洼地方容易积水。

在汇水面积和暴雨强度相同的条件下，地面的径流系数越大，雨洪流量就越大。如果流域内城市不透水面积达到城市面积的20%，只要在3年一遇以上降雨强度时，其产生的流量就可能相当于该地区原有流量的1.5～2倍。

1.3.1.2　城市排水管网完善程度不够

(1) 城市规划赶不上城市化建设步伐　城市管网的不完善也是导致内涝的重要原因，城市开发总是从中心区慢慢向周边辐射，城市规划部门也不能完全预料到城市发展的最终程度，在管道建设初期，周边区域没有完全规划好，导致排水系统的建设无法一步到位。随着新开发区域逐渐成为城市中心区，以前的排水管网显然不能满足急剧膨胀的排水需求。

(2) 城市雨水污水管道错接严重　在雨污分流片区也经常出现雨污管网的错接，在城市排水管网系统中，污水管道汇集到污水处理厂，而雨水管道直接与城市河道相通。污水管道错接到雨水管道，就会使污水不经处理，直接排入天然水体，导致严重的城市水体污染。相反，如果将雨水管道错接到污水管道，暴雨来临时，就会导致严重内涝，因为一般同一路段城市污水管道设计流量要远小于雨水管道设计流量，污水管道管径也要小于雨水管道管径，暴雨带来的短暂大流量雨水通过较小的污水管道，显然无法顺利排出，而无法排入下游河道的雨水，就会溢出地面，在低洼处形成内涝。

1.3.1.3　市民不文明的习惯

市民不文明的习惯也会导致周围排水管道堵塞，这主要是指一些人为图方便，将垃圾倾入排水管网或河道，造成管网或河道的人为堵塞。国内很多城市的老城区都是雨污合流排水体制，城市中最容易发生排水管道堵塞的地方是餐饮业集中地区。垃圾堵塞了排水管道，导

致排水管道基本丧失排水功能，雨水不是通过排水管道排出，而是直接沿着路面从高处向低洼区域汇聚，形成积水点或内涝，从而阻碍交通，影响市民出行。

1.3.2　城市内涝的解决措施

（1）建立城市排水系统预警与预报系统　国内众多城市排水管网建设年代不一、结构复杂，特别是很多城市存在老城区和城中村现象，这些区域排水管网错综复杂，排水管网数据甚至职能部门都不能完全掌握，因此当发生内涝灾害时无法找到症结根源。建立城市排水系统的预警与预报系统，以及详细的排水管网数据库并实时监控成为当务之急。

目前，国外很多城市构建了基于 GIS 系统的城市排水管网系统，这为我国提供了很好的借鉴。GIS 系统与分布在管网内部的传感系统结合，当暴雨发生时，实时监测排水管网的水压异常并报警，为排水管网抢修提供宝贵的时间，从而避免水涝灾害的进一步扩大。

（2）保护城市天然水体　城市建设不到万不得已时不要破坏城市天然水体。例如，南昌市拥有得天独厚的填湖造地条件，内水网密布，赣江、抚河、锦江、潦河纵横境内，湖泊众多，水域面积占全市总面 29.8%，为保护城市天然水体，南昌市人大立法明令禁止填湖造地，对违法者给予严厉惩罚。这是一个非常科学的立法，从地方法规层面杜绝了围湖造地这种只顾眼前利益，忽视长远考虑的行为。目前，国内许多城市都出台了保护城市天然湖泊的地方性法规，重要的是如何使这些法规在实际工作中确实得到遵守。

（3）降低地面硬化率　从自然界角度来说，要想彻底解决城市内涝问题，就应该解决城市地面硬化造成的雨洪水难以渗透的问题。因此更现实的做法是，尽量选择用透水材料来铺设城市的地面，让城市地面能够像人呼吸空气一样呼吸水分，这是在一定程度上解决城市内涝的有效办法。在城市建设中，尽量对各类地面采取非硬化铺设，这样既能避免城市在大降暴雨时出现大面积积水现象，又能帮助城市利用雨水来补充地下水资源，是一种比较有效的人工补偿方法。例如，深圳市在新建城区用中空砖铺设人行道，在砖中间种植草皮，这样一方面提高了植被覆盖，另一方面，也较好地解决了雨水下渗问题。

（4）加强排水管网的建设　城市排水管网的建设是一个功在当代、利在千秋的事情，因此市政建设部门应做好城市管网的建设工作。例如，武汉市汉口区一些旧城区在新中国成立前铺设的排水管网现在还在发挥作用，这期间，该区域大部分房屋都经过了多次翻修，但是排水管网还是当初的管网，几乎没有进行过系统翻修。虽然这些市政设施是当前老城区城市改造的对象，但从中可以看出，城市排水管网将运行相当长的时间，需要经得起历史的考验。因此，市政建设部门要重视城市管网的建设。

为了减少城市内涝发生概率，在城市开发过程中，有必要进行长远考虑，而不应该局限于眼前利益，城市规划管理部门对城市管网建设也应该给予高度重视。借鉴国内外城市内涝防治经验，根据城市的实际情况，编制城市防洪减灾规划，充分研究自然规律和城市建设中应对天灾的经验，做到未雨绸缪，用长远的眼光来建设和管理城市，从而保护城市的文明成果及市民的生命财产不受损失。

1.4　城市防洪规划基础

城市防洪工程规划具有综合性特点，专业范围广，市政设施涉及面多。因此在工程设计中要搜集整理各种相关资料，一般包括地形地貌、河道（山洪沟）纵横断面图、地质资料、水文气象资料、社会经济资料等。

1.4.1　地形和河道基础资料

（1）地形图　地形图是防洪规划设计的基础资料，搜集齐全后，还要到现场实地踏勘、核对。各种平面布置图，不同设计阶段、不同工程性质和规划区域大小等，都对地形图的比例有不同的要求（见表 1-1）。

表 1-1 各种平面布置图对地形图比例的要求

设计阶段	项 目		比例尺
初步设计	汇水面积	≥200km²	(1∶25000)～(1∶50000)
		<200km²	(1∶5000)～(1∶25000)
	工程总平面图、滞洪区平面图		(1∶1000)～(1∶5000)
	堤防、护岸、山洪沟、排洪渠道、截洪沟平面及走向布置图		(1∶1000)～(1∶5000)
施工图设计	工程总平面布置图、滞洪区平面图		(1∶1000)～(1∶5000)
	构筑物平面布置图	堤防、山洪沟、排洪渠道、截洪沟	(1∶1000)～(1∶5000)
		谷坊、护岸、丁坝群	(1∶500)～(1∶1000)
		顺坝、防洪闸、涵闸、小桥、排洪泵站	(1∶200)～(1∶500)

（2）河道（山洪沟）纵横断面图 对拟设防和整治的河道和山洪沟，必须进行纵横断面的测量，并绘制纵横断面图。纵横断面图的比例见表 1-2。横断面施测间距根据河道地形变化情况和施测工作量综合确定，一般为 100～200m。在地形变化较大地段，应适当增加监测断面，纵、横断面监测点应相对应。

表 1-2 纵横断面图的比例

纵断面图	水平	(1∶1000)～(1∶5000)
	垂直	(1∶100)～(1∶500)
横断面图	水平	(1∶1000)～(1∶500)
	垂直	(1∶100)～(1∶500)

1.4.2 地质资料

（1）水文地质 水文地质资料对于堤防、排洪沟渠定线，以及防洪建筑物位置选择等具有重要作用，主要包括设防地段的覆盖层、透水层厚度以及透水系数；地下水埋藏深度、坡降、流速及流向；地下水的物理化学性质。水文地质资料主要用于防洪建筑物的防渗措施选择、抗渗稳定计算等。

（2）工程地质 主要包括设防地段的地质构造、地貌条件；滑坡及陷落情况；基岩和土壤的物理力学性质；天然建筑材料（土料和石料）场地、分布、质量、力学性质、储量以及开采和运输条件等。工程地质资料不仅对于保证防洪建筑物安全具有重要意义，而且对于合理选择防洪建筑物类型、就地选择建筑材料种类和料场、节约工程投资具有重要作用。

1.4.3 水文气象资料

水文气象资料主要包括：水系图、水文图集和水文计算手册；实测洪水资料和潮水位资料；历史洪水和潮水位调查资料；所在城市历年洪水灾害调查资料；暴雨实测和调查资料；设防河段的水位-流量关系；风速、风向、气温、气压、湿度、蒸发资料；河流泥沙资料；土壤冻结深度、河道变迁和河流凌汛资料等。

水文气象资料对于推求设计洪水和潮水位，确定防洪方案、防洪工程规模和防洪建筑物结构尺寸具有重要作用。

1.4.4 历史洪水灾害调查资料

收集历史洪水灾害调查资料，包括历史洪水淹没范围、面积、水深、持续时间、损失等，研究城市洪水灾害特点和成灾机理、对于合理确定保护区和防护对策，拟定和选择防洪方案，具有重要作用。对于较大洪水，还要绘制洪水淹没范围图。

1.4.5　社会经济资料

城市总体规划和现状资料图集；城市给水、排水、交通等市政工程规划图集；城市土地利用规划；城市工业规划布局资料；历年工农业发展统计资料；城市居住区人口分布状况；城市国家、集体和家庭财产状况等。

社会经济资料对于确定防洪保护范围、防洪标准，对防洪规划进行经济评价，选定规划方案具有重要作用。

1.4.6　其他资料

根据城市具体情况，还要收集其他资料。如城市防洪工程现状，城市所在流域的防洪规划和环境保护规划，建筑材料价格、运输条件；施工技术水平和施工条件；河道管理的有关法律、法令；城市地面沉降资料、城市防洪工程规划资料、城市植被资料等。这些资料对于搞好城市防洪建设同样具有重要作用。

1.5　防洪设计标准

城市防洪标准是指城市应具有的防洪能力，也就是城市整个防洪体系的综合抗洪能力。在一般情况下，当发生不大于防洪标准的洪水时，通过防洪体系的正确应用，能够保证城市的防洪安全。具体表现为防洪控制点的最高水位不高于设计洪水位，或者河道流量不大于该河道的安全泄量。防洪标准与城市的重要性、洪水灾害的严重性及其影响直接有关，并与国民经济发展水平相适应。

1.5.1　城市等别

城市防洪标准的确定是一个非常复杂的综合问题，要综合考虑保护区的安全效益和工程投资，并通过技术经济分析和影响评价确定。城市等别是城市防洪标准确定的一项重要指标。

城市是指国家按行政建制设立的直辖市、市、镇，我国城市防洪规划中将城市进行分等，城市等别综合划分为四等，它主要根据所保护城市的重要程度和人口数量（见表 1-3）进行分类。

表 1-3　城市等别

城市等别	分等指标		城市等别	分等指标	
	重要程度	城市人口数量/万人		重要程度	城市人口数量/万人
一	特别重要城市	≥150	三	中等城市	20～50
二	重要城市	50～150	四	小城市	<20

注：城市人口是指市区和近郊区非农业人口。

城市的重要程度是指该城市在国家政治、经济中的地位，是否是首都、省会城市等，是否是经济中心，是否是交通枢纽、商业中心等。显然省会城市要比一般城市和建制镇重要得多，许多城市随着经济建设和交通的发展，在国民经济中的地位也在不断提高。

1.5.2　城市防洪标准

城市防洪标准是指采取防洪工程和非工程措施后所具有防御洪（潮）水的能力。一个国家的防洪标准要与其国民经济发展水平相适应。我国的防洪标准的制定，参照了现有的或规划的防洪标准，并参考国外城市防洪标准，考虑一定时期的国民经济能力等因素（见表1-4）。

表 1-4 城市防洪标准

城市等别	防洪标准（重现期）/年			城市等别	防洪标准（重现期）/年		
	河（江）洪、海潮	山洪	泥石流		河（江）洪、海潮	山洪	泥石流
一	≥200	100～50	>100	三	100～50	20～10	50～20
二	200～100	50～20	100～50	四	50～20	10～5	20

目前国内防洪标准有一级和二级两个标准分级，即一级标准为设计标准、二级标准作为校核标准。由于城市防洪工程的特点，根据我国城市防洪工程运行的实践，城市防洪工程采用一级防洪标准。表 1-5 为我国部分城市的现状和规划防洪标准，供设计时参考。由于近年来我同城市防洪建设速度加快，各地许多城市的防洪标准已经大幅度提高。

表 1-5 我国部分城市防洪现状或设计标准

序号	省份	城市	河流	防洪标准（重现期）/年	序号	省份	城市	河流	防洪标准（重现期）/年
1	黑龙江	哈尔滨	松花江	100	30	山东	东营	广利河、海湖	100、50
2	黑龙江	佳木斯	松花江	50	31	安徽	合肥	南淝河	100
3	黑龙江	齐齐哈尔	嫩江	50	32	安徽	淮南	淮河	50
4	黑龙江	牡丹江	牡丹江	50	33	安徽	安庆	长江	100
5	吉林	长春	伊通河	100	34	安徽	芜湖	长江、青弋江	1954 年洪水
6	吉林	吉林	松花江	100	35	江苏	南京	长江	1954 年洪水
7	吉林	四平	条子河	50	36	江苏	南京	秦淮河	20
8	吉林	浑江	浑江	50	37	江苏	南通	长江	1954 年洪水
9	吉林	临江镇	鸭绿江	30	38	江西	九江	长江	1954 年洪水
10	吉林	通化	浑江	100	39	上海	上海	黄浦江	1000
11	辽宁	沈阳	浑江	300	40	河南	平顶山	湛河	100
12	辽宁	大连	马兰河	20	41	河南	郑州	黄河	1933 年洪水
13	辽宁	锦州	小凌河	50	42	四川	成都	沙河	100
14	辽宁	本溪	太子河	100	43	云南	昆明	盘龙江	200
15	北京	北京	永定河	>100	44	广西	南宁	邕江	100
16	天津	天津	海河	100	45	广东	汕头	梅溪河	50
17	新疆	伊宁	皮里青河	100	46	广东	广州	珠江	100
18	内蒙古	呼和浩特	哈拉沁河	100	47	广东	深圳	深圳河	50
19	河北	秦皇岛	石河	50	48	海南	海口	南渡江	20
20	陕西	西安	大环河	25～100	49	福建	福州	闽江	100
21	陕西	宝鸡	渭河	50	50	福建	泉州	晋江	30～50
22	甘肃	兰州	黄河	100	51	福建	漳州	九龙江	20
23	甘肃	天水	渭河	100	52	湖北	宜昌	长江	1954 年洪水
24	青海	西宁	湟水	200	53	湖北	沙市	长江	1954 年洪水
25	山西	太原	汾河	100	54	湖北	襄樊	汉江	1954 年洪水
26	山西	阳泉	桃河	100	55	湖北	黄石	长江	100
27	山东	济南	山洪沟	20～100	56	湖北	武汉	长江	1954 年洪水
28	山东	济南	黄河	1933 年洪水	57	湖南	长沙	湘江	20
29	山东	泰安	山洪沟	50	58	湖南	衡阳	湘江	20

在确定防洪标准时，防洪标准上下限的选用应考虑受灾后造成的影响、经济损失、抢险难易以及投资的可行性等因素。当城市地势平坦排泄洪水有困难时，山洪和泥石流防洪标准可适当降低。

城市防洪标准确定还要结合城市特点，可以对城市进行分区，按不同分区采取不同的防洪标准。地形高差悬殊较大的山丘区城市，不能简单依据城市非农业人口总数确定城市防洪标准，事实上，地面较高的部分市区可能不会遭受任何洪水威胁，这部分市区面积内的人口、财产不应统计在内；这时，应分析各种量级洪水的淹没范围，根据淹没范围内的非农业人口和损失大小确定防洪标准。如我国著名城市重庆市结合山城高差大的实际情况，主城区按百年一遇的防洪标准，部分沿江建筑物、构筑物按两年一遇洪水标准，重要建设工程按国家有关标准执行，同时还考虑受三峡工程建成后的回水影响。

我国幅员辽阔、水文、气象、地形、地貌、地质等条件非常复杂，各个城市的自然条件差异也较大，不可能把各类城市防洪标准完全规定下来，因此应根据需要和可能，并结合城市具体情况适当提高或降低，但应报上级主管部门批准。对于情况特殊的城市，经上级主管部门批准，防洪标准可适当提高或降低。

1.5.3　其他防护对象的防洪标准

（1）工矿企业的防洪标准　受洪水威胁的冶金、煤炭、石油、化工、林业、建材、机械、轻工、纺织、商业等工矿企业要有相应的防洪能力，其防洪标准根据其规模等级确定（见表1-6）。工矿企业的规模按货币指标划分特大型、大型、中型和小型，货币指标一般为年销售收入和资产总额。应该说明的是，由于随着企业的发展，不同时期的年销售收入和资产总额指标应有所不同，表中指标是《水利水电工程等级划分及洪水标准》（SL 252—2000）指标值。

表 1-6　工矿企业的等级和防洪标准

等　　级	工矿企业规模	货币指标/亿元	防洪标准(重现期)/年
Ⅰ	特大型	≥50	200～100
Ⅱ	大型	50～5	100～50
Ⅲ	中型	5～0.5	50～20
Ⅳ	小型	<0.5	20～10

工矿企业的防洪标准，还应根据受洪水淹没损失大小、恢复生产所需时间长短等适当调整。根据防洪经验，稀遇高潮位通常伴有风暴，且海水淹没大，因此滨海中型及以上工矿企业按以上标准计算的设计高潮位低于当地历史最高潮位时，应采用当地历史最高潮位校核。对于地下采矿业的坑口、井口等重要部位，以及洪水淹没可能引起爆炸或导致毒液、毒气、放射性等有害物质大量泄漏和扩散的工矿企业，防洪标准应提高一、二等进行校核，或采取专门防洪措施。对于核工业或与核安全有关的厂区、车间及专门设施，防洪标准高于200年一遇，核污染严重的应采用可能最大洪水校核。

（2）尾矿坝或库等级和防洪标准　堆放或存储冶金、化工等工矿企业选矿残渣的尾矿坝或库，根据其库容或坝高确定其等级和防洪标准（见表1-7）。当其出现事故后对下游城镇、工矿企业、交通运输等设施造成的影响较大时，防洪标准应提高一～二等，或采取专门防护措施。

表 1-7　尾矿坝或库等级和防洪标准

等　　级	工程规模		防洪标准(重现期)/年	
	库容/×10⁸m³	坝高/m	设计	校核
Ⅰ	具备提高等级条件的Ⅰ、Ⅱ等工程			2000～1000
Ⅱ	≥1	≥100	200～100	1000～500
Ⅲ	1～0.10	100～60	100～50	500～200
Ⅳ	0.10～0.01	60～30	50～30	200～100
Ⅴ	≤0.01	≤30	30～20	100～50

（3）铁路防洪标准　国家标准轨距铁路的各类建筑物、构筑物，按其重要程度或运输能力分为三个等级，根据它们的等级确定防洪标准，并结合所在河段、地区的行洪、蓄洪要求确定（见表1-8）。运输能力为重车方向的运量，每对旅客列车上下行各按每年 7×10^5 t 折算。经过行洪、蓄洪区的铁路，不得影响行洪、蓄洪区的正常运用，工矿企业专用标准轨距铁路的防洪标准根据工矿企业的防洪要求确定。

表 1-8　铁路防洪标准

等级	重要程度	运输能力 /（$\times 10^4$/t 年)	防洪标准（重现期）/年			
			设计			校核
			路基	涵洞	桥梁	技术复杂、修复困难或重要的大桥或特大桥
Ⅰ	骨干铁路和准高速铁路	≥1500	100	50	100	300
Ⅱ	次要骨干铁路和联络铁路	1500～750	100	50	100	300
Ⅲ	地区（包括地方铁路）	≤750	50	50	50	100

（4）公路防洪标准　汽车专用公路的交通量、重要性不同，则因洪水中断交通而带来的交通运输损失、影响等也不相同。因此，在防洪设计时，按公路的重要性和交通量划分不同的等级，根据公路等级采用不同的防洪标准。

一般汽车专用公路的各类建筑物、构筑物划分为高速、Ⅰ、Ⅱ三个等级，一般公路的各类建筑物、构筑物划分为Ⅱ、Ⅲ、Ⅳ三个等级，根据等级确定路基和各类建筑物、构筑物的防洪标准（见表1-9）。

表 1-9　公路各类建筑物、构筑物的等级和防洪标准

类别	等级	重要性	防洪标准（重现期）/年				
			路基	特大桥	大中桥	小桥	涵洞及小型排水构筑物
汽车专用	高速	政治、经济意义特别重要的，专供汽车分道高速行驶，并全部控制出入的公路	100	300	100	100	100
汽车专用	Ⅰ	连接重要的政治、经济中心，通往重点工矿区、港口、机场等地，专供汽车分道行驶，并部分控制出入的公路	100	100	100	100	100
	Ⅱ	连接重要的政治、经济中心或大工矿区、港口、机场等地，专供汽车分道行驶的公路	50	100	50	50	50
一般	Ⅱ	连接重要的政治、经济中心或大工矿区、港口、机场等地的公路	50	100	100	50	50
	Ⅲ	沟通县城以上等地的公路	25	100	50	25	25
	Ⅳ	沟通县、乡（镇）、村等地的公路		100	50	25	

（5）航运防洪标准　港口主要港区的陆域，根据所在城镇的重要性和受淹损失程度分为三个等级。按其等级确定防洪标准（见表1-10）。当港区陆域防洪工程是城市防洪工程的组成部分时，其防洪标准应与城市防洪标准相适应。

天然、渠化河流和人工运河上的船闸的防洪标准，根据其等级和所在河流以及船闸枢纽建筑物中的地位确定（见表1-11）。

表 1-10　港口主要港区陆域的等级和防洪标准

类别	等级	重要性和受淹损失程度	防洪（潮）标准（重现期）/年	
			河网、半平原河流	山区河流
江河港口	I	直辖市、省会、首府和重要的城市的主要港区陆域、受淹损失巨大	100～50	50～20
	II	中等城市的主要港区陆域、受淹损失较大	50～20	20～10
	III	一般城镇的主要港区陆域、受淹损失较小	20～10	10～5
海港	I	重要的港区陆域、受淹后损失巨大	200～100	
	II	中等港区陆域、受淹后损失较大	100～50	
	III	一般港区陆域、受淹后损失较小	50～20	

表 1-11　船闸的等级和防洪标准

等　　级	I	II	III、IV	V、VI、VII
防洪标准（重现期）/年	100～50	50～20	20～10	10～5

（6）管道工程　跨越水域（江河、湖泊）输水、输油、输气管道工程也要考虑防洪问题。对这些管道按工程规模划分为大型、中型、小型三个等级、根据工程等级确定其防洪标准（见表 1-12）。

表 1-12　管道工程防洪标准

等　　级	工程规模	防洪标准（重现期）/年
I	大型	100
II	中型	50
III	小型	20

1.6　城市防洪与总体规划

　　城市的地理位置和具体情况不同，洪水类型和特性不同，因而防洪标准、防洪措施和布局也不同。但是城市防洪规划必须遵循一定的基本原则，归纳起来就是，城市防洪规划要以流域防洪规划和城市发展总体规划为基础，综合治理，对超标准洪水提出合理对策；城市防洪设施要与城市给水、排水、交通、园林等市政设施相协调，保护生态平衡；防洪建设要因地制宜、就地取材、节约土地、降低工程造价。

1.6.1　与流域防洪规划的关系

　　（1）对流域防洪规划的依赖性　城市防洪规划服从于流域防洪规划，指的是城市防洪规划应在流域防洪规划指导下进行，与流域防洪有关的城市上下游治理方案应与流域或区域防洪规划相一致，城市范围内的防洪工程应与流域防洪规划相统一。城市防洪工程是流域防洪工程的一部分，而且又是流域防洪规划的重点，因此城市防洪总体规划应以所在流域的防洪规划为依据，并应服从流域规划。有些城市的洪水灾害防治，还必须依赖于流域性的洪水调度才能确保城市的安全，临大河大江城市的防洪问题尤其如此。

　　武汉市是我国的特大城市，是我国最重要的交通枢纽之一，因地处长江之滨，地势低洼，常遭受长江造成的洪水灾害，尤以 1931 年最为严重，当年 78 万人直接受害，3.62 万人死于洪水。新中国成立后，修建了武金堤、鹦鹉堤以及汉口圈堤等堤防工程，使武汉市的城市防洪能力大大增强，约可抵御 1954 年实际洪水。但若要继续提高到 1954 年雨型的 300～500 年一遇洪水防洪标准，则需依赖于上游三峡工程的兴建和分蓄洪区的分洪。

　　哈尔滨市是黑龙江省的政治经济文化中心，通过 1998 年的降雨资料对历史水文系列延长后，经计算防洪标准只达 70 年一遇。哈尔滨市近期防洪建设除了考虑采取加高加固堤防、疏浚河道及分蓄洪等措施外，还要靠流域内丰满、白山、尼尔基水库的作用，才能使哈尔滨市防洪标准由现在的 70 年一遇提高到 200 年一遇。对超 100 年一遇洪水采用分蓄洪水的措施解决，并考虑尼尔基水库的作用，承担哈尔滨市 100～200 年一遇洪水的防洪任务。

城市防洪总体设计，应考虑充分发挥流域防洪设施的抗洪能力，并在此基础上，进一步考虑完善城市防洪设施，以提高城市防洪标准。

（2）城市防洪规划独立性　相对于流域防洪规划，城市防洪规划又有一定独立性。流域防洪规划中一般都已经将流域内城市作为防洪重点予以考虑，但城市防洪规划不是流域防洪规划中涉及城市防洪内容的重复，两者研究的范围和深度不同。流域或区域防洪规划注重于研究整个流域防洪的总体布局，侧重于整个流域面上防洪工程及运行方案的研究；城市防洪是流域中的一个点的防洪。流域防洪规划由于涉及面宽，不可能对流域内每个具体城市的防洪问题作深入的研究。因此，城市防洪不能照搬流域防洪规划的成果。对城市范围内行洪河道的宽度等具体参数，应根据流域防洪的要求作进一步的比选优化。

1.6.2　与城市总体规划的关系

（1）以城市总体规划为依据　城市防洪规划设计必须在以城市总体规划为依据，根据洪水特性及其影响，结合城市自然地理条件、社会经济状况和城市发展的需要进行。

城市防洪规划是城市总体规划的组成部分，城市防洪工程是城市建设的基础设施，必须满足城市总体规划的要求。所以，城市防洪规划必须在城市总体规划和流域防洪规划的基础上，根据洪（潮）水特性和城市具体情况，以及城市发展的需要，拟订几个可行防洪方案，通过技术经济分析论证，选择最佳方案。

与城市总体规划相协调的另一重要内容是如何根据城市总体规划的要求，使防洪工程的布局与城市发展总体格局相协调，这些需要协调的内容包括：城市规模与防洪标准、排涝标准的关系；城市建设对防洪的要求；防洪对城市建设的要求；城市景观对防洪工程布局及形式的要求；城市的发展与防洪工程的实施程序。在协调过程中，当出现矛盾时，首先应服从防洪的需要，在满足防洪的前提下，充分考虑其他功能的发挥。正确处理好这几方面的关系，才能使得防洪工程既起到防洪的作用，又能有机地与其他功能相结合，发挥综合效能。

（2）对城市总体规划的影响　城市防洪规划也反过来影响城市总体规划。由于自然环境的变化，城市防洪的压力逐年增大，一些原先没有防洪要求或防洪任务不重的城市，由于在城市发展中对防洪问题重视不够，使得建成区地面处于洪水位以下，只能通过工程措施加以保护；开发利用程度很高的旧城区，实施防洪的难度更大。因此城市发展中，应对新建城区的防洪规划提出要求，包括：防洪、排涝工程的布局，防洪、排涝工程规划建设用地，建筑物地面控制高程等，特别是平原城市和新建城市，有效控制地面标高，是解决城市洪涝的一项重要措施。

（3）防洪工程规划设计要与城市总体规划相协调　防洪工程布置，要以城市总体规划为依据，不仅要满足城市近期要求，还要适当考虑远期发展需要，要使防洪设施与市政建设相协调。

① 滨江河堤防作为交通道路、园林风景时，堤宽与堤顶防护应满足城市道路、园林绿化要求，岸壁形式要讲究美观，以美化城市。

② 堤线布置应考虑城市规划要求，以平顺为宜。堤距要充分考虑行洪要求。

③ 堤防与城市道路桥梁相交时，要尽量正交。堤防与桥头防护构筑物衔接要平顺，以免水流冲刷。通航河道应满足航运要求。

④ 通航河道，城市航运码头布置不得影响河道行洪。码头通行口高程低于设计洪水位时，应设置通行闸门。

⑤ 支流或排水渠道出口与干流防洪设施要妥善处理，以防止洪水倒灌或排水不畅，形成内涝。同时还可以开拓建设用地和改善城市环境。在市区内，当两岸地形开阔，可以沿干流和支流两侧修筑防洪墙，使支流泄洪畅通。当有水塘、洼地可供调蓄时，可以在支流出口修建泄洪闸。平时开闸宣泄支流流量，当干流发生洪水时关闸调蓄，必要时还应修建排水泵站相配合。

山东省莱芜市位于鲁中山区，为省辖地级市，城市性质是以钢铁、能源和机械工业为主的城市；职能是以机械制造加工工业为主的综合性工业城市，市域政治、经济、科技、文化、信息中心。莱芜市境内河流分别属汶河和淄河两大水系，东部 87km² 属淄河水系，其余属汶河水系。城区地形起伏较大，北高南低，东高西低，最低点位于城区西南角小曹村处。按照《莱芜市城市总体规划》、莱芜市非农业人口数和其社会经济地位的重要性，根据《防洪标准》确定莱芜市为Ⅲ级城市，决定采用重现期为 50 年一遇的防洪标准设防。在规划建设防洪工程措施时，必须在确保达到防洪要求的前提下，应充分考虑城市用地布局、城市排水和城市景观的需求，综合协调各方面的关系。

蓄滞洪区是防洪体系中不可缺少的重要组成部分，滞洪区的建设和规划要从流域整体规划和城市总体规划出发，以城市可持续发展作为基本目标，充分利用现有工程和非工程设施，根据地形和地貌，以及流域特点和地理位置进行规划。根据莱芜市地理状况和地形特点，考虑到牟汶河对市区的威胁，将位于西南部的城区规划为滞洪区，以应对牟汶河发生较大洪水而河内洪水位高于地面标高，城区内河道洪水难以自然排放和机排时，对城区造成的危害。根据计算该城区的地面标高低于牟汶河 50 年一遇的洪水位标高，而牟汶河的设计防洪标准为大于 100 年一遇。采用工程措施必须设置排水泵站，泵站的设计规划大，而使用率却很低；并且该城区多为平房，没有具有较大经济效益的中大型企业；另外还考虑到牟汶河的进一步修建和扩建，将增大河道的泄水能力，提高其防洪标准。因此，综合考虑各种因素，决定采用非工程措施和临时工程措施解决超标洪水问题，从而确定该滞洪区的位置。另外，根据城市的总体规划和城市建设，在城区河道的上游利用自然洼地，结合城市绿化和建设修建公园池塘，既利用池塘的调蓄能力，削减洪峰流量，又增加了城市水面和绿化，为居民提供了良好的生存居住环境。

第2章 设计洪水

2.1 降　水

降水是水循环过程的最基本环节，又是水量平衡方程中的基本参数。从闭合流域多年平均水量平衡方程可知，降水是地表径流的本源，亦是地下水的主要补给来源。降水在空间分布上的不均匀与时间变化上的不稳定性又是引起洪、涝、旱灾的直接原因。因此，降水的分析与计算在洪水研究与实际工作中十分重要。

2.1.1　降水要素

降水是自然界中发生的雨、雪、露、霜、霰、雹等现象的统称，其中以雨、雪为主。就我国而言，降雨研究最为重要，主要侧重降水的数量特征、时空分布变化以及雨区范围和移动过程等问题的讨论。

（1）降水要素

① 降水（总）量。指一定时段内降落在某一面积上的总水量。一天内的降水总量称日降水量；一次降水总量称次降水量。单位以 mm 计。

② 降水历时与降水时间。前者指一场降水自始至终所经历的时间；后者对应于某一降水而言，其时间长短通常是人为划定的（例如，1h、3h、6h、24h 或 1d、3d、7d 等），在此时段内并不意味着连续降水。

③ 降水强度简称雨强。指单位时间内的降水量，以 mm/min 或 mm/h 计。在实际工作中常根据雨强进行分级，常用分级标准如表 2-1 所示。

表 2-1　降水强度分级　　　　　　　　　　　　　　　单位：mm

等级	12h降水量	24h降水量	等级	12h降水量	24h降水量
小雨	0.2~5.0	<10	暴雨	30~70	50~100
中雨	5~15	10~25	大暴雨	70~140	100~200
大雨	15~30	25~50	特大暴雨	>140	>200

④ 降水面积即降水所笼罩的面积，以 km² 计。

（2）降水特征的表示方法　为了充分反映降水的空间分布与时间变化规律，常用降水过程线、降水累积曲线、等降水量线以及降水特性综合曲线表示。

① 降水过程线。以一定时段（时、日、月或年）为单位所表示的降水量在时间上的变化过程，可用曲线或直线图表示。它是分析流域产流、汇流与洪水的最基本资料。此曲线图只包含降水强度、降水时间，而不包含降水面积。此外，如果用较长时间为单位，由于时段内降水可能时断时续，因此过程线往往不能反映降水的真实过程。

② 降水累积曲线。此曲线以时间为横坐标，纵坐标表示自降水开始到各时刻降水量的累积值。即雨量计记录纸上的曲线，即是降水量累积曲线。曲线上每个时段的平均坡度是各时段内的平均降水强度，即

$$I = \Delta P / \Delta t \tag{2-1}$$

如果所取时段很短，即 $\Delta t \to 0$，则可得出瞬时雨强 i，即 $i = \mathrm{d}P/\mathrm{d}t$。

如果将相邻雨量站的同一次降水的累积曲线绘在一起，可用来分析降水的空间分布与时程的变化特征。

③ 等降水量线又称等雨量线。指地区内降水量相等各点的连线。等降水量线图的绘制方法与地形图上的等高线图作法类似。等雨量线综合反映了一定时段内降水量在空间上的分布变化规律。从图上可以查知各地的降水量，以及降水的面积，但无法判断出降水强度的变化过程与降水历时。

④ 降水特性综合曲线。常用的降水特性综合曲线有以下 3 种。

a. 强度-历时曲线绘制方法是根据一场降水的记录，统计其不同历时内最大的平均雨强，而后以雨强为纵坐标，历时为横坐标点绘而成。同一场降雨过程中雨强与历时之间成反比关系，即历时愈短，雨强愈高。此曲线可用下面经验公式表示：

$$i_t = \frac{s}{t^n} \tag{2-2}$$

式中　t——降水历时，h；

　　　s——为暴雨参数又称雨力，相当于 $t=1h$ 的雨强；

　　　n——为暴雨衰减指数，一般为 $0.5\sim0.7$；

　　　i_t——相应历时 t 的降水平均强度，mm/h。

b. 平均深度-面积曲线是反映同一场降水过程中，雨深与面积之间对应关系的曲线，一般规律是面积越大，平均雨深越小。曲线的绘制方法是，从等雨量线中心起，分别量取不同等雨量线所包围的面积及此面积内的平均雨深，点绘而成。

c. 雨深-面积-历时曲线曲线绘制方法是，对一场降水，分别选取不同历时的等雨量线，以雨深、面积为参数作出平均雨深-面积曲线并综合点绘于同一图上。其一般规律是，面积一定时，历时越长，平均雨深越大；历时一定时，面积越大，平均雨深越小。

2.1.2　面降水的计算

通常，雨量站所观测的降水记录，只代表该地小范围的降水情况，称为点降水量。实际工作中常需要大面积以至全区域的降水量值，即面降水量值。常用的面降水量的计算方法有三种，另有美国气象局系统采用的客观运行法。

（1）算术平均法　此法是以所研究的区域内各雨量站同时期的降水量相加，再除以站数（n）后得出的算术平均值作为该区域的平均降水量（P），即：

$$P = \frac{P_1 + P_2 + \cdots + P_n}{n} \tag{2-3}$$

此法简单易行，适合于区域内地形起伏不大，雨量站网稠密且分布较均匀的地区。

（2）垂直平分法　此法又称泰森多边形法，计算方法见表 2-2。方法原理是在图上将相邻雨量站用直线连接而成若干个三角形，而后对各连线作垂直平分线，连接这些垂线的交点，得若干个多边形，各个多边形内各有一个雨量站，即以该多边形面积（f_i）作为该雨量站所控制的面积。则区域平均降水量可按面积加权法求得：

表 2-2　垂直平分法计算表

雨量/mm	多边形面积/km²	占全面积/%	加权雨量/mm
16.5	18.1	1	0.25
37.1	310.8	19	7.1
48.8	382.3	18	8.9
68.3	310.8	19	12.9

雨量/mm	多边形面积/km²	占全面积/%	加权雨量/mm
39.1	51.8	3	1.3
75.7	238.3	15	11.4
127.0	212.4	13	16.5
114.3	196.8	12	13.7

$$P = \frac{f_1 P_1 + f_2 P_2 + \cdots + f_n P_n}{f_1 + f_2 + \cdots + f_n} = \frac{1}{f} \sum_{i=1}^{n} f_i P_i \tag{2-4}$$

式中 f_1，f_2，…，f_n——各多边形面积。

此法应用比较广泛，适用于雨量站分布不均匀的地区。其缺点是把各雨量站所控制的面积在不同的降水过程中都视作固定不变，这与实际降水情况不符。

（3）等雨量线法 其具体方法见表 2-3，是先绘制出等雨量线，再用求积仪或其他方法量得各相邻等雨量线间的面积 f_i，乘以两等雨量线间的平均雨深 P_i，得出该面积上的降水量，而后将各部分面积上降水总量相加，再除以全面积即得出区域平均降水量 P，即

$$\overline{P} = \frac{1}{F} \sum_{i=1}^{n} f_i P_i \tag{2-5}$$

式中 n——等雨量线间面积块数；

F——为区域面积。

表 2-3 等雨量线计算表

等雨量线	包围面积/km²	净面积/km²	平均雨量/mm	总量/×10⁴m³
125	33.67	33.67	134.6	4531.98
100	233.1	199.43	116.8	23293.4
75	533.54	300.44	88.9	26744.12
50	1041.18	507.64	63.5	32235.14
25	1541.05	499.87	38.1	19045.04
12.5	1621.34	80.29	20.3	1629.9
合计	5003.88	1621.34	462.2	107479.58

注：平均雨量=107479.58÷1621.34=66.29mm。

等雨量线法考虑了降水在空间上的分布情况，理论上较充分，计算精确度较高，并有利于分析流域产流、汇流过程。此法适用于面积较大，地形变化显著而有足够数量雨量站的地区，缺点是对雨量站的数量和代表性有较高的要求，在实际应用上受到一定限制。

（4）客观运行法 此法为美国气象局系统广泛采用，方法简便。先将区域（或流域）分成若干网格，得出很多格点（交点），而后用邻近各雨量站的雨量资料确定各格点雨量，再求出各格点雨量的算术平均值，即为流域的平均降雨量。

各格点雨量的推求以格点周围各雨量站到该点距离平方的倒数为权重，用各站权重系数乘各站的同期降雨量，取其总和即得。可见，雨量站到格点的距离越近，其权重越大。若距离为 d，则权重为 $W = 1/d^2$，若以雨量站到某格点横坐标差为 Δx，纵坐标差为 Δy，则 $d^2 = \Delta x^2 + \Delta y^2$，计算格点雨量的公式：

$$P_j = \frac{\sum_{i=1}^{n} P_i W_i}{\sum_{i=1}^{n} W_i} = \sum_{i=1}^{n_j} W_i P_i \tag{2-6}$$

式中　P_j——第 j 个格点雨量；

　　　n_j——参加第 j 个格点的雨量计算的雨量站站数；

　　　P_i——参加 j 点计算的各雨量站的降雨量；

　　　W_i——各雨量站对于第 j 个格点权重系数。

$$\overline{P} = \frac{1}{N}\sum_{j=1}^{N} P_j \tag{2-7}$$

式中　j——区域内的格点序号；

　　　N——区域内的格点总数。

2.1.3　影响降水的因素

降水是地理位置、大气环流、天气系统、下垫面条件等因素综合影响的产物，这里主要介绍地形、森林、水体等下垫面以及人类活动对降水的影响。

（1）地形对降水的影响　地形主要是通过气流的屏障作用与抬升作用对降水的强度与时空分布发生影响的。这在我国表现得十分强烈。许多丘陵山区的迎风坡常成为降水日数多、降水量大的地区，而背向的一侧则成为雨影区。

地形对降水的影响程度决定于地面坡向、气流方向以及地表高程的变化。但是，这种地形的抬升增雨并非是无限制的，当气流被抬升到一定高度后，雨量达到最大值。此后雨量就不再随地表高程的增加而继续增大，甚至减少。

（2）森林对降水的影响　森林对降水的影响极为复杂，至今还存在着各种不同的看法。例如，法国学者 F. 哥里任斯基根据对美国东北部大流域的研究得出结论，大流域上森林覆盖率增加 10%，年降水量将增加 3%。根据前苏联学者在林区与无林地区的对比观测，森林不仅能保持水土，而且直接增大降水量，例如，在马里波尔平原林区上空所凝聚的水平降水，平均可达年降水量的 13%。我国吉林省松江林业局通过对森林区、疏林区及无林区的对比观测，森林区的年降水量分别比疏林区和无林区高出约 50mm 和 83mm。

另外一些学者认为森林对降水的影响不大。例如 K. 汤普林认为，森林不会影响大尺度的气候，只能通过森林中的树高和林冠对气流的摩阻作用，起到微尺度的气候影响，它最多可使降水增加 1%～3%；H. L. 彭曼收集亚、非、欧和北美洲地区 14 处森林多年实验资料，经分析也认为森林没有明显的增加降水的作用。

第三种观点认为，森林不仅不能增加降水，还可能减少降水。例如，我国著名的气象学者赵九章认为，森林能抑制林区日间地面温度升高，削弱对流，从而可能使降水量减少。另据实际观测，茂密的森林全年截留的水量，可占当地降水量的 10%～20%，这些截留水，主要供雨后的蒸发。例如，美国西部俄勒冈生长美国松的地区，林冠截留的水量可达年降水量的 24%。从流域水循环、水平衡的角度来看，这些截留水是水量损失，应从降水总量中扣除。

以上三种观点都有一定的根据，亦各有局限性。而且即使是实测资料，也往往要受到地区的典型性、测试条件、测试精度等的影响。总体来说，森林对降水的影响肯定存在，至于影响的程度，是增加或是减少，还有待进一步研究。并且与森林面积、林冠的厚度、密度、树种、树龄以及地区气象因子、降水本身的强度、历时等特性有关。

（3）水体对降水的影响　陆地上的江河、湖泊、水库等水域对降水量的影响，主要是由于水面上方的热力学、动力学条件与陆面上存在差别而引起的。"雷雨不过江"这句天气谚语，形象地说明了水域对降水的影响。这是由于水体附近空气对流作用，受到水面风速、气流辐散等因素的干扰而被阻，从而影响到当地雷雨的形成与发展。根据观测，水域会减少降水量，但因季节不同而有差异。例如，夏季在太湖、巢湖及长江沿岸地带，存在程度不同的少雨区，以南京到扬中平原之间的长江沿岸较为典型，夏季降水量比周围地区少50～60mm，但冬季则比周围略有增加，增加值不超过10mm，总体而言是减少了降水量。又如，新安江水库建成后，库区北部的年降水量明显减少，最大可减少100mm/年，库区中心甚至减少150mm，占全年降水量的11%左右。但在迎风的库岸地带，当气流自水面吹向陆地时，因地面阻力大，风速减小，加上热力条件不同，容易造成上升运动，促使降水增加。

（4）人类活动对降水的影响　人类活动对降水的影响一般都是通过改变下垫面条件而间接影响降水。例如，植树造林、大规模砍伐森林、修建水库、灌溉农田、围湖造田、疏干沼泽等，造成降雨量的增大或减少，影响机理如前所述。

在人工直接控制降水方面，例如，使用飞机、火箭直接行云播雨，或者驱散雷雨云，消除雷雹等。虽然这些方法早已得到了实际的运用，但迄今由于耗资过多，只能对局部地区的降水产生影响。需要着重指出的是，城市对降水的影响主要表现为城市的增雨作用。例如，南京市区年降水量比郊区多22.6mm，而且增加了大雨、雷暴、降雪。其具体影响的程度、增雨量的大小，则根据城市的规模、工厂的多少、当地气候湿润的程度等情况而定。

2.2　设 计 降 雨

在防洪和雨水设计中采用的是最大降雨或者是暴雨资料，主要包括论述设计资料的组成，设计降雨资料的分析，以及设计降雨与设计洪水流量的关系、确定方法等。

2.2.1　基本概念和研究意义

所谓可能最大降水（PMP）或可能最大暴雨（PMS），系指在现代的地理环境和气候条件下，在特定的区域和特定的时段内，可能发生的最大降水量（或暴雨）。由此可见，可能最大降水含有降水上限的意义，亦即该地的降水量只可能达到，不可能超越这数值。但它有一个基本约束条件，即规定适用"现代的地理环境及气候条件"。对于未来的情况，应根据今后地理环境和气候的变迁程度而定。总体上说，地理环境的明显变化，一般以世纪为单位，所以可能最大降水量具有相对的稳定性。

可能最大降水的提出，主要是顺应水利工程建设的安全需要，因为可能最大降水及其时空分布，通过流域产流和汇流计算，可推算出相应的洪水，称为可能最大洪水（PMF）。以修建水库工程为例，修建目的是为了兴利，但修建后，水库大坝等工程自身又存在安全问题，一旦水库失控，将会造成重大损失。所以合理地选定防洪标准具有重大意义。然而以往的水库工程，尤其是中小型水库，常常选用一种较短重现期的洪水作为工程设计的标准。例如，以百年一遇、二百年一遇的洪水为标准。但这种以短重现期洪水来设计水库大坝，本身要承担一定的风险，例如，上述设计，洪水为百年一遇，在工程寿命百年或二百年内，其危机率分别为63.4%和86.6%；此外还要受到实测资料以及历史洪水调查资料的局限。人们所掌握的历史洪水不一定反映实际情况，更不能反映今后可能发生的超历史洪水。1975年8月发生于河南林庄的大暴雨，远远地超越了当地防洪设计标准，造成板桥、石漫滩两座大型水库以及竹沟等中型水库相继漫坝、垮坝。所以从暴雨洪水的成因机制方面来研究和确定当地可能产生的最大暴雨量，并以此推求出最大可能洪水作为工程设计的依据，对水库的安全具有重大的意义。1978年我国颁布的《水利水电工程等级划分及设计标准（山区、丘陵区）SDJ12—78（试行）》第十三条中明确规定"失事后对下游将造成较大灾害的大型水库、重要的中型水库及特别重要的小型水库的大坝，当采用土石坝时，应以可能最大洪水作为非常运用洪水标准"。

2.2.2　可能最大降水估算方法简介

迄今为止，由于人们对于暴雨形成的物理机制了解得还不够深入，不够全面，并受到气象资料的限制，难以精确地计算出可能降水量的上限值。一般均采用半经验半理论的水文与气象相结合的模型计算 PMP。如当地暴雨放大法就是目前应用较多的一种计算 PMP 的方法。其基本原理是，决定暴雨的因素可归结为空中水汽含量（即理论上的可能降水量 W），以及降水效率 η。降水效率 η 则决定于气流的辐合与垂直运动的特性与强度。通常以雨湿比 P/W 作为效率的指标，即实际降水占可降水的比值越大，降水效率就越高。当各种因子处于最优组合的条件下，P/W 值最大，效率最高，其相应的暴雨称为高效暴雨。有人综合我国 130 多场大暴雨的可降水量 W，与相应的 24h 雨量 P_{24} 之间的关系，其外包线显示出在高效暴雨条件下的 P_{24} 与 W 之间存在近似的线性关系。根据这一线性关系可建立可能最大暴雨量 P_m 的计算公式：

$$P_m = \frac{W_m}{W}P \tag{2-8}$$

式中　P——选定的典型高效暴雨量；
W_m、W——分别为当地可能最大暴雨的可降水量和当地典型的可降水量。

其中，P 和 W 值可在当地实测的暴雨资料中选取；W_m 值可用当地各主要等压面多年实测露点极大值换算成比湿，然后垂直积分，即可求出 200 百帕以下气柱内的水汽总含量，并以此作为可降水量的近似物理上限值。我国已绘制出此物理上限分布图。例如，北京为 84.5mm，武汉为 89.3mm，广州为 88.0mm，乌鲁木齐为 45.5mm。除了上述方法外，还有暴雨移置法，暴雨组合法等。但迄今为止，由于"可能最大降水"基本理论尚待进一步完善，加之受到测试条件、实测资料不足等影响，故这些方法在实际应用上受到很大的限制。

2.3　土壤渗流

2.3.1　渗流的基本涵义

流体在孔隙介质中的流动称为渗流，水在地表下发生在土壤或岩石孔隙中的渗流也称为地下水流动。渗流现象广泛存在于给水排水工程、环保工程、水利水电工程，因此必须对渗流规律和特点有所认识和了解。地下水流动是一种受到多种因素影响的复杂流动现象，其流动规律与土壤介质结构有关，也与水在地下的存在状态有关，下面对这两个方面的问题作一介绍。

由土壤的结构特征决定渗流特征，据此可以对土壤分类。在一个给定方向上渗流特征不随地点而变化的土壤称为均质土壤，否则称非均质土壤。在各个方向上渗流特性相同的土壤称为各向同性土壤，否则称为各向异性土壤。严格地说，只有等直径圆球形颗粒规则排列的土壤才是均质各向同性土壤，但是，为简化分析，通常可以假设工程问题的实际土壤也具有这些特性。

土壤的疏密程度，即土壤中孔隙总体积大小用孔隙率 n 表示，n 指一定体积土壤中孔隙体积与总体积（土壤中固态颗粒的体积与孔隙体积之和）的比值，显然，孔隙率大的土壤透水性强，渗流更易于发生。

土壤颗粒的均匀程度以土壤的不均匀系数 η 表示：

$$\eta = \frac{d_{60}}{d_{10}} \tag{2-9}$$

式中 d_{60}——土壤被筛分时，能保证占重量60％的土壤能通过的筛孔的直径；

d_{10}——能通过10％重量土壤的筛孔。

η显然大于1，这一比值越大的土壤越不均匀，透水性越差。

水在土壤中有五种存在形态，即气态水、附着水、薄膜水、毛细水和重力水。但是，前四种水对渗流并不产生影响，它们可以认为是土壤中静态形式的水。参与地下水流动的主要是在重力作用下运动的重力水，重力水在地下水中所占比重最大，本章中讨论的渗流流动规律实际是指重力水的运动规律。

2.3.2 渗流基本规律——达西定律

在大量实验基础上，法国工程师达西总结得出渗流的水头损失与渗流流速、流量之间的关系，即达西定律。

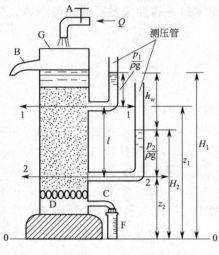

图 2-1 达西实验装置

达西实验装置如图2-1。装置主体为一开口等截面直立圆筒，其侧壁装有高差为l的上、下两测压管。筒底装有一滤板D，滤板上铺设均质沙土。水由引水管从上面注入，多余的水由溢水管B排走，由此保证筒中水位稳定。水经过沙土渗入到筒底量杯F，这样可以通过测定渗流时间和渗流出水体积计算渗流流量Q。

现列出图2-1中1-1和2-2两个水平面之间的伯努利方程计算水流在两个断面之间的损失h_w。渗流流速很小，两断面上动能可以忽略不计。两断面上压强p_1、p_2显然等于两测压管中静止水柱在测压管底部产生的压强，以2-2断面作为计算位能的水平基准，于是得到：

$$\frac{p_1}{\rho g} + l = \frac{p_2}{\rho g} + h_w \tag{2-10}$$

或

$$h_w = l + \frac{p_1}{\rho g} - \frac{p_2}{\rho g} = H_1 - H_2 \tag{2-11}$$

实验中，量出H_1和H_2即能求出单位重量水流过两断面的水力损失h_w。

实验表明，通过圆筒的渗流流量Q正比于圆筒断面面积A和单位重量水流过两断面发生的水力损失h_w，反比于两断面轴向距离l，即

$$Q = kA \frac{h_w}{l} \tag{2-12}$$

上式两边除以A，得到渗流平均速度v的表达式：

$$v = k \frac{h_w}{l} \tag{2-13}$$

$$J = \frac{h_w}{l}$$

水力坡度J代表单位长度流程上单位重量水的水力损失，由此得到达西渗流定律

$$Q = kAJ \tag{2-14}$$

$$v = kJ \tag{2-15}$$

式中 k——反映土壤渗流能力的综合系数，称为渗流系数，具有速度量纲。

不同种类和状态土壤的k值可以由实验确定，见表2-4所示。

达西定律是以均质沙土为实验介质获得的，另外，式中给出的平均速度值与水力损失一次方成正比，这是层流流动的特征。因此达西定律的应用范围要受到限制。大量研究结果表明，当渗流雷诺数不超过渗流临界雷诺数时，可以认为流动满足达西定律。渗流雷诺数 Re 定义为

$$\mathrm{Re} = \frac{v d_{10}}{v} \tag{2-16}$$

渗流临界雷诺数为 1～10，为安全，可以取 1 作为渗流达西定律适应的上限值。

工程中的渗流问题，除开碎石等大孔隙中的流动，大多适合达西线性渗流定律。

表 2-4　土壤类型的渗流系数值 k

土壤名称	渗流系数 k		土壤名称	渗流系数 k	
	m/d	cm/s		m/d	cm/s
黏土	<0.005	$<6 \times 10^{-6}$	粗砂	20～50	$2 \times 10^{-2} \sim 6 \times 10^{-2}$
亚黏土	0.005～0.1	$6 \times 10^{-6} \sim 1 \times 10^{-4}$	均质粗砂	60～75	$7 \times 10^{-2} \sim 8 \times 10^{-2}$
轻亚黏土	0.1～0.5	$1 \times 10^{-4} \sim 6 \times 10^{-4}$	圆砾	50～100	$6 \times 10^{-2} \sim 1 \times 10^{-1}$
黄土	0.25～0.5	$3 \times 10^{-4} \sim 6 \times 10^{-4}$	卵石	100～500	$1 \times 10^{-1} \sim 6 \times 10^{-1}$
粉砂	0.5～1.0	$6 \times 10^{-4} \sim 1 \times 10^{-3}$	无填充物卵石	500～1000	$6 \times 10^{-1} \sim 1 \times 10$
细砂	1.0～5.0	$1 \times 10^{-3} \sim 6 \times 10^{-3}$	稍有裂隙岩石	20～60	$2 \times 10^{-2} \sim 7 \times 10^{-2}$
中砂	5.0～20.0	$6 \times 10^{-3} \sim 2 \times 10^{-2}$	裂隙多的岩石	>60	$>7 \times 10^{-2}$
均质中砂	35～50	$4 \times 10^{-2} \sim 6 \times 10^{-2}$			

2.4　汇水面积径流过程

地面径流指降水后除直接蒸发、植物截留、渗入地下、填充注地外，其余经流域地面汇入河槽，并沿河下泄的水流。地面径流又由于降水形态的不同，可分为雨洪径流与融雪径流。前者是由降雨形成的，后者是由融雪产生的。它们的性质和形成过程是有所不同的。

降水量减去蒸发量即为径流量，蒸发量大小直接影响到径流量的大小。蒸发包括水面蒸发和陆面蒸发。水面蒸发受到当地气温、饱和差和风速等的综合影响；陆地蒸发直接体现热量交换过程与水量交换过程间的联系，是水分和热能的综合表现。

影响径流大小除降水、蒸发气象因素外，还受流域下垫面因素：如位置、地貌、植被以及人类活动因素的影响。

2.4.1　等流时线法

防洪分区或流域分划是防洪总体规划的关键，合理的划分，尤其河道流域的划分和计算，需要结合优化的现代方法进行。流域各点的净雨到达出口断面所经历的时间，称为汇流时间 τ；流域上最远点的净雨到达出口断面的汇流时间称为流域汇流时间。流域上汇流时间相同点的连线，称为等流时线，两条相邻等流时线之间的面积称为等流时面积，如图 2-2 所示，图中，$\Delta\tau$、$2\Delta\tau$ 等为等流时线汇流时间，相应的等流时面积为 f_1、f_2 等。

取 $\Delta t = \Delta\tau$，根据等流时线的概念，降落在流域面上的时段净雨，按各等流时面积汇流时间顺序依次流出流域出口断面，计算公式：

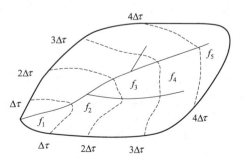

图 2-2　流域等流时线

$$q_{i,i+j-1}=0.278r_if_j \qquad j=1,2,\cdots,n \tag{2-17}$$

式中　r_i——第 i 时段净雨强度（$h/\Delta t$），mm/h；

　　　　f_j——汇流时间为 $(j-1)\Delta t$ 和 $j\Delta t$ 两条等流时线之间的面积，km^2；

　$q_{i,i+j-1}$——在 f_j 上的 r_i 形成的 $i+j-1$ 时段末出口断面流量，m^3/s。

假定各时段净雨所形成的流量在汇流过程中相互没有干扰，出口断面的流量过程是降落在各等流时面积上的净雨按先后次序出流叠加而成的，则第 k 时段末出口断面流量

$$Q_k = \sum_{i=1}^{n} q_{i,k} = 0.278 \sum_{i+j-1=k} r_if_j \tag{2-18}$$

等流时线法适用于流域地面径流的汇流计算。

[实例 2-1]　某流域划分为 5 块等流时面积，已知一次降雨的逐时段地面净雨强度，净雨时段与汇流时段长度相等，见表 2-5 的 1～3 栏，计算该次降雨所形成的出口断面流量过程。

按公式 2-17 计算各时段净雨所形成的部分流量过程，将第一时段地面净雨形成的地面径流过程，列于表 2-5 的 h_1，其他时段地面净雨形成的径流过程依次错开一个时段分别列于 $h_2 \sim h_4$ 栏，然后横向累加，即得本次地面净雨所形成的地面径流过程 Q_s。

表 2-5　等流时线法汇流计算

时间/时	r /(mm/h)	f /km^2	q/(m^3/s)				Q_s /(m^3/s)
			h_1	h_2	h_3	h_4	
2			0				0
3			12.8	0			12.8
6		9	36.9	45.8	0		82.6
9	5.1	26	59.5	132.3	20.5	0	212.3
12	18.3	42	58.1	213.7	59.3	6.8	337.8
15	8.2	41	24.1	208.6	95.7	19.5	347.9
18	2.7	17	0	86.5	93.5	31.5	211.5
21				0	38.8	30.8	69.5
24					0	12.8	12.8
36						0	0

用等流时线的汇流概念推求出口断面的流量过程，有助于直观上认识径流的形成和出口断面任一时刻流量的组成。但是，等流时线法的基础是等流时线上的水质点汇流时间相同，各等流时之间没有水量交换，始终保持出流先后的次序，即水体在运动过程中只是平移而不发生变形。但实际上，由于河道断面上各点的流速分布并不均匀，河道对水体的调蓄作用是非常显著的，造成水流在运动过程中发生变形。一般情况下，在河道调蓄能力较大的流域，按等流时线法推算的结果往往与实测流量过程产生偏差。因此，等流时线方法主要适用于流量资料比较缺乏，河道调蓄能力不大的小流域。

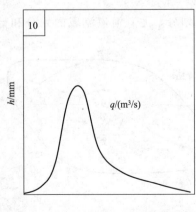

图 2-3　时段单位线

2.4.2　时段单位线法

（1）单位线　单位时段内在流域上均匀分布的单位净雨量所形成的出口断面流量过程线，称为单位线，见图 2-3。单位净雨量一般取 10mm；单位时段 Δt 可根据需要取 1h、3h、6h、12h、24h 等，应视流域面积、汇流特性和计算精度要求确定。为区别于用数学方程式表

示的瞬时单位线，通常把上述定义的单位线称为时段单位线。

由于实际净雨未必正好是一个单位量或一个时段，在分析或使用单位线时需依据两项基本假定：

① 倍比假定。如果单位时段内的净雨是单位净雨的 k 倍，所形成的流量过程线是单位线纵标的 k 倍。

② 叠加假定。如果净雨历时是 m 个时段，所形成的流量过程线等于各时段净雨形成的部分流量过程错开时段的叠加值。

单位线法主要适用于流域地面径流的汇流计算，可以作为地面径流汇流方案的主体。如果已经得出在流域上分布基本均匀地面净雨过程，就可利用单位线，推求流域出口断面地面径流流量过程线。

（2）单位线的推求　　单位线需利用实测的降雨径流资料来推求，一般选择时空分布较均匀，历时较短的降雨形成的单峰洪水来分析。根据地面净雨过程 $h(t)$ 及对应的地面径流过程线 $Q(t)$，就可以推求单位线。常用的方法有分析法、试错法等。

分析法是根据已知的 $h(t)$ 和 $Q(t)$，求解一个以 $q(t)$ 为未知变量的线性方程组，即由

$$\left.\begin{aligned}
Q_1 &= \frac{h_1}{10} q_1 \\
Q_2 &= \frac{h_1}{10} q_2 + \frac{h_2}{10} q_1 \\
Q_3 &= \frac{h_1}{10} q_3 + \frac{h_2}{10} q_2 + \frac{h_3}{10} q_1 \\
&\cdots
\end{aligned}\right\} \tag{2-19}$$

求解得：

$$\left.\begin{aligned}
q_1 &= Q_1 \, \frac{h_1}{10} \\
q_2 &= \left(Q_2 - \frac{h_1}{10} q_1 \right) \frac{h_1}{10} \\
q_3 &= \left(Q_3 - \frac{h_2}{10} q_2 - \frac{h_3}{10} q_1 \right) \frac{h_1}{10} \\
&\cdots
\end{aligned}\right\} \tag{2-20}$$

无论采用何种方法，推求出来的单位线的径流深必须满足 10mm。如果单位线时段 Δt 以 h 计，流域面积 F 以 km^2 计，则：

$$\frac{3.6 \sum\limits_{i=1}^{n} q_i \Delta t}{F} = 10 \tag{2-21}$$

$$\sum_{i=1}^{n} q_i = \frac{10F}{3.6 \Delta t} \tag{2-22}$$

（3）单位线的时段转换　　单位线应用时，往往实际降雨时段或计算要求与已知单位线的时段长不相符合，需要进行单位线的时段转换，常采用 S 曲线转换法。

假定流域上净雨持续不断，且每一时段净雨均为一个单位，在流域出口断面形成的流量过程线称为 S 曲线，见图 2-4 和表 2-6。表 2-6 中的 Q' 是净雨流量。

由表 2-6 可知，S 曲线在某时刻的纵坐标等于连续若

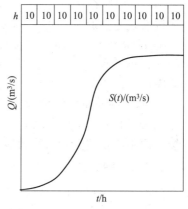

图 2-4　S 曲线

干个 10mm 单位线在该时刻的纵坐标值之和，或者说，S 曲线的纵坐标就是单位线纵坐标沿时程的累积曲线，即：

$$S(\Delta t, t_k) = \sum_{j=0}^{k} q(\Delta t, t_j) \tag{2-23}$$

式中　Δt——单位线时段，h；
$S(\Delta t, t_k)$——第 k 个时段末 S 曲线的纵坐标，m^3/s；
$q(\Delta t, t_j)$——第 j 个时段末单位线的纵坐标，m^3/s；
　　反之，由 S 曲线也可以转换为单位线

$$q(\Delta t, t_j) = S(\Delta t, t_j) - S(\Delta t, t_j - \Delta t) \tag{2-24}$$

表 2-6　S 曲线计算

k	Q'								$S(t_k) = Q(t_k)$
	10mm	10mm	10mm	10mm	10mm	10mm	10mm	10mm	
0	0								0
1	q_1	0							q_1
2	q_2	q_1	0						$q_1 + q_2$
3	q_3	q_2	q_1	0					$q_1 + q_2 + q_3$
4	q_4	q_3	q_2	q_1	0				$q_1 + q_2 + q_3 + q_4$
5	q_5	q_4	q_3	q_2	q_1	0			$q_1 + q_2 + q_3 + q_4 + q_5$
6		q_5	q_4	q_3	q_2	q_1	0		$q_1 + q_2 + q_3 + q_4 + q_5$
7			q_5	q_4	q_3	q_2	q_1	0	$q_1 + q_2 + q_3 + q_4 + q_5$
8				q_5	q_4	q_3	q_2	q_1	$q_1 + q_2 + q_3 + q_4 + q_5$

由于不同时段的单位净雨均为 10mm，因此，单位线的净雨强度与单位时段的长度成反比。根据倍比假定，不同时段的 S 曲线之间满足：

$$S(\Delta t, t) = \frac{\Delta t_0}{\Delta t} S(\Delta t_0, t) \tag{2-25}$$

将式(2-25) 代入式(2-24)，得

$$q(\Delta t, t_j) = \frac{\Delta t_0}{\Delta t} \left[S(\Delta t_0, t_j) - S(\Delta t_0, t_j - \Delta t) \right] \tag{2-26}$$

根据式(2-26)，可以将时段为 Δt_0 的单位线转换成时段为 Δt 的单位线。

(4) 单位线存在问题及处理方法　流域不同次洪水分析的单位线常有些不同，有时差别还比较大，主要原因及处理方法如下。

① 洪水大小的影响　大洪水流速大、汇流快，用大洪水资料求得的单位线峰高且峰现时间早；小洪水则相反，求得的单位线过程平缓，峰低且峰现时间迟。可以针对不同量级的时段净雨采用不同的单位线。

② 暴雨中心位置的影响　暴雨中心位于上游的洪水，汇流路径长，洪水过程较平缓，单位线峰低且峰现时间偏后；若暴雨中心在下游，单位线过程尖瘦，峰高且峰现时间早。可以按暴雨中心位置分别采用相应的单位线。

2.4.3　瞬时单位线法

(1) 瞬时单位线的概念　瞬时单位线是指在无穷小历时的瞬间，输入总水量为 1 且在流域上分布均匀的单位净雨所形成的流域出流过程线，以数学方程 $u(0, t)$ 来表示，如图 2-5 所示。

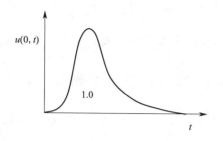

图 2-5　瞬时单位线

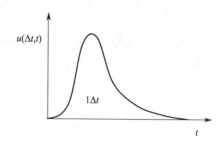

图 2-6　无因次单位线

根据水量平衡原理，输出的水量为 1，即瞬时单位线和时间轴所包围的面积应等于 1，即：

$$\int_0^\infty u(0,t)\mathrm{d}t = 1 \tag{2-27}$$

纳希（J. E. Nash）1957 年提出一个假设，即流域对地面净雨的调蓄作用，可用 n 个串联的线性水库的调节作用来模拟，由此推导出纳希瞬时单位线的数学方程式：

$$u(0,t) = \frac{1}{K\Gamma(n)}\left(\frac{t}{K}\right)^{n-1}\mathrm{e}^{-\frac{t}{K}} \tag{2-28}$$

式中　n——线性水库的个数；

K——线性水库的蓄量常数。

纳希用 n 个串联的线性水库模拟流域的调蓄作用只是一种概念，与实际是有差别的，但导出的瞬时单位线的数学方程式具有实用意义，得到广泛的应用。在实用中，纳希瞬时单位线的 n 和 K 并非是原有的物理含义，而是起着汇流参数的作用，n 的取值也可以不是整数。n、K 对瞬时单位线形状的影响是相似的，当 n、K 减小时，$u(0,t)$ 的峰值增高，峰现时间提前；而当 n、K 增大时，$u(0,t)$ 的峰值降低，峰现时间推后。

瞬时单位线的优点是采用数学方程表达，易于采用计算机编程计算，并且便于对参数进行分析和地区综合，较为适合于中小流域地面径流的汇流计算。

（2）瞬时单位线的时段转换

实用中需将瞬时单位线转换为时段单位线才能使用，时段的转换仍采用 S 曲线法。按 S 曲线的定义，有：

$$S(t) = \int_0^t u(0,t)\mathrm{d}t = \int_0^t \frac{1}{\Gamma(n)}\left(\frac{t}{K}\right)^{n-1}\mathrm{e}^{-\frac{t}{K}}\mathrm{d}\frac{t}{K} \tag{2-29}$$

式（2-29）已经制成表格可供查用。由 S 曲线可以转换为任何时段长度的单位线。

$$u(\Delta t, t_k) = S(t_k) - S(t_k - \Delta t) \tag{2-30}$$

式中　$S(t_k)$——第 k 个时段末 S 曲线的纵坐标；

$u(\Delta t, t_k)$——第 k 个时段末单位线的纵坐标。

按式（2-30）转换得出的时段单位线的纵坐标为无因次值，称之为无因次单位线，如图 2-6 所示。无因次单位线和时间轴所包围的面积应等于 $1\Delta t$，且有：

$$\sum_{i=1}^n u(\Delta t, t_i) = 1 \tag{2-31}$$

无因次单位线等价于为单位时段内输入 $1\Delta t(h)$ 总水量的单位净雨所形成的出流过程线，而 10mm 单位线为单位时段内输入 $10F(\mathrm{mm}\times\mathrm{km}^2)$ 总水量的单位净雨所形成的出流过程线。根据单位线的倍比假定，10mm 单位线与无因次单位线之间的关系为：

$$q(\Delta t, t_i) = \frac{10F}{3.6\Delta t} u(\Delta t, t_i) \tag{2-32}$$

（3）瞬时单位线的参数推求　瞬时单位线的参数 n、K 需根据流域实测降雨和径流资料推求，步骤为：

① 选取流域上分布均匀，强度较大的暴雨径流过程资料，计算本次暴雨产生的地面净雨及相应地面径流过程；

② 假定 n、K 的初值，按表 2-6 所示转换为 10mm 单位线，并由地面净雨推求地面径流过程；

③ 如果推求出的地面径流过程的与实际地面径流过程符合较好，则所假定的 n、K 是合理的，可以作为瞬时单位线的参数；否则，需调整 n、K 值，直至计算出的地面径流过程的与实际地面径流过程符合较好为止。

为了减少试算工作量，可以采用矩法估计 n、K 的初值：

$$K = \frac{M_2(Q) - M_2(h)}{M_1(Q) - M_1(h)} - [M_1(Q) + M_1(h)] \tag{2-33}$$

$$n = \frac{M_1(Q) - M_1(h)}{K} \tag{2-34}$$

在式（2-33）和式（2-34）中，$M_1(h)$ 和 $M_2(h)$ 分别为地面净雨过程的一阶和二阶原点矩，$M_1(Q)$ 和 $M_2(Q)$ 分别为地面径流过程一阶和二阶原点矩，计算公式分别为：

$$M_1(h) = \frac{\sum h_i(i\Delta t - 0.5\Delta t)}{\sum h_i} \tag{2-35}$$

$$M_2(h) = \frac{\sum h_i(i\Delta t - 0.5\Delta t)^2}{\sum h_i} \tag{2-36}$$

$$M_1(Q) = \frac{\sum Q_i(i\Delta t)}{\sum Q_i} \tag{2-37}$$

$$M_2(Q) = \frac{\sum Q_i(i\Delta t)^2}{\sum Q_i} \tag{2-38}$$

2.4.4　线性水库法

线性水库是指水库的蓄水量与出流量之间的关系为线性函数。根据众多资料的分析表明，流域地下水的贮水结构近似为一个线性水库，下渗的净雨量为其入流量，经地下水库调节后的出流量就是地下径流的出流量。地下水线性水库满足蓄泄方程与水量平衡方程：

$$\left. \begin{array}{l} \bar{I}_g - \dfrac{Q_{g1} + Q_{g2}}{2} = \dfrac{W_{g2} - W_{g1}}{\Delta t} \\ W_g = K_g Q_g \end{array} \right\} \tag{2-39}$$

式中　$\bar{I}_g$——地下水库时段平均入流量，m^3/s；

Q_{g1}，Q_{g2}——时段初、末地下径流的出流量，m^3/s；

W_{g1}，W_{g2}——时段初、末地下水蓄量，m^3；

K_g——地下水库蓄量常数，s；

Δt——计算时段，s。

联立求解方程组，得：

$$Q_{g2} = \frac{\Delta t}{K_g + 0.5\Delta t} \bar{I}_g + \frac{K_g - 0.5\Delta t}{K_g + 0.5\Delta t} Q_{g1} \tag{2-40}$$

为计算方便，式（2-40）中的 K_g 和 Δt 可以按 h 计。

地下水库平均入流量 $\bar{I}_g$ 就是地下净雨对地下水库的补给量，即

$$\overline{I}_g = \frac{0.278 h_g F}{\Delta t}$$ (2-41)

式中　h_g——本时段地下净雨量，mm；

F——流域面积，km^2。

将式(2-41)代入式(2-40)，得

$$Q_{g2} = \frac{0.278F}{K_g + 0.5\Delta t} h_g + \frac{K_g - 0.5\Delta t}{K_g + 0.5\Delta t} Q_{g1}$$ (2-42)

当地下净雨 h_g 停止后，则有：

$$Q_{g2} = \frac{K_g - 0.5\Delta t}{K_g + 0.5\Delta t} Q_{g1}$$ (2-43)

式(2-43)是流域退水曲线的差分方程，根据实测的流域地下水退水曲线，可以推求出地下水汇流参数 K_g。

2.5　小流域设计暴雨

2.5.1　小流域水文特点

小流域通常指集水面积不超过数百平方公里的小河小溪但并无明确限制。小流域设计洪水计算与大中流域相比有许多特点，并且广泛应用于铁路、公路的小桥涵、中小型水利工程、农田、城市及厂矿排水等工程的规划设计中，因此水文学上常常作为一个专门的问题进行研究。

小流域设计洪水计算的主要特点如下。

(1) 绝大多数小流域都没有水文站，即缺乏实测径流资料甚至降雨资料也没有。

(2) 小流域面积小，自然地理条件趋于单一，拟定计算方法时允许作适当的简化，即允许作出一些概化的假定。例如假定短历时的设计暴雨时空分布均匀。

(3) 小流域分布广、数量多，因此所拟定的计算方法在保持一定精度的前提下将力求简便，一般借助水文手册即可完成。

(4) 小型工程一般对洪水的调节能力较小，工程规模主要受洪峰流量控制，因此对设计洪峰流量的要求高于对洪水过程线的要求。

2.5.2　小流域设计暴雨的计算

小流域设计洪水的计算方法概括起来有 4 种，推理公式法、地区经验公式法、历史洪水调查分析法和综合单位线法。其中应用最广泛的是推理公式法和综合瞬时单位线法。它们的思路都是以暴雨形成洪水过程的理论为基础，并按设计暴雨→设计净雨→设计洪水的顺序进行计算。

针对小流域水文资料缺乏的特点，设计暴雨推求常采用以下步骤：

① 根据省区水文手册包括有关的水文图集，如《暴雨径流查算图表》中绘制的暴雨参数等值线图查算出统计历时的流域设计雨量，如 24h 设计暴雨量等；

② 将统计历时的设计雨量通过暴雨公式转化为任一历时的设计雨量；

③ 按分区概化雨型或移用的暴雨典型同频率控制放大得设计暴雨过程。

(1) 统计历的设计暴雨计算　由各省区的《暴雨径流查算图表》和《水文手册》查取。例如湖北省 1985 年印发的《暴雨径流查算图表》中，就提供了 7d、3d、24h、6h、1h 及 10min 的暴雨参数等值线图，C_S/C_V 值全省统一用 3.5。据此，便可由设计流域中心点位置查出那里的某统计历时暴雨的均值、C_V 及 C_S/C_V，进而求得该统计历时设计频率的雨量。

（2）用暴雨公式计算任一历时的设计雨量　大量资料的统计成果表明，暴雨强度和历时的关系可用指数方程来表达，它反映一定频率情况下所取历时的平均降雨强度 $\bar{i}_T$ 与 T 的关系，称为短历时暴雨公式。暴雨公式最常见的形式为

$$\bar{i}_{TP}=\frac{S_p}{T^n} \tag{2-44}$$

式中　T——暴雨历时；h；

$\bar{i}_{TP}$——历时为 T、频率为 P 的最大平均降雨强度，mm/h；

S_p——$T=1.0$h 的最大平均降雨强度，与设计频率 p 有关，称雨力，mm/h；

n——暴雨衰减指数。

暴雨衰减指数 n 与历时长短有关，随地区而变化。根据自记雨量资料分析，大多数地区 n 在 $T=1$h 的前后发生变化，$T<1$h 为 n_1，$1\sim24$h 为 n_2。n_1、n_2 各地不同，各省（自治区、直辖市）已根据每个站所分析的 n_1、n_2 绘成了等值线图或分区查算图。

雨力 S_p 可由该站的设计 24h 雨量推求。因为任一历时 T 的设计雨量 X_{TP} 为：

$$X_{TP}=\bar{i}_{TP}T=S_pT^{1-n} \tag{2-45}$$

当 $T=24$h 时，$X_{TP}=X_{24p}$，$n=n_2$，代入上式，得：

$$S_p=X_{24p}\times24^{n_2-1} \tag{2-46}$$

有了 S_p 和 n（n_1 或 n_2），显然会很容易地求得设计所需的任一历时的最大平均降雨强度和雨量 X_{TP}。

（3）设计面雨量计算　按上述方法所求得的设计流域中心点的各种历时的点暴雨量，需要转换成流域平均暴雨量，即面暴雨量。各省（自治区、直辖市）的水文手册中，刊有不同历时暴雨的点面关系图或点面关系表，可供查用。

（4）设计暴雨的时程分配　在用综合单位线推求小流域设计洪水中，需要计算设计暴雨过程，这时常采用分区概化时程分配雨型来推求。

鱼龙溪流域位于某省第二水文分区，拟在此建一桥涵，需利用综合瞬时单位线法推求 $p=1\%$ 的设计洪水。为此，应先推求 $p=1\%$ 的设计暴雨过程。

① 计算 1h、6h、24h 流域设计雨量。根据该流域中心点位置，查该省水文手册得各种历时暴雨的统计参数 $\overline{X}_T$、C_V、C_S/C_V 列于表 2-7 中。由 C_V、C_S/C_V 及 p 查皮尔逊Ⅲ型曲线 Φ 值表，得各种历时暴雨的 Φ_p，代入式 $X_{TP}=(1+\Phi_pC_V)\overline{X}_T$，算得 1h、6h、24h 的设计点雨量分别为 95.6mm、176.8mm、291.0mm。

表 2-7　鱼龙溪流域中心点各历时暴雨的统计参数

历时 T/h	雨量均值/mm	C_V	C_S/C_V
1	40	0.42	3.5
6	68	0.47	3.5
24	100	0.54	3.5

该流域的面积为 451.4km²，查水文手册得各种历时的点面折减系数为 $\alpha_1=0.684$，$\alpha_6=0.754$，$\alpha_{24}=0.814$。折算后各种历时的设计暴雨量（面雨量）为：

1h 设计雨量 $X_{1P}=0.684\times95.6=65.4$mm

6h 设计雨量 $X_{6P}=0.754\times176.8=133.3$mm

24h 设计雨量 $X_{24P}=0.814\times291=236.9$mm

② 计算 3h 设计面雨量。由 1h 和 6h 设计雨量内插，求得设计 3h 雨量 $X_{3P}=101.2$mm。

③ 计算设计暴雨过程。将上面所得各种历时的设计暴雨量 X_{1P}、X_{3P}、X_{6P}、X_{24P} 按该

水文分区的概化雨型（表 2-8）进行分配，得表 2-8 所示的设计暴雨过程。

表 2-8　鱼龙溪 $p=1\%$ 的设计面暴雨过程

时段 ($\Delta t=1$h)	典型暴雨分配百分比/%				设计暴雨/mm ($p=1\%$)
	占 x_1	占 (x_3-x_1)	占 (x_6-x_3)	占 $(x_{24}-x_6)$	
1					0	0
2				0	0
3				0	0
4				4	4.1
5				5	5.2
6				5	5.2
7				7	7.3
8		38			13.6
9	100				65.4
10		62			22.2
11			52		16.7
12			33		10.6
13			15		4.8
14				12	12.4
15				17	17.6
16				9	9.3
17				12	12.4
18				5	5.2
19				5	5.2
20				9	9.3
21				5	5.2
22				5	5.2
23				0	0
24				0	0
合计	100	100	100	100	236.9

2.5.3　推理公式法计算设计洪峰流量

推理公式法是基于暴雨形成洪水的基本原理推求设计洪水的一种方法。

（1）推理公式法的形式和基本原理　推理公式计算设计洪峰流量时，根据产流历时 t 大于、等于或小于流域汇流历时 τ，可分为全面汇流与局部汇流两种公式型式。综合型式为：

$$Q_m=0.278\psi\frac{S_P}{\tau^{1/2}}F \tag{2-47}$$

式中　Q_m——设计洪峰流量，m^3/s；

$\quad\quad\psi$——洪峰流量径流系数；

$\quad\quad S_P$——设计频率暴雨雨力，mm/h；

$\quad\quad\tau$——流域汇流时间，h；

$\quad\quad F$——流域面积，km^2。

当产流时间 $t_c>\tau$ 时，$\psi=1-\dfrac{\mu}{S_P}$；当产流时间 $t_c=\tau$ 时，$\psi=n$；当产流时间 $t_c=\tau$ 时，

$\psi = n\left(\dfrac{t_c}{\tau}\right)^{1-m}$；其中 μ 为损失参数；

推理公式法计算设计洪峰流量是联解如下一组方程

$$Q_m = \begin{cases} 0.278\left(\dfrac{S_p}{\tau^n} - \mu\right)F, & t_c \geqslant \tau \qquad\qquad (2\text{-}48a) \\[3mm] 0.278\left(\dfrac{S_p t_c^{1-n} - \mu t_c}{\tau}\right)F, & t_c < \tau \qquad\qquad (2\text{-}48b) \end{cases}$$

$$\tau = \frac{0.278L}{mJ^{1/3}Q_m^{1/4}} \qquad\qquad (2\text{-}48c)$$

便可求得设计洪峰流量 Q_m，及相应的流域汇流时间 τ。

计算中涉及三类共 7 个参数，即流域特征参数 F、L、J；暴雨特征参数 S、n；产汇流参数 μ、m。为了推求设计洪峰值，首先需要根据资料情况分别确定有关参数。对于没有任何观测资料的流域，需查有关图集。从公式可知，洪峰流量 Q_m 和汇流时间 τ 互为隐函数，而径流系数 ψ 对于全面汇流和部分汇流公式又不同，因而需有试算法或图解法求解。

（2）试算法　步骤如下。

① 通过对设计流域调查了解，结合水文手册及流域地形图，确定流域的几何特征值 F、L、J，设计暴雨的统计参数（均值、C_V、C_S/C_V）及暴雨公式中的参数 n（或 n_1、n_2），损失参数 μ 及汇流参数 m。

② 计算设计暴雨的 S_p、X_{TP}，进而由损失参数 μ 计算设计净雨的 T_B、R_B。

③ 将 F、L、J、T_B、R_B、m 代入公式，其中仅剩下 Q_m、τ、R_S，τ 未知，但 Q_m，R_S 与 τ 有关，故可求解。

④ 用试算法求解。先设一个 Q_m，代入式（2-48c）得到一个相应的 τ，将它与 t_c 比较，判断属于何种汇流情况，再将该 τ 值代入式（2-48a）或式（2-48b），又求得一个 Q_m，若与假设的一致（误差不超过 1%），则该 Q_m 及 τ 即为所求；否则，另设 Q_m 按以上步骤试算，直到两式都能共同满足为止。试算法计算框图如图 2-7。

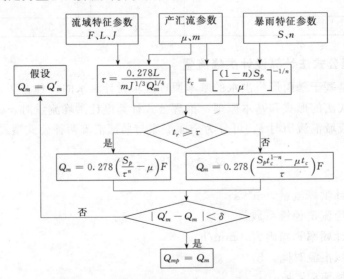

图 2-7　推理公式法计算设计洪峰流量流程图——图解交点法

该法是对式（2-47）分别作曲线 $Q_m \sim \tau$ 及 $\tau \sim Q_m$，点绘在一张图上，如图 2-8 所示。两

线交点的读数显然同时满足式(2-47)，因此交点读数 Q_m、τ 即为该方程组的解。

[**实例2-2**]　江西省某流域上需要建小水库一座，要求用推理公式法推求百年一遇设计洪峰流量。

计算步骤如下。

（1）流域特征参数 F、L、J 的确定：$F=104\text{km}^2$，$L=26\text{km}$，$J=2.55‰$。

（2）设计暴雨特征参数 n 和 S_p　暴雨衰减指数 n 由各省（区）实测暴雨资料发现定量，查当地水文手册可获得，一般 n 的数值以定点雨量资料代替面雨量资料，不作修正。

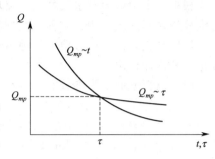

图 2-8　交点法推求洪峰流量示意图

从江西省水文手册中查得设计流域最大 1 日雨量得统计参数为：

$$\overline{X}_{1d}=115\text{mm}, \quad C_V=0.42, \quad C_S/C_V=3.5, \quad 暴雨衰减指数\ n_2=0.6, \quad X_{24p}=1.1X_{1dp}$$

$$S_p=X_{24p}\times24^{n_2-1}=1.1\times115\times(0.42\times3.312+1)\times24^{0.6-1}=84.8\text{mm/h}$$

（3）产汇流参数 μ、m 的确定　可查有关水文手册，本例查得的结果是 $\mu=3.0\text{mm/h}$、$m=0.70$。

（4）图解法求设计洪峰流量

① 采用全面汇流公式计算，即假定 $t_c\geqslant\tau$。将有关参数代入式(2-47)，得 Q_m 及 τ 的计算式如下：

$$Q_m=0.278\left(\frac{84.8}{\tau^{0.6}}-3\right)\times104=\frac{2451.7}{\tau^{0.6}}-86.7 \tag{2-49a}$$

$$\tau=\frac{0.278\times26}{0.7\times0.00875^{1/3}Q_m^{1/4}}=\frac{50.1}{Q_m^{1/4}} \tag{2-49b}$$

② 假定一组 τ 值，代入式(2-49a)，算出一组相应的 Q_m 值，再假定一组 Q_m 值代入公式(2-49b)，算出一组相应的 τ 值，见表2-9。

表 2-9　$Q_m\sim\tau$ 线及 $\tau\sim Q_m$ 线计算表

设 τ/h	$Q_m/(\text{m}^3/\text{s})$	设 $Q_m/(\text{m}^3/\text{s})$	τ/h
8	617.4	400	11.2
10	529.1	450	10.9
12	465.3	500	10.6
14	416.6	600	10.1

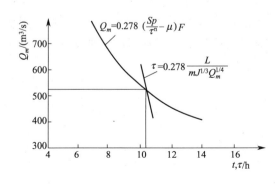

图 2-9　图解交点法求 Q_m、τ

③ 绘图。将两组数据绘在同一张方格纸上，见图2-9，两线交点处对应的 Q_m 即为所求的设计洪峰流量。由图读出 $Q_m=510\text{m}^3/\text{s}$，$\tau=10.55\text{h}$。

④ 检验是否满足 $t_c\geqslant\tau_c$

$$t_c=\left[\frac{(1-n_2)S_p}{\mu}\right]^{\frac{1}{n_2}}=\left(\frac{0.4\times84.8}{3.0}\right)^{\frac{1}{0.6}}=57\text{h} \tag{2-50}$$

$\tau=10.55\text{h}<t_c=57\text{h}$，所以采用全面汇流公式计算是正确的。

2.5.4 经验公式法计算设计洪峰流量

根据一个地区内有水文站的小流域实测和调查的暴雨洪水资料，直接建立主要影响因素与洪峰流量间的经验相关方程，此即洪峰流量地区经验公式。

地区经验公式使用方便，但地域性比较强，公式繁多，多数是各地根据当地实际水文情况统计和推理得出。

(1) 以流域面积为参数的地区经验公式

$$Q_p = C_p F^N \qquad (2-51)$$

式中　Q_p——频率为 p 的设计洪峰流量，m^3/s；

　　　　F——流域面积，km^2；

　N、C_p——经验指数和系数。

N、C_p 随地区和频率而变化，可在各省区的水文手册中查到。例如江西省把全省分为 8 个区，各区按不同的频率给出相应的 N 值和 C_p 值，表 2-10 为该省第Ⅷ区的情况。

表 2-10　江西省第Ⅷ区经验公式 $Q_p = C_p F^N$ 参数

频率 p/%		0.2	0.5	1	2	5	10	20	选用水文站流域面积范围/km^2
Ⅷ	C_p	27.5	23.3	19.4	15.7	11.6	8.6	5.2	6.72~5303
修水区	N	0.75	0.75	0.76	0.76	0.78	0.79	0.83	

(2) 包含降雨因素的多参数地区经验公式

① 广东省洪峰流量经验公式为：

$$Q_p = C_2 H_{24p} F^{0.84} \qquad (2-52)$$

式中　Q_p——洪峰流量，m^3/s；

　　　C_2——系数，值随频率变化，见表 2-11；

　H_{24p}——设计暴雨强度，mm；

　　　　F——集雨面积，km^2。

表 2-11　C_2 值

P/%	0.5	1	2	5	10	20
C_2	0.056	0.053	0.050	0.046	0.044	0.041

② 安徽省山丘区中小河流洪峰流量经验公式为：

$$Q_p = C R_{24p}^{1.21} F^{0.73} \qquad (2-53)$$

式中　R_{24p}——设计频率为 p 的 24h 净雨量，mm；

　　　　C——地区经验系数；

其他符号的意义和单位同前。

该省把山丘区分为 4 种类型，即深山区、浅山区、高丘区、低丘区，其 C 值分别为 0.0541、0.0285、0.0239、0.0194。24h 设计暴雨 P_{24p} 按等值线图查算，并通过点面关系折算而得。设计净雨按下式计算：

深山区 $R_{24p} = P_{24p} - 30$

浅山区、丘陵区 $R_{24p} = P_{24p} - 40$

第 3 章 雨洪水径流与模拟

3.1 概　述

降雨是一种常见的自然现象，是水文学和防洪系统研究的重要内容。雨水降落到地面经过截留、下渗、填洼、流域蒸发散发、坡地汇流和河槽汇流等过程形成径流。

现代社会城市快速发展，城市地表大多被硬化，导致地面渗透系数下降，一旦遭遇暴雨袭击，常常会引起道路积水，城市内涝，严重影响了城市居民的正常生活，甚至威胁城市居民生命财产安全。

在水文系统中我们想要了解的所有现象，不能全部进行实地测量。事实上，在空间和时间上，由于测量技术限制，测量结果也存在许多的不确定性。近年来，计算机技术迅速发展，使人们逐渐开始利用计算机技术建立模型，模拟降雨过程及城市洪水的形成过程，根据已有的空间和时间测量结果来推断未知，特别是推断未经测量的流域和推断未来，以便评估未来水文变化可能的影响。而各种类型的模型提供了一种很有希望有助于决策的定量推断或预报手段。雨水径流模拟流程图如图 3-1 所示。

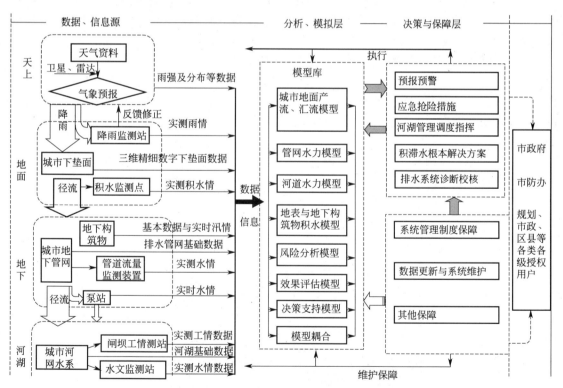

图 3-1　雨水径流模拟流程图

3.1.1 雨水及洪水

流经城市的江河造成的洪水习惯上称为河洪。河流流域上游突降暴雨形成洪水，习惯上把这些江河洪水称为暴雨洪水。当 24h 雨量达 50～100mm 或 12h 雨量达 30～70mm 时，则称为暴雨；12h 降雨量达 70～140mm 或 24h 降水量达 100～200mm 时称为大暴雨；12h 降雨量大于 140mm 或 24h 降水量大于 200mm 时称为特大暴雨。流域降雨情况、地形地貌和地质条件等是影响暴雨洪水的主要因素。

3.1.2 径流

径流是大气降水形成的，并通过流域内不同路径进入河流、湖泊或海洋的水流。习惯上也表示一定时段内通过河流某一断面的水量，即径流量。按形成及流经路径分为生成于地面、沿地面流动的地面径流；在土壤中形成并沿土壤表层相对不透水层界面流动的表层流，也称壤中流；形成地下水后从水头高处向水头低处流动的地下水流。径流是引起河流、湖泊、地下水等水体水情变化的直接因素。其形成过程是一个从降水到水流汇集于流域出口断面的整个过程。影响径流的因素有降水、气温、地形、地质、土壤、植被和人类活动等。

（1）产流过程　雨水降到地面，除一部分损失掉，剩下能形成地面、地下径流的那部分降雨称净雨，因此，净雨和它形成的径流在数量上是相等的，但二者的过程完全不同，前者是径流的来源，后者是净雨的汇流结果；前者在降雨停止时就停止了，后者却要延续很长的时间。我国常把降雨扣除损失成为净雨的过程称作产流过程。降雨的损失如图 3-2 所示，大体分为：

① 植物截留（I_0）。为植物枝叶截留的雨水。雨停以后，这部分雨水就很快被蒸发了。

② 填洼（V_d）。植物截留后降到地面的雨水，除去地面下渗，剩余的部分（称超渗雨），将沿坡面流动，只有把沿程的洼陷填满之后，才能流到河网中去。称填充洼地的这部分水量为填洼。填洼的水量一部分下渗，一部分以水面蒸发的形式返回大气。

③ 雨期蒸发（E）。包括雨期的地面蒸发和截留蒸发。

④ 初渗（F_0）。严格地说，应为"补充土壤缺水量的那部分下渗"（田间持水量与当时的土壤实际含水量之差，称土壤缺水量）。下渗的这部分雨水将为土壤所持留，雨后被蒸发和散发掉，而不能成为地下径流，所以是损失，而且是最主要的损失。其值可超过 100mm 之多。

产流过程中，净雨按径流形成过程（见图 3-2）可分为地面净雨、表层流净雨和地下净雨。

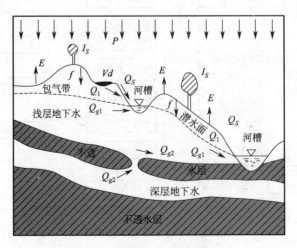

图 3-2　径流形成过程示意图

① 地面净雨形成地面径流（Q_S）的那一部分降雨称地面净雨。它等于降雨扣除植物截留、填洼、蒸发和全部的地面下渗。它从地面汇入河网，形成地面径流。

② 表层流净雨形成表层流（Q_1）的那一部分降雨称表层流净雨，表层流又称壤中流。因为表层土壤多为根系和小动物活动层，比较疏松，下渗能力比下层密实的土壤大。降雨时，来自地面的下渗将有一部分被阻滞在表层与下层交界的相对不透水面上，形成沿坡面的侧向水流，在表层土壤中流入河网（或在坡面下凹处露出地面后流入河网）。因此，被称作表层流或壤中流。表层流净雨数量上应等于地面下渗量减去初渗量和深层下渗量。

③ 地下净雨产生地下径流（包括浅层的 Q_{g1} 和深层的 Q_{g2}）的那一部分降雨称地下净雨。它在数量上等于地面下渗扣除初渗和表层流净雨。

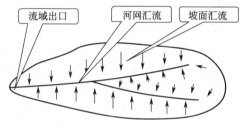

图 3-3　流域汇流过程

必须着重指出，就目前的水文科学水平，要正确划分地面径流、表层流和地下径流是非常困难的，故实用上，一般只把实测的总径流过程划分为地面径流和地下径流。相应地，净雨也只分为地面净雨和地下净雨。表层流与地面径流性质上比较相近，可认为是把它归入地面净雨之中，表层流净雨也自然地归入地面净雨之中。大量实验表明，湿润多雨、植被良好的地区，除临近河道的坡脚，即使大暴雨洪水，也很难观测到地下的坡面流，此时，表层流常是径流的主要成分，径流计算时，应给予足够的重视和考虑。

（2）汇流过程　净雨沿坡地从地面和地下汇入河道。然后再沿着河道汇集到流域出口断面，这一完整的过程称流域汇流过程，如图 3-3 所示。前者称坡地汇流，后者称河网汇流。

① 坡地汇流。坡地汇流也可分为 3 种情况：一是地面净雨沿坡面流到附近河道的过程，称坡面漫流。在植被差、上层薄的干旱半干旱地区，大暴雨时，在山坡上容易看到这种水流，它一般没有明显的沟槽，常是许多股细流，时分时合，当雨强很大时，会形成片流。在植被良好、土层较厚的山坡上，其量较少，通常仅在坡脚土壤饱和的地方出现。坡面流速度快，将形成陡涨陡落的洪峰。二是表层流（壤中流），在植被良好、表层土壤疏松的大孔隙中，饱和壤中流也有较大的速度，对于较大的流域和历时较长的暴雨，将是形成洪水的重要成分。三是地下净雨向下渗透到地下潜水面或深层地下水体后，沿水力坡度最大的方向流入河道，称此为地下坡地汇流。地下汇流速度很慢，所以降雨以后，地下水流可以维持很长的时间，较大的河流可以终年不断，是河川的基本径流，因此，也常称此地下径流为基流；非饱和壤中流也可以维持很长的时间，成为基流的一部分。

② 河网汇流。河网汇流是指净雨经坡地汇流进入河网系统中的河道。在河道中从上游向下游、从支流向干流汇集到流域出口后流出，这种河网汇流过程称河网汇流或河槽集流。显然，在河网汇流过程中，沿途不断有坡面漫流和地下水流汇入。对于比较大的流域，河网汇流时间长，调蓄能力大，所

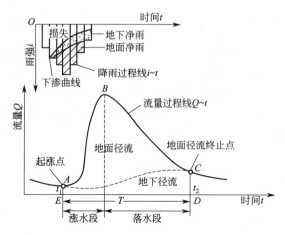

图 3-4　流域降雨过程、净雨过程、径流过程关系

以，降雨和坡面漫流终止后，它们产生的洪水还会延续很长的时间。

一次降雨过程，经植物截留、填洼、初渗和蒸发等项扣除后，进入河网的水量自然比降雨总量少，而且经坡地汇流和河网汇流两次再分配作用，使出口断面的径流过程远比降雨过程变化缓慢、历时增长、时间滞后。图 3-4 清楚地显示了这种关系。如前所述，由于划分径流成分上的困难，目前实用上，一般只近似地划分地面径流、地下径流（地面径流中包括相当多的快速壤中流），相应地把净雨划分为地面净雨和地下净雨。

3.2 径 流 理 论

3.2.1 圣维南方程

降雨经过一系列的损失和蒸发后形成的地表径流深，还要进行第二次时空分配（即汇流）。对于地表水的运动规律由圣维南方程组来表示。圣维南方程组包括连续方程和动力方程，是解决河道流量演算和流域汇流计算的基本微分方程组。

（1）连续方程 在水流体中，假定水体是不可压缩的，运动是连续的，以在微分时段 dt 内微分距离 dL 段水体的运动情况为研究对象。

$$\frac{\partial Q}{\partial L}+\frac{\partial A}{\partial t}=0 \tag{3-1}$$

式中 Q——流量；

A——过水断面面积。

（2）动力方程 在建立动力方程时有两个基本假定：①运动是一元缓变流；②不稳定流的阻力表达式与稳定流时相同。

在符合上面假定的水流中，选取两个断面。根据牛顿第二定律，写出两断面间动力平衡方程，其作用力有压力、阻力、重力及惯性力。分别写出各力的表达式，经过整理得到最终的动力方程如下式所示。

$$-\frac{\partial Z}{\partial L}-\frac{Q^2}{K^2}=\frac{1}{g}\left(\frac{\partial v}{\partial t}+v\,\frac{\partial v}{\partial L}\right) \tag{3-2}$$

式中 Z——水位；

K——流量模数；

g——重力加速度，m/s^2；

v——流速。

3.2.2 运动波

连续方程和动量方程是对各个管段的水流运动进行模拟运算的基本方程，其中动量方程假设水流表面坡度与管道坡度一致，管道可输送的最大流量由满管的曼宁公式求解。运动波可模拟管道内的水流和面积随时空变化的过程，反映管道对传输水流流量过程线的削弱和延迟作用。虽然不能计算回水、逆流和有压流，仅限用于树状管网的模拟计算，但由于它在采用较大时间步长（5~15min）时也能保证数值计算的稳定性，所以常被用于长期的模拟分析。该法包括管道控制方程和节点控制方程两部分。

① 管道控制方程

动量方程：

$$\frac{\partial H}{\partial x}+\frac{v}{g}\frac{\partial v}{\partial x}+\frac{1}{g}\frac{\partial v}{\partial t}=s_0-s_f \tag{3-3}$$

连续方程：

$$\frac{\partial Q}{\partial x}+\frac{\partial A}{\partial t}=0 \tag{3-4}$$

式中　H——静压水头，m；

　　　v——断面平均流速，m/s；

　　　x——管道长度，in；

　　　t——时间，s；

　　　s_f——因摩擦损失引起的能量坡降，m/m；

　　　Q——瞬时流量，m^3/s；

　　　A——过水断面面积，m^2。

在运动波法计算中，可简化忽略动量方程左边项的影响，仅考虑 $s_0-s_f=0$，即能量坡降与管底坡度相同。由曼宁公式计算能量坡降：

$$\frac{\partial H}{\partial x}+\frac{v}{g}\frac{\partial v}{\partial x}+\frac{1}{g}\frac{\partial v}{\partial t}=s_0-s_f=\frac{Q^2}{\left(\frac{1}{n}\right)^2 A^2 R^{\frac{4}{3}}} \tag{3-5}$$

式中　n——曼宁粗糙系数；

　　　g——重力加速度，m/s^2；

　　　s_0——管道底部坡度，m/m；

　　　R——水力半径，m。

将 $s_0=s_f$ 代入式(3-5)中并整理可得：

$$Q=\frac{1}{n}AR^{\frac{2}{3}}s_0^{\frac{1}{2}} \tag{3-6}$$

联立式(3-4)与式(3-6)即可求解水流在管网内的流动。

② 节点控制方程

$$\frac{\partial H}{\partial t}=\sum\frac{Q_t}{A_s} \tag{3-7}$$

式中　Q_t——进出节点的瞬时流量，m^3/s；

　　　A_s——节点过流断面的面积，m^2。

用有限差分形式展开上式得：

$$H_{t+\Delta t}=H_t+\sum\frac{Q_t\Delta t}{A_s} \tag{3-8}$$

3.2.3　动力波

动力波法基本方程与运动波法相同，包括管道中水流的连续方程和动量方程，只是求解的处理方式不同。它求解的是完整的一维圣维南方程，所以不仅能得到理论上的精确解，也能模拟运动波无法模拟的复杂水流状况。动力波可以描述管道的调整蓄水、汇水和入流，也可以描述出流损失、逆流和有压流，还可以模拟多支下游出水管和环状管网甚至回水情况等。但为了保证数值计算的稳定性，该法必须采用较小的时间步长（如 1min 或更小）进行计算。

（1）管道控制方程

动量方程：

$$gA\frac{\partial H}{\partial x}+\frac{\partial\left(\frac{Q^2}{A}\right)}{\partial x}+\frac{\partial Q}{\partial t}+gAs_f=0 \tag{3-9}$$

连续方程

$$\frac{\partial Q}{\partial x}+\frac{\partial A}{\partial t}=0 \tag{3-10}$$

式中，各符号的意义与运动波法中式（3-3）和式（3-4）相同。

由曼宁公式计算能量坡降：

$$s_f=\frac{K}{gA^2R^{\frac{4}{3}}}Q|v| \tag{3-11}$$

式中，$K=gn^2$，速度以绝对值形式表示，使摩擦力的方向与水流方向相反。将 $\frac{Q^2}{A}=v^2A$ 代入式（3-9）联立式（3-11）可得基本的流量方程：

$$gA\frac{\partial H}{\partial x}-2v\frac{\partial A}{\partial t}-v^2\frac{\partial A}{\partial x}+\frac{\partial Q}{\partial t}+gAs_f=0 \tag{3-12}$$

根据以上两式即可求解各时段内每个管道的流量和每个节点的水头。

将 s_f 代入上式并以有限差分的形式表示，以下标 1 和下标 2 表示管道上下节点，可得：

$$Q_{t+\Delta t}=Q_t-\frac{K\Delta t}{R^{\frac{4}{3}}}|\overline{v}|Q_{t+\Delta t}+2\overline{v}\Delta A+\overline{v}_2\frac{A_2-A_1}{L}\Delta t-g\overline{A}\frac{H_2-H_1}{L}\Delta t \tag{3-13}$$

式中 L——管道长度，m。

由上式可求得 $Q_{t+\Delta t}$；

$$Q_{t+\Delta t}=\left[1+\left(\frac{K\Delta t}{R^{\frac{4}{3}}}\right)|\overline{v}|\right]^{-1}\left(Q_t+2\overline{v}\Delta A+\overline{v}^2\frac{A_2-A_1}{L}\Delta t-g\overline{A}\frac{H_2-H_1}{L}\Delta t\right)_t \tag{3-14}$$

（2）节点控制方程

$$\frac{\partial H}{\partial t}=\sum\frac{Q_t}{A_s} \tag{3-15}$$

式中，各符号意义同上。

用有限差分形式展开上式：

$$H_{t+\Delta t}=H_t+\sum\frac{Q_t\Delta t}{A_s} \tag{3-16}$$

根据以上两式即可依次求解出时段 Δt 内每个连接管道的流量和每个节点的水头。

3.3 模　　型

模型是对人们对现实世界的部分简化并能反映原型特性的系统。城市雨洪模型，指在现代技术条件下，根据城市地区的降雨径流规律，运用现代水文学水力学原理，以计算机数学模拟方法对城市雨洪的产汇流特性进行计算分析，以便对有关问题作出较好决策的数学模拟系统。通过建立城市雨洪模型，人们能在各种假设情景下，根据城市的地表径流和排水管网的汇流规律，模拟城市排水管网系统的运行特征，掌握排水管网的运行规律，以便对排水管网的规划、设计、运行管理、风险监测和评估作出科学的决策。

3.3.1　模型分类

根据建模理论、建模目的和建模方法等不同的划分依据，城市雨洪模型可大致分为以下几类。

（1）按建模理论不同　分为水动力学模型和水文学模型。水动力模型是建立在连续性方程和动量方程的基础上，模拟地面的汇流过程；水文学模型则是根据系统分析的方法，把汇水区视为一个"灰箱"、或"黑箱"系统，建立起输入与输出的关系。

（2）按建模目的不同　分为水量模型、水质模型、经济模型及安全模型。它们的描述基础都是用数学关系式。用数学关系式描述管网水流连续性及能量守恒的即为水量模型；用数学关系式描述管网水质变化规律的即为水质模型；用数学关系式描述管网成本和效益的即为经济模型；用数学关系式描述管网安全即为安全模型。

（3）按模型构建不同途径　分为宏观性模型和微观性模型。宏观性模型只对排水管网的研究属性进行模拟，对管网的构造不做模拟分析；而微观性模型则同时对排水管网的研究属性和构造进行模拟分析。

（4）按模型中包含时间变量的多少　分为动态模型、准动态模型和静态模型。

（5）按模型中空间变量的维数　分为零维的水质模型、一维模型、二维模型和三维模型。

（6）按模型建立是否基于物理机制　分为经验性模型和概念性模型。

（7）按模型中降雨模拟周期的长短　分为连续模型和事件模型。连续模型可模拟一个流域较长时间内全部水平衡状况，包括月降雨和季节降雨；而事件模型则用于短时间的少数或单一暴雨事件的模拟。

（8）按模型中任一变量是否视为随机变量　分为确定性模型和随机性模型。目前常用的模型一般为确定性模型，认为同样的输入产生同样的输出；而随机模型是将模型中的任一变量均视为服从某一概率分布的随机变量。实际上确定性模型只是随机模型的特例。

（9）按模型研究的物理过程　分为降雨分析模型、地面产流模型、地面汇流模型、管网汇流模型以及地表洪水（淹没）模型等。

3.3.2　降雨径流数学模型

根据径流形成过程，降雨径流数学模型主要分为产流模型和汇流模型等。

3.3.2.1　产流模型

目前主要的产流模型，以及模型适应范围如表 3-1 所示。

表 3-1　常见的产流模型

模　　型	简　　介	适　用　性
固定比例径流模型	定义实际进入系统的雨量比例	易于估计径流系数的集水区
Wallingford 固定径流模型	为英国率定的模型	英国国内或邻近的集水区
新英国（可变）径流模型	反应集水区在模拟过程中透水表面状况的变化	长期降雨过程集水区湿度变化很重要的英国透水性集水区
美国 SCS 模型	农村集水区模型	农村及其他集水区的透水表面
Green-Ampt 模型	透水及半透水表面的渗透模型	农村及其他集水区的透水表面。该模型在美国和 SWMM 汇流模型一起使用
Horton 模型	透水及半透水表面的渗透模型	农村及其他集水区的透水表面。可与其他所有汇流模型联用

通常模型的基本空间单元是汇水子区域，一般将汇水区划分成若干个子区域，然后根据各子区域的特点分别计算径流过程，最后通过流量演算方法将各子区域的出流进行叠加。

各个子区域的地表可划分为透水区 S_1、有洼蓄能力的不透水区 S_2 和无洼蓄不透水区 S_3 三部分（见图 3-5）。

S_1 的特征宽度等于整个汇水区的宽度 L_1，S_2、S_3 的特征宽度 L_2，L_3 可用下式求得：

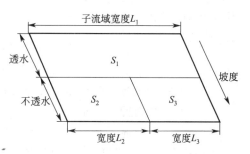

图 3-5　子流域概化示意图

$$L_2 = \frac{S_2}{S_2 + S_3} L_1 \tag{3-17}$$

$$L_3 = \frac{S_3}{S_2 + S_3} L_1 \tag{3-18}$$

模型中，地表产流由 3 部分组成，即对三类地表的径流量分别进行计算，然后通过面积加权获得汇水子区域的径流出流过程线。

对于透水区，当降雨量满足地表入渗条件后，地面开始积水，至超过其洼蓄能力后便形成地表径流，产流计算公式为：

$$R_1 = (i - f) \Delta t \tag{3-19}$$

式中　R_1——透水区的产流量，mm；

　　　i——降雨强度，mm/h；

　　　f——地表面入渗率，mm/h。

对于有洼蓄不透水区 S_2 的产流量 R_2，降雨量满足地面最大洼蓄量后，便可形成径流，产流量计算公式为：

$$R_2 = P - D \tag{3-20}$$

式中　R_2——有洼蓄能力不透水区 S_2 的产流量，mm；

　　　P——降雨量，mm；

　　　D——洼蓄量，mm。

对于无洼蓄不透水区，降雨量除地面蒸发外基本上转化为径流量，当降雨量大于蒸发量时即可形成径流，产流计算公式为：

$$R_3 = P - E \tag{3-21}$$

式中　R_3——无洼蓄透水区 S_3 的产流量，mm；

　　　P——降雨量，mm；

　　　E——蒸发量，mm。

所以，在相同条件下，无洼蓄的不透水区 S_3，有洼蓄的不透水区 S_2 和透水区 S_1 依次形成径流。每个汇水子区域根据上述划分的三部分地表类型，分别进行径流演算（非线性水库模型），然后对三种不同地表类型的径流出流进行相加即得该汇水子区域的径流出流过程线。

3.3.2.2　入渗模型

入渗模型中 Horton 模型、Green-Ampt 模型以及 SCS-CN 模型是软件中常用的三种模型。

（1）Horton 模型　Horton 模型（1933）是一个采用三个系数以指数形式来描述入渗率随降雨历时变化的经验公式。

$$f = (f_0 - f_\infty) e^{-kt} + f_\infty \tag{3-22}$$

式中　f——入渗能力，mm/min；

f_0、f_∞——初始入渗率和稳定入渗率，mm/min；

　　　t——降雨时间，min；

　　　k——入渗衰减指数（s^{-1} 或 h^{-1}），与土质状况密切相关。

显然，由于式(3-22)只考虑入渗率为时间的函数，而未考虑土壤类型和土壤水分，因此并不适用大范围模拟。

（2）Green-Ampt 模型 Green-Ampt 模型方法是 Green 和 Ampt 于 1911 年提出的一个具有理论基础的物理模型，其物理基础是多孔介质水流的达西定理。Green-Ampt 模型基于以下假设条件：

① 雨水以锋利的浸润面形式入渗到干燥的土壤，浸润面以恒定的速度（或者定义的速度）推移；

② 当浸润面移动时，浸润面以上和以下的土壤水分保持不变；

③ 浸润面中，从初始含水率到饱和含水率的变化发生在可以忽略厚度的土层中；

④ 浸润面中的毛细管水压力是常数，且取决于其所处位置；

⑤ 浸润面以下的土壤吸水能力保持不变。

基于上述假设，进行降雨的扣损计算。公式如下：

$$F = \frac{k_s s_w (\theta_s - \theta_i)}{i - k_s} \tag{3-23}$$

式中 F——降雨累积入渗深度，mm；

θ_s、θ_i——分别是饱和时、初始时的以体积计算的水分含量，m^3；

k_s——饱和的水力传导率，mm/min；

s_w——浸润面上土壤吸水能力，m^2；

i——降雨强度，mm/min。

（3）SCS-CN 模型 SCS-CN 模型是美国水土保持局提出的一个经验模型，最初主要用于估算农业区域 24h 的可能降雨量，后来也常被用于城市化区域洪峰流量过程线的计算分析。它是通过计算土壤吸收水分的能力来进行降雨扣损的。经实地观测发现，土壤的蓄水能力与曲线值（curve number，CN）密切相关。CN 是根据日降雨量与径流量记录进行经验确定的，与土壤类型、土地用途、植被和土壤初始饱和度（土壤前期条件）等因素相关。

SCS 模型应用大量的土壤或植被情况下的实测数据建立了累积降雨量与累积径流量之间的关系。其中净雨计算公式如下：

$$PE = \frac{(P - I_a)^2}{P - I_a + S} \tag{3-24}$$

式中 PE——累积有效降雨量，mm；

P——累积降雨量，mm；

I_a——初始损失（包括地表注蓄、径流形成之前的截留和入渗），mm；

S——潜在的最大注蓄量，在空间上与土壤类型、土地利用状况、农田管理措施以及地面坡度有关，在时间上与土壤含水量有关，可由一个无量纲的参数 CN 确定，其相互关系公式如下：

$$S = 25.4 \left(\frac{1000}{CN} - 10 \right) \tag{3-25}$$

式中，S 以 mm 计。在 SCS 模型中，I_a 与 S 之间的关系常采用经验公式近似确定：

$$I_a = 0.2S \tag{3-26}$$

故式（3-24）又可转换成：

$$PE = \frac{(P - 0.2S)^2}{P - 0.8S} \tag{3-27}$$

通过对不同汇水区域径流资料的分析就可获得一组径流曲线。必要时可以根据特定情况进行测定。

3.3.2.3　汇流模型

目前主要的汇流模型如表 3-2 所示。

表 3-2　常见的汇流模型

模　型	简　介	适　用　性
Wallingford 模型	2 级线性水库模型,基于英国小于 1hm² 的集水区率定	英国排水系统,其子集水区面积基本小于 1hm²
大面积汇流模型	2 级线性水库模型	英国排水系统,其子集水区面积基本大于 1hm²
SPRINT 汇流模型	1 级线性水库模型,为欧洲 SPRINT 项目而开发	用于大型集总式集水区
Desbordes 汇流模型	1 级线性水库模型,法国标准汇流模型	基于事件模拟的法国系统,可用于连续性模拟
SWMM 汇流模型	美国开发的非线性水库模型	用于 SWMM 径流模型(与 Horton 或者 Green-Ampt 透水表面体积模型联用)的美国排水系统

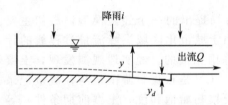

图 3-6　非线性水库法对汇水子
区域的概化示意图

许多模拟软件采用的地表汇流计算方法是非线性的水库模型。

图 3-6 是一个用非线性水库方法模拟的汇水子区域概化示意图,它将子区域视为一个水深很浅的水库。降雨是该水库的入流,土壤入渗和地表径流是水库的出流。

假设:汇水子区域出水口处的地表径流为水深为 y 的均匀流,且水库的出流量是水库水深的非线性函数,那么连续性方程为:

$$A\frac{\mathrm{d}y}{\mathrm{d}t}=A(i-f)-Q \tag{3-28}$$

式中　A——汇水子区域的面积,m²;

　　　i——降雨强度,mm/s;

　　　f——入渗率,mm/s;

　　　Q——汇水子区域的出流量,m³/s;

　　　y——地表径流的平均水深,mm。

根据曼宁公式,求出汇水子区域的出流量:

$$Q=\frac{W(y-y_d)^{\frac{5}{3}}S^{\frac{1}{2}}}{n} \tag{3-29}$$

式中　W——汇水区域的特征宽度,m;

　　　n——汇水区域曼宁粗糙系数的平均值;

　　　S——地表的平均坡度;

　　　y_d——汇水子区域的洼蓄量,mm。

联立以上两式即可得关于水深 y 的非线性微分方程,利用有限差分法进行求解,可得离散方程：

$$\frac{y_2 - y_1}{\Delta t} = \bar{\iota} - \bar{f} - \frac{W s^{\frac{1}{2}}}{An} \left(\frac{y_2 + y_1}{2} - y_d \right)^{\frac{5}{3}}$$ (3-30)

式中　Δt——时间步长，s；

　y_1、y_2——时段开始时刻、结束时刻的水深，mm；

　　　$\bar{\iota}$——时段内的平均降雨强度，mm/s；

　　　$\bar{f}$——时段内的平均入渗率，mm/s。

上述方程组的求解采用 Newton-Raphson 迭代方法，在每一个时间步长内，分 3 步计算：

（1）用 Horton 或 Green-Ampt 入渗公式计算每个步长内的平均潜在入渗率；

（2）由差分方程迭代计算 y_2；

（3）将 y_2 代入曼宁公式计算该时段内的出流 Q。

对于无洼蓄不透水区和有洼蓄不透水区，其求解方法与透水区的求解类似。区别在于前一种情形下入渗率 f 和洼蓄量 y_d 值均取 0，而后一种情形入渗率 f 值取 0。

管网汇流模型主要采用 LINK-NODE 方法，采用圣维南方程组求解管道中的流速和水深，即对连续方程和动量方程联立求解来模拟渐变非恒定流。根据求解过程中的简化方法可分为运动波法和动力波法两种方式。

为确保扩展模块数值计算的稳定性，须对时间步长进行严格限制，具体如下。

管段满足柯朗（Courant）条件：

$$\Delta t \leqslant \frac{L}{V + \sqrt{gD}}$$ (3-31)

式中　Δt——时间步长，s；

　L——管线长度，m；

　V——流速，m/s；

　g——重力加速度，m/s²；

　D——管道最大水深或圆管直径，m。

节点满足以下条件：

$$\Delta t \leqslant \frac{(Y^{n+1} - Y^n) A_s^{n+1}}{\sum Q^{n+1}}$$ (3-32)

式中　Δt——计算时间步长，s；

　Y——管道水深，m；

　n——第 n 个计算时间，min；

　A_s——检查井内面积，m²；

　Q——管道流量，m³/s。

3.3.3　模拟软件

国外 20 世纪 40～50 年代开始就已开始研发降雨径流模型，60 年代后研制的城市雨洪模型已取得较大进展。相对而言，SWMM、InfoWorks CS、MOUSE 三个模型包含水文模型、水力模型；也包含水质模块；能够对连续事件和单一事件进行模拟，是目前应用最广泛的三种模型。三种水文水力模型的对比如表 3-3 所示。

表 3-3 降雨径流模拟软件对比

对比因素	SWMM	InfoWorks CS	MOUSE
气象信息输入入流	降雨,温度,蒸发,风速,融雪节点入流	降雨,温度,蒸发,风速,融雪节点入流	降雨,温度,蒸发,风速,融雪,侧向入流;节点入流
产流模块	Green-Ampt 模型,Horton 模型,SCS 曲线	固定比例径流模型,Wallingford 固定径流模型,新英国径流模型,SCS 曲线,Green-Ampt 模型,Horton 模型,固定渗透模型	时间面积曲线,运动波,线性水库,单位线。长系列模拟(额外流量;RDI 模型)
汇流模块	美国非线性水库模型	双线性水库(Wallingford)模型,大型贡献面积径流模型,SPRINT 径流模型,Desbordes 径流模型,SWMM 径流模型	
地下水模块	两层地下水模型	无	地下水库(RDI 模型)
渠道模块	运动波,动力波	圣维南方程组	动力波,扩散波,运动波
水质模块	地表径流水质污染物运移	生活、工业污水,污染物运移	地表径流水质,废污水,污染物运移、降解
泥沙沉积	无	分永久沉积和泥沙运移两层(管道)	地表沉积,管道沉积,泥沙运移
旱流模块	节点入流定义旱流量(不涉及水质),渠道入渗,人工设定模拟步长	居民生活污水,工业废水,渠道入渗,自动设定模拟步长	废污水,渠道入渗,人工设定模拟步长(线性水库)
工程措施	管道,堰,孔,闸门,蓄水池,泵站	管道,堰,孔,闸门,蓄水池,泵站	管道,堰,孔,闸门,蓄水池,泵站
二维模块	无	二维地面洪水流算模型	二维漫流模型
数据接口	与图片进行对接	与 GIS、AUTOCAD、GoogleEarth 实现对接	与 GIS、AUTOCAD、GoogleEarth 实现对接
所有权/免费/定制	免费	付费	付费

通过表 3-3 可以看出 SWMM 具有简单、实用,容易上手的特点;不仅适用于城市管道水力学模型构建,同样适用于明渠水力学模型构建;更加适用于多种土地利用下垫面情况;用户可以免费使用;由于起步较早,对 InfoWorks CS、MOUSE 的软件开发具有一定的借鉴意义。

InfoWorks CS、MOUSE 功能强大,操作起来相对复杂;具有良好的前处理、后处理程序,动态结果展示更加直观;产汇流模型可选择余地较多,适用性更好;实现了与 GIS 等专业软件的对接;更加适用于城市管道水力学模型构建;需要付费不能进行定制。现分别对其进行详细介绍。

3.3.3.1 SWMM

(1) 软件介绍 EPA (Environmental Protection Agency,环境保护署) SWMM (storm water management model,暴雨洪水管理模型) 是一个动态的降水-径流模拟模型,主要用于模拟城市某一单一降水事件或长期的水量和水质模拟。其径流模块部分综合处理各子流域所发生的降水,径流和污染负荷。其汇流模块部分则通过管网、渠道、蓄水和处理设施、水泵、调节闸等进行水量传输。该模型可以跟踪模拟不同时间步长、任意时刻、每个子流域所产生径流的水质和水量,以及每个管道和河道中水的流量、水深及水质等情况。

自 SWMM 问世以来,它就被全世界广泛地应用于下水道和雨洪的研究,典型应用包括:
① 针对洪水设计排水系统的规模/尺寸;

② 为控制洪水和保护水质设计滞洪设施及附属物的规模;

③ 绘制自然渠道/河道系统的泛洪区;

④ 在保证下水管网溢流最小前提下,提供下水道管网最优控制策略设计;

⑤ 评估下水管网溢流产生的入流和下渗给公共卫生环境带来的影响;

⑥ 为污染管理研究提供非点源带来的污染负荷;

⑦ 对采取最优管理措施在雨季所导致污染负荷减少的作用进行评估。

SWMM 将排水系统概化为一系列水流和物质在几个主要情景环境下迁移的模块,这些情景环境模块和 SWMM 对象主要包括以下几种。

① 大气模块。来自大气的降水和污染物直接堆积在地表环境中。SWMM 用雨量计代表降水作为系统的输入。

② 地表模块。由一个或更多个覆盖研究区的子流域组成。它接受来自大气模块的降水(降雨或降雪);它以下渗出流的形式向地下水模块输送物质,同时也将地表径流和污染负荷输送到运移模块。

③ 地下水模块。该模块接受来自地表模块的下渗量,同时将这部分下渗量部分传送到运移模块。这部分由含水土层(蓄水层)模块模拟。

④ 迁移模块。该模块由一系列具有传输性质(渠系,管道,水泵和阀门)的单元和具有存储或处理性质(输送水到排水口的传送器或污水处理厂)的单元组成。输入数据包括地表径流,地下水交换,晴天污水排放以及用户自定义的水文过程。这部分由节点和连接模块模拟。

(2) 模拟实例　以 SWMM 模型为基础,选取某市某区域作为模拟区域,主要在"不同的降雨频率条件下"、"不同的不透水面积"条件下进行模拟。

所选区域总面积为 $2.87hm^2$,区内包括办公楼、教学楼、绿地、道路等。其中不透水面积为 $0.99hm^2$,占总面积的 34.5%,透水面积为 $1.88hm^2$,占总面积的 65.5%,该区域的具体地表分布情况见图 3-7。基于 SWMM 的应用,需将此区域进行合理的概化,并拟建简单的雨水管网,雨水分别汇入市政排水管网。整个模拟小区共划分为 17 个排水小区,节点 14 个,管道 13 条,1 个出水口。

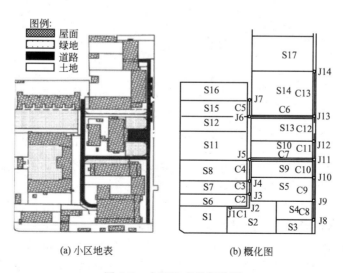

(a) 小区地表　　　　(b) 概化图

图 3-7　小区地表及概化图

在计算各子流域的产流过程中,采用 Horton 入渗模型模拟研究区的降雨入渗过程,模拟区透水面积主要是绿地，所以模型需要输入最大入渗率 f_0、最小入渗率 f_∞ 和衰减系数 α，分别取值为 76.2mm/h、3.81mm/h 和 $2\mathrm{h}^{-1}$。汇流计算采用非线性水库模型进行模拟，参考 SWMM 模型用户手册中的典型值，透水地表和不透水地表的注蓄量分别取为12mm 和 2mm。地表坡度取 1/5000，并根据研究区域的下垫面情况，透水地表、不透水地表和管道的曼宁系数分别取为 0.03、0.011 和 0.013。模拟过程采用动力波进行流量演算。

根据该地区水文手册所附带的图集和公式得出各时段降雨的均值、变差系数 C_V 及偏态系数 C_S，并由此计算出降雨频率分别为 $p=5\%$，$p=10\%$，$p=20\%$ 的设计日降雨过程。暴雨雨峰出现在 10:00，不同设计频率的降雨过程见图 3-8。

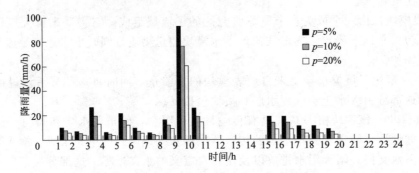

图 3-8　模拟地区不同设计频率的降雨过程

图 3-9 是小区在 $p=5\%$ 设计频率条件下 24h 内的雨水径流过程。设计频率 $p=10\%$、$p=20\%$ 的 24h 内的小区径流过程与 $p=5\%$ 的相似。从图中发现，小区径流主高峰出现在11:00 左右，径流量很大。因此为了比较不同的降雨强度对雨水径流的影响，选 9:00～13:00 这一时段，此时段径流量大，对比明显。

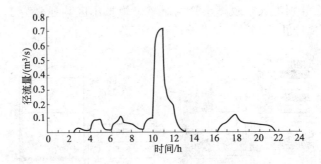

图 3-9　模拟区域在 $p=5\%$ 设计频率条件下 24h 的雨水径流

图 3-10 是设计频率分别为 $p=5\%$、$p=10\%$ 和 $p=20\%$ 的条件下，模拟出口的流量对比。$p=5\%$、$p=10\%$ 和 $p=20\%$ 的洪峰流量分别为 $0.72\mathrm{m}^3/\mathrm{s}$、$0.6\mathrm{m}^3/\mathrm{s}$ 和 $0.46\mathrm{m}^3/\mathrm{s}$。$p=5\%$、$p=10\%$ 的洪峰流量比 $p=20\%$ 的洪峰流量分别增加了 56.5% 和 30.4%。可见随着降雨强度的增大，小区的径流量以及洪峰流量明显增大。

从图 3-11 可以得知，虽然模拟区内的透水面积占总模拟区的面积比例较大，但是因为透水区内雨水入渗率较小，所以模拟区内雨水入渗量占总降雨量的比例较小，径流量占总降雨的比例较大。其中当降雨强度大于 $p=10\%$ 降雨强度之后，入渗量对降雨强度的敏感性减小，即使降雨强度大幅度增加，入渗量增量仍很小，基本趋于稳定的值。

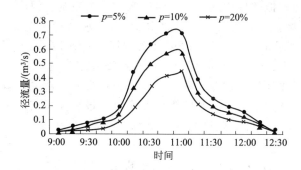

图 3-10　不同设计频率暴雨下模拟
区域出口流量对比

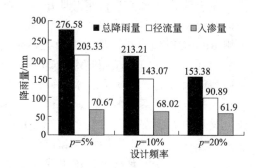

图 3-11　模拟区域不同设计频率条件下
暴雨模拟结果对比

为了研究在区域面积不变而区域内不透水面积变化条件下，城市降雨径流过程的差异，设计了三种不同的不透水面积比例（Imper），分别为 20%、50% 和 80%。由于各排水小区的出口断面的模拟过程和模拟计算输出结果类似，因此选择排水小区 S1 为例进行分析，由于 S1 小区面积较小，降雨产生的径流量相对较小，不同不透水面积条件下的径流对比不是很明显，因此为了更好地区分不同不透水面积对雨水径流的影响，把小区 S1 的面积扩大 10 倍并且在 $p=5\%$ 的降雨强度下进行模拟。模拟结果见表 3-4，小区 S1 出口流量过程对比见图 3-12。

表 3-4　不同不透水面积的暴雨模拟结果

Imper/%	小区面积 /hm²	总降雨量 /mm	入渗量 /mm	径流量 /mm	径流系数
20	1.643	276.58	90.43	183.28	0.663
50	1.643	276.58	56.52	218.02	0.788
80	1.643	276.58	22.41	252.51	0.913

由表 3-4、图 3-12 可知，在降雨强度相同的条件下，小区内随着不透水面积比例的增加，小区内入渗量逐渐减少，而径流量逐渐增加。Imper = 20%、Imper = 50% 的入渗量比 Imper = 80% 的入渗量分别增加了 303.5% 和 152.2%。而 Imper = 20%、Imper = 50% 的径流量比 Imper = 80% 的径流量分别减小了 27.4% 和 13.7%。在降雨强度相同的条件下，随着不透水面积比例的增加，小区内产流的洪峰流量增加。Imper = 20%、Imper = 50%、

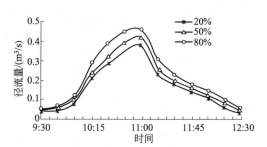

图 3-12　不同不透水面积的
模拟区域径流过程对比

Imper=80% 的洪峰流量分别为 0.4m³/s、0.43m³/s 和 0.47m³/s，Imper=50%、Imper=80% 的洪峰流量比 Imper=20% 的洪峰流量分别增加了 7.5% 和 17.5%。

综上所述，由于城市化的发展，导致城市市区内不透水面积的大量增加，从而致使雨水的入渗量减少，径流量增大，径流系数变大，洪峰流量明显增大，这样不但外排大量的雨水，使宝贵的雨水资源没有得到充分利用，也给城市的防洪排涝带来很大的困难。

3.3.3.2　InfoWorks CS

（1）软件介绍　英国的 HR Wallingford 软件公司最初为英国科工部的政府水力研究机

构，一直致力于水工业软件工具开发。管网模拟软件能用于市政给排水、污水系统、河流治理以及海岸工程方面的规划、设计和实时调度。最初采用 WALLRUS 作为水力计算基础，采用 MOSQITO 管道水质模型模拟污染物。后来，HRWallingford 公司用 Hydroworks QM 模型取代了 WALLRUS 和 MOSQITO，并于 1998 年集成到 Infoworks CS 中。其主要功能是模拟降雨径流、水动力、水质、泥沙的形成和运动过程；采用了以分布式模型为对象，以数据流来定义关系的多层次、多目标、多模型的水量水质及防汛调度实时预报和决策支持系统。其用户界面友好，并能实现与 GIS 的连接。目前该产品已被欧洲、美洲以及一些亚洲国家和地区应用于水资源环境和市政工程中。

目前一体化市政给水、排水管网模型软件 InfoWorks 软件产品主要包括以下几种。

① InfoWorks ICM 综合流域排水模型软件。

② InfoWorks CS 排水模型软件。

③ InfoWorks RS 河流模型软件。

④ InfoWorks WS 供水模型软件。

⑤ InfoWorks Live 城市供水系统在线辅助调度决策支持系统。

⑥ InfoNet 市政管网信息管理系统。

⑦ FloodWorks 防汛在线水情预报预警系统。

InfoWorks CS 采用带有图形分析功能的关联数据库，集成了资产规划管理功能，提供了一个可以细致、精确模拟雨污水收集系统的统一的工作环境。利用时间序列模拟引擎，规划人员和工程师针对污水系统和/或其相关的排水系统的关键要素可以作出快速、精确、稳定的模拟，预测系统的工作状态，或降雨后对环境造成的影响。另外 InfoWorks CS 软件可以完整地模拟回水影响、逆流、明渠、主干渠、复杂管道连接和复杂的辅助控制架构等。

（2）模拟实例　　以某市某路排水管网改造为例，进行建模分析。所选区域在过去一段时间内，降雨之后经常出现道路积水问题，本次建模过程，旨在模拟所提出不同改造方案对该地区积水区域的影响，最终选择积水区域面积最小的方案为改造方案，实现通过模拟指导工程实践。建模过程如图 3-13 所示。

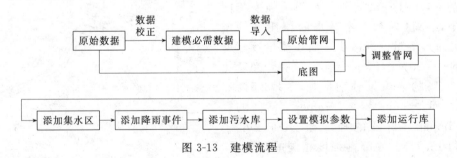

图 3-13　建模流程

按照上述流程进行建模，对模拟区域内的现状管网进行适当调整（如图 3-14 所示），以便适于模拟。

现状管网及改造管网的模拟结果分别如图 3-15～图 3-17 所示。

分析以上三种模拟结果，我们发现五年一遇添加 3m 直径管道，收集两侧排水，无积水，可将管网提高至抵御五年一遇降雨。

3.3.3.3　Mike 软件

（1）软件介绍　　MIKE 软件是丹麦水资源及水环境研究所（DHI）的产品。DHI 是非政府的国际化组织，基金会组织结构形式，主要致力于水资源及水环境方面的研究，拥有世界上最完善的软件、领先的技术。被指派为 WHO（The World Health Organization）水质

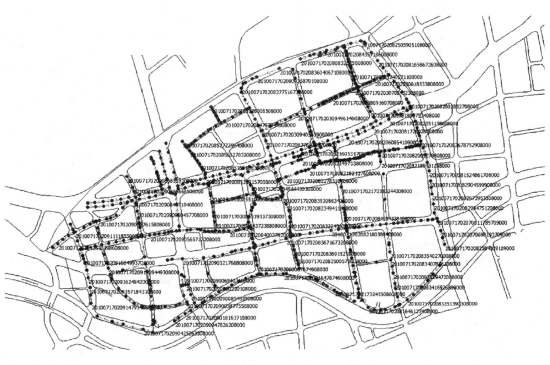

图 3-14　调整后的系统管网

图 3-15　现状管网一年一遇降雨模拟结果

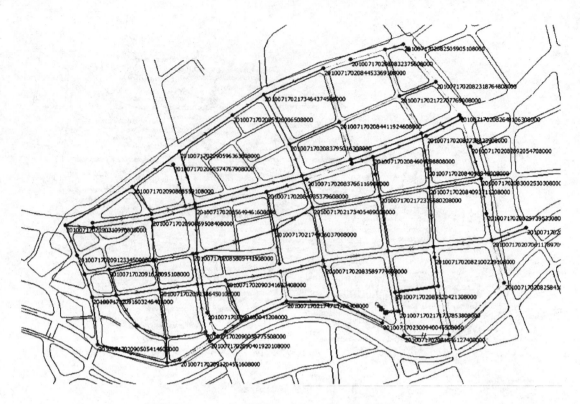

图 3-16　规划管网三年一遇降雨模拟结果

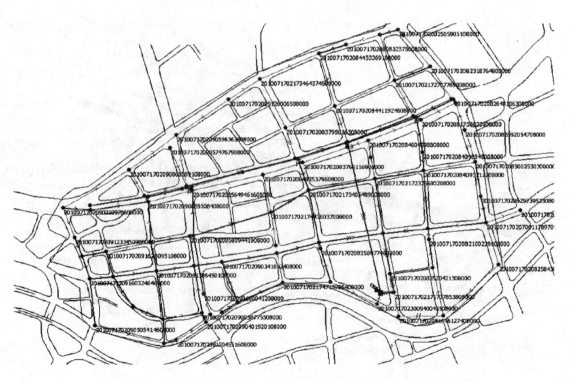

图 3-17　五年一遇添加 3m 直径管道，收集两侧排水模拟结果

评估和联合国环境计划水质监测和评价合作中心之一。

DHI 的专业软件是目前世界上领先，经过实际工程验证最多的，被水资源研究人员广泛认同的优秀软件。软件的功能涉及范围从降雨→产流→河流→城市→河口→近海→深海，从一维到三维，从水动力到水环境和生态系统，从流域大范围水资源评估和管理的 MIKE-BASIN，到地下水与地表水联合的 MIKESHE，一维河网的 MIKE11，城市供水系统的 MIKENET 和城市排水系统的 MIKEMOUSE，二维河口和地表水体的 MIKE21，近海的沿岸流 LITPACK，直到深海的三维 MIKE3。

下面主要介绍下与城市防洪相关的模型。

① MIKE11——一维河道、河网综合模拟软件。主要用于河口、河流、灌溉系统和其他内陆水域的水文学、水力学、水质和泥沙传输模拟，在防汛洪水预报、水资源水量水质管理、水利工程规划设计论证均可得到广泛应用。

MIKE11 包含如下基本模块。

a. 水动力学模块（HD）：采用有限差分格式对圣维南方程组进行数值求解，模拟水文特征值（水位和流量）。

b. 降雨径流模块（RR）：对降雨产流和汇流进行模拟。包括 NAM，UHM，URBAN，SMAP 模型。

c. 对流扩散模块（AD）：模拟污染物质在水体中的对流扩散过程。

d. 水质模块（WQ）：对各种水质生化指标进行物理的、生化的过程进行模拟。可进行富营养化过程、细菌及微生物、重金属物质迁移等模拟。

e. 泥沙输运模块（ST）：对泥沙在水中的输移现象进行模拟，研究河道冲淤状况。

MIKE11 除上述基本模块外，还有各种附件模块如洪水预报（FF）模块、GIS 模块、溃坝分析模块（DB）、水工结构分析（SO）模块、富营养化模块（EU）、重金属分析模块（WQHM）等。MIKE11 模拟的垮坝（溃堤）洪水淹没过程，MIKE11 模拟的泥沙输移规律。

② MIKE21——河口、海岸综合模拟系统软件

MIKE21 是专业的二维自由水面流动模拟系统工程软件包，适用于湖泊、河口、海湾和海岸地区的水力及其相关现象的平面二维仿真模拟。MIKE21 采用标准的二维模拟技术为设计者提供独特灵活的仿真模拟环境。

主要用于河口、河流、海洋、水库等地表水体流动、波浪、水环境变化、泥沙运移等二维水利专业工程软件。该软件包含的模型：二维水动力模型、波浪模型、水质运移模型、富营养模型、泥沙运移模型。可进行水利工程设计及规划、复杂条件下的水流计算、洪水淹没计算、泥沙沉积与传输、水质模拟预报和环境治理规划等多方面研究应用。

其他功能：MIKE21 可与 MIKE11 耦合，即一维、二维耦合，进行河口复杂水流的模拟，洪水预报和淹没范围计算等。

软件融入 GIS 技术，方便了数据的采集和处理，并包含先进的数据前、后处理和图形专用工具，重要计算区域变剖分网格加密计算处理技术。先进的图形工具使数据进行可视化的输入、编辑、分析和多形式输出结果的表达。动态、三维高度可视化的结果表达方式、时间序列图等输出方式。MIKE21 模拟的水质运移过程基于 GIS 的水下地形处理和显示。

③ MIKEMOUSE——城市排水系统模拟软件

MOUSE 是模拟城市排水、污水系统的水文、水力学和水质等集成工程软件，它集成了城市下水系统中的表面流、明渠流、管流、水质和泥沙传输等模型。

MOUSE 的典型应用包括合流下水道溢出研究（CSO），生活污水管溢出（SSO），复杂

RTC 计算和分析，分析和诊断现有雨水和生活污水管系统问题。应用 MOUSE 可研究：

　　a. 下水道系统的退水时间；

　　b. 超负荷载的主要原因；

　　c. 是否需要替换有问题的下水道，安装新的水槽和堰等；

　　d. 运行规则的改变对环境将产生怎样的长期影响；

　　e. 沉淀物会滞留在下水道中的什么位置，为什么会滞留；

　　f. 暴雨之后，在溢流堰和污水处理厂的污染物状况。

　　(2) 模拟实例

　　① 某新区典型区域暴雨积涝模型。本项目以 MIKE 系列模型（MIKE URBAN、MIKE FLOOD）为基础为建立上海城市暴雨积涝模型，模型研究范围为某市某新区，该区域如图 3-18 所示。该区域内排水管网为分流制，雨水管网全部为强排（泵站排水）。

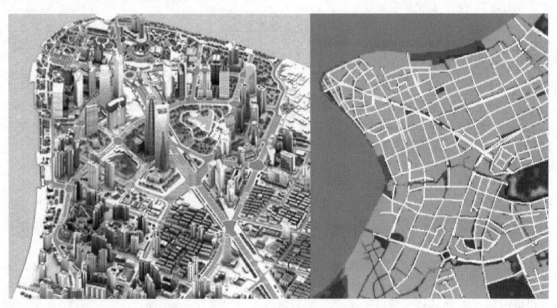

图 3-18　模拟区域图（一）

　　本项目的主要工作包括：构建的该市暴雨积涝模型包括城市降雨径流模型、管网水动力学模型以及二维坡面流模型。最终建立城市暴雨积涝模型并根据实测数据进行模拟校定。

　　应用所构建的模型完成排水管网的评估以及降雨期城市积水分析（根据不同暴雨重现期模拟分析研究区域的积水情况，绘制洪水风险图）。

　　最终该模型将与该市气象局的预报系统相连接，根据气象局的降雨预报，实时预报暴雨期间该区域内管网水流情况、地面积水的范围以及深度。

　　② 某市奥运中心区雨水系统模拟。为了保证重大活动的正常进行，该市城市规划设计研究院聘请 DHI 对场馆中心区雨水系统进行模拟，分析在不同暴雨强度及极端暴雨天气下奥运中心区及周边地区的积水情况，对奥运中心区及周边区域洪水管理提供决策支持，模拟区域如图 3-19 所示。该项目的主要目的：

　　a. 确定积水原因；

　　b. 校核中心区雨水系统各组成部分的规划设计标准，校核各组成部分之间的衔接关系；

　　c. 验证中心区雨水系统抗洪灾能力，模拟超标暴雨情况下中心区的可能积水情况，提出应对可能积水情况的对策建议。

图 3-19　模拟区域图（二）

中心区雨水系统模型利用 MIKE FLOOD 将城市雨水管网系统（Mike Urban）和二维模型（Mike21）动态耦合。其排水系统包括市政雨水管线、主要场馆内部雨水管线、北部的人工渠道以及中心区各种雨洪利用构筑物，同时模型还模拟了一些敏感区域如下穿道路、地下环隧等。Mike21 地表径流模型模拟了暴雨期间城市地面积水情况。耦合后的模型反映了地面水和管网水流的互动过程模型直观的模拟出不同暴雨强度下，中心区地面的积水范围、历时及积水深度。模型很好地再现了历史洪水事件，预测了大暴雨期间奥运中心区的积水情况，为相关部门制定相应的应急预案提供了科学依据。同时，该模型被用于校核现行雨水管网是否负荷设计标准，并针对设计较早、标准较低的雨水管网提出了最优的改进方案。

3.3.4　洪水预报

洪水预报是一项重要的非工程防洪措施，由于它具有投资少、见效快和效益高等优点，已越来越受到国内外防洪部门的重视。特别是近十多年来，计算机的广泛应用和电子工业的发展，在水情信息收集、传输、处理，以及预报技术和预报方法上都有新的突破，明显地提高了预报精度，增长了有效预见期，为防洪决策部门掌握防洪主动权和进行防洪系统的科学调度发挥了重要作用。

3.3.4.1　现代洪水预报系统简介

洪水预报系统（flood forecasting system）是在计算机上实现洪水预报联机作业的运行系统，它靠快速、准确地收集、存储和处理水情、雨情，通过各种专业数学模型进行洪水预报和河道洪水演进，从而及时、准确地作出洪水流量过程的预报，提高了洪水预报的时效性和精确度。

洪水预报系统一般包括六个子系统——历史和实时数据收集系统、数据传输系统、数据库管理系统、预报模型计算与休整系统、预报发布系统、预报评估系统。决定洪水预报系统的质量关键在与两点：一是快速，即通过各种水文信息的及时采集、迅速传输和处理运算来实现的；二是准确，即通过预报变量实时信息的反馈对预报模型计算成果或参数不断进行实时校正来达到的。这两个关键点必须始终贯彻于从数据采集、处理到预报、发布这整个预报系统中。下面详细地说明一下洪水预报系统的具体内容：

（1）数据收集　主要收集区域内的雨量站、水位站、水文站及工程管理队观测的雨、水、沙、工情和委、省管辖的雨、水、沙情，另外，气象部门的卫星云图雷达信息以及数字预报成果和水文局有关区域的雨量信息也是数据收集系统的接受对象。

（2）数据传输 在收集雨水情信息时，通过接受气象部门的卫星云图、雷达回波信息以及暴雨数值预报产品和水文局有关预报区域的雨量信息，同时，采用短信平台、超短波、有线公网相结合的方式，收齐区间水雨情站的水情信息。

（3）数据库管理 数据库管理是数据处理与存储环节，在这一环节中，具体的信息处理内容有：翻译雨水情电报报文；识别错误信息并处理；根据洪水预报输入要求，生成相应时段的水文要素过程；根据用户信息查询要求，制成相应的图表；根据人工制定的门槛，遇特殊雨水情发出预警；根据报汛任务要求向有关部门转发信息。在处理信息之后，便可以将原始信息和处理后的信息存储到数据库，以便随时调用。

（4）预报模型 经过处理后的信息从数据库中提取出来进入到预报模型计算系统，一方面将实时数据进行插补、外延，分割成0.5h或1.0h为时段的降雨、流量过程；另一方面提取历史资料，经过处理后进行典型雨洪分析。在计算系统中，最重要的环节是模型率定参数的确定，一是利用历史资料为建模进行率定，二是利用实时资料对模型参数进行补充、修改。最后要按照实际模拟达到合格要求后，才能确定预报模型的参数。

（5）预报发布 根据确定后的预报模型，输入实时雨水情信息或气象部门等单位预测的雨量信息，进行产流、汇流计算，根据计算结果及时向社会发布洪水预报。洪水预报还分为预警预报和正式预报两个阶段。

（6）预报评估 在预报发布后，还要不停更新数据库实时数据，计算出的预报数据与实时数据比较后，评价此次预报的及时性和准确性，如果出现预测之后的现象，应当加快实时数据更新的速度，如果出现预测失误的现象，就需要及时调整模型参数，以实现快速精确地预报结果。

总而言之，水文是防汛的耳目，水文预报是领导防汛指挥、调度、决策的重要依据，一个洪水预报系统就是一个数学模型，它实现了复杂的信息采集、处理和输出，减轻了洪水预报以前繁重的工作量，更重要的是它提高了洪水预报的时效性和准确度，为各级防汛指挥部门提供决策依据，对降低洪水风险，减少洪灾损失发挥了重要作用。

3.3.4.2 FloodWorks洪水预报系统

（1）软件介绍 FloodWorks是InfoWorks系列软件中的一员，是集成了数据采集系统和降雨径流模型、汇流模型、水动力模型、雪融模型等多种水文模型的实时预报调度决策支持系统，FloodWorks连接实时数据库，收集来自各种数据源的数据，并且把数据转换成适用于FloodWorks预报模型的形式。数据源包括遥测数据、水文数据库、气象雷达、卫星图像和气象预测。FloodWorks提供各种简单的模型运算法则进行数据处理和校检，运算法则包括校核并交叉检查数据源，以判断数据中的测量仪器带来的误差；从点雨量计算面积平均降雨量；从温度和湿度的单点测量值计算面积平均的潜在蒸发量。根据用户自定义的优先级，合并来自各数据源的观测及预测数据；水位与流量数据相互转换。

FloodWorks通过Web模块管理预报系统生成网页报告并在Internet上发布。远程客户通过FloodWorks事件管理器预报模拟，网络客户通过IE浏览器远程驱动FloodWorks服务器，进行洪水预报模拟运行。

（2）应用实例

① 模拟区域概况。某水库位于某干流上游，水库上游流域面积5268km^2，水库库容7.21×10^{8}m^3。上游流域处于中纬度大陆性季风带，其降水特点是年内变化大，冬春少而夏秋多；大雨、暴雨多且集中；年际降水变幅大。该水库流域地处黄土高原，雨量稀少，年降

雨量仅 500mm，但逢雨季又常大雨滂沱，严重威胁两岸人民生命财产及水库大坝安全。因此，有效预报水库流域突发性洪水意义重大。

② 洪水预报方案。某水库上游流域内现有雨量遥测站 16 个、水位站 2 个。该水库入库洪水预报采用线性河道演进加流域产流方案。河道水流从上游宁化堡站向下游演进，同时吸纳支流来水作为集中入流，吸纳流域产水作为均匀旁侧入流。考虑到降雨分布的不均匀性，流域内遥测站网分布状况及流域地形、地貌，按支流划分为 3 个子流域。上游宁化堡站至水库入库河道长 92.13km，平均水面坡降 3.25‰，洪水演进约 6h。洪水预报方案概化图见图 3-20。

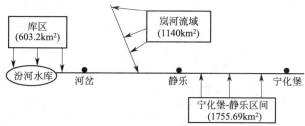

图 3-20　水库入库洪水预报方案概化图

③ 预报计算网络。水库实时洪水预报网络包括 FloodWorks 网络和 InfoWorksRS 网络两部分。模拟水库实时洪水预报 FloodWorks 网络见图 3-21。网络中的图层由 Mapinfo 创建，包括流域边界层、水系层、遥测站网层、子流域层和雨量站权重层。计算网络中包括 16 个站点、5 个模型点、23 个预报点及预报点与模型点之间的连接。

④ 模拟结果。采用 1979～2006 年间共 15 场洪水资料进行参数率定，结果见表 3-5 和图 3-22。可见，预报不合格洪水共 4 场，其中，有 2 场洪水洪峰（洪峰量误差大于 20%）和峰现时间（峰现时间误差大于预见期的 1/3）同时不合格；有 1 场洪峰量预报不合格；有 1 场峰现时间预报不合格；合格率为 73%，达到水利部颁布的《水文情报预报规范》SL 250—2000 的乙级（70%≤合格率<85%）标准。

表 3-5　洪水模拟精度统计

洪水编号	洪峰流量/(m³/s)		相对误差/%	峰现时间误差/h
	实测	模拟		
19790822	485	587	21.03	1
19790907	490	402	−17.96	2
19800727	450	427	−5.11	−1
19800919	604	511	−15.40	2
19830315	555	449	−19.10	1
19830524	446	329	−26.23	3
19840518	710	738	3.94	0
19850623	1061	1149	8.29	1
9860611	723	767	6.09	1
19870910	801	949	18.48	−1
19880411	1320	1176	−10.91	0
19890403	267	289	8.24	−1
19890727	806	1034	28.29	−5
20050901	901	787	−12.65	2
20060517	386	452	17.10	3

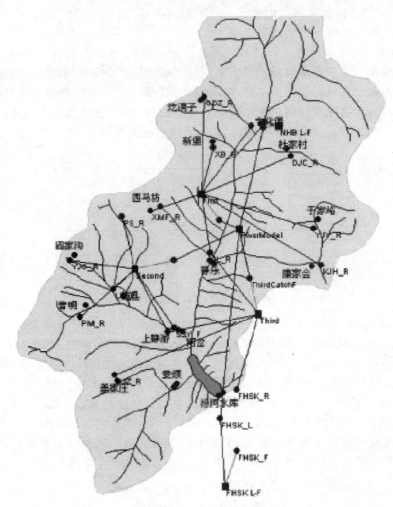

图 3-21 FloodWorks 网络

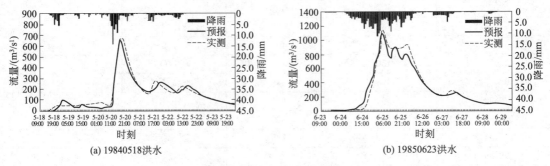

(a) 19840518洪水　　　　　　(b) 19850623洪水

图 3-22 实测洪水与模拟过程

第4章 排涝工程

4.1 暴雨强度公式

4.1.1 雨量分析的主要因素

（1）降雨量 降雨量是指降雨深度，用 H 表示，单位以 mm 计；它是推求城市暴雨强度公式的原始资料和重要依据，来源于自记雨量记录。在以自记雨量记录纸为原始资料时，采集时可以采用专用尺，不仅可以提高取样速度，并且保证了取样精度。有条件时，可以利用气象部门采集的数据。

（2）降雨历时 降雨历时是指连续降雨时段内的平均降雨量，可以指全部降雨时间，也可以指其中个别的连续时段，用 t 表示。在城市暴雨强度公式推求中的降雨历时指的是后者，即 5min、10min、15min、20min、30min、45min、60min、90min、120min 共 9 个不同的历时，特大城市可以到 180min。

（3）暴雨强度 暴雨强度是指某一时段内的平均降雨量，用 i 表示，即

$$i = H/t \tag{4-1}$$

式中 i——暴雨强度，mm/min；

H——降雨量，mm；

t——降雨历时，min。

暴雨强度是描述暴雨的重要指标，强度越大，雨越猛烈。它是推求城市暴雨强度公式的直接依据。

（4）暴雨强度的频率 暴雨强度的频率是指等于或超过某指定暴雨强度值出现的次数与观测资料总项数之比。其中有经验频率和理论频率，在水文统计中，常采用以下公式来计算经验频率：

$$P_n = m/(n+1) \times 100\% \tag{4-2}$$

式中 P_n——暴雨强度频率；

m——出现的次数（序号）；

n——资料的总项数。

（5）暴雨强度的重现期 重现期是指等于或超过它的暴雨强度出现一次的平均间隔时间，单位以年表示，水文统计中采用公式(4-3)来计算 T：

$$T = (N+1)/m \tag{4-3}$$

式中 T——重现期；

N——统计资料的年数；

m——出现的次数（序号）。

各种表示降雨强度-历时-频率（intensity duration frequency，IDF）和深度-历时-频率（DDF）关系的公式，将在后面更为详细地说明。所讨论的各种 IDP 和 DDF 之间的关系都属于点降雨的统计概念，点雨量即在一个单独的雨量器中观测的降雨。这些资料足以对暴雨特性作出以下的概括：

当暴雨历时增加时，对任何给定的频率而言，平均降雨强度减小；

当暴雨出现的频率减少时，对于任何给定的历时，平均降雨强度增加；

暴雨笼罩面积越大，与暴雨范围内最大点降雨强度相比较，其平均降雨强度就越低。

与所观察到的最大强度有关的面平均降雨强度的减少，可以利用降雨深度-面积-历时（DAD）关系或称为时面深关系进行单独暴雨事件的分析。然而，要得到考虑空间分布的面雨量时，就需同一频率的点面（比例）关系，这个比值称为面雨量化算比（ARF）。尽管两者显然用于不同目的，但容易与降雨 DAD 关系混淆。此外，许多设计洪水估计方法需要一种单独的、具有代表性的面降雨量输入，所以常常需要对来自几个雨量器记录求平均值。

4.1.2 暴雨强度公式的地域性

城市暴雨强度计算模式的制定是城市设计暴雨的核心，主要包括城市暴雨强度计算模式的合理选择及其参数的优化。选用城市暴雨强度计算模式是一个比较关键的问题，计算模式的选择直接影响着能否较好地反映频率分布曲线所确定的 $i\text{-}t\text{-}T$ 的规律性。

经国内外许多学者的研究，提出了多种城市暴雨强度计算模式。在这些模式中，美、英等国多采用 $i=\dfrac{A}{(t+b)^n}$，前苏联广泛选用 $i=\dfrac{A}{t^n}$，日本选用 $i=\dfrac{A}{t+b}$，而我国给水排水设计手册和规范提到 $i=\dfrac{A}{(t+b)^n}$，$i=\dfrac{A}{t^n}$，$i=\dfrac{A}{t+b}$ 三种模式，其中 A 为城市暴雨雨力。雨力的计算式，美、英等国较多用 $A=KT^m$，前苏联与我国用 $A=A_1+Clg T$。式中 A_1、C、b、n 为参数。

关于计算模式的选择，不同地区气候不同，降雨差异较大，降雨分布规律适合哪一种计算模式，须在大量统计分析的基础上，根据暴雨强度与历时曲线统计总结出来，以符合客观暴雨规律为出发点，同时考虑计算模式在统计与应用上的简易与方便。

关于选用哪一种暴雨计算公式，不同的地区降雨差别很大，分布规律也不尽相同。所以需在统计分析的基础上，由 $i\text{-}t\text{-}T$ 曲线特征来确定，同时也应考虑计算公式在统计与应用上简单与方便。

降雨强度在整个流域上是变化的，特别是对流型暴雨，暴雨不仅有中心，并且可以用等雨量线表示，同时降雨也可以在流域上运动。

4.1.3 暴雨强度公式的统计分析

对短历时城市雨水排水设计而言，城市设计暴雨主要是通过对当地的气象资料进行统计分析，根据不同频率的暴雨特征，编制出符合地方情况的城市暴雨强度计算模式。编制方法及规定已列入我国排水规范和相应设计手册中，由相关规范和手册，可知目前我国进行城市暴雨强度公式推求的方法。

（1）统计资料　由自记雨量计记录的暴雨过程线，统计 9 个历时的暴雨强度 i 值：5min，10min，15min，20min，30min，45min，60min，90min，120min。

（2）选取样本　取样方法宜采用年多个样法，每年每个历时选择 6～8 个最大值，然后不论年次，将每个历时子样按大小次序排列，再从中选择资料年数的 3～4 倍的最大值，作为统计的基础资料。

（3）频率调整　计算降雨重现期一般按 0.25 年，0.33 年，0.5 年，1 年，2 年，3 年，5 年，10 年统计。当有需要或资料条件较好时（资料年数≥20 年，子样点的排列比较规律），也可统计高于 10 年的重现期。当精度要求不太高时，可采用经验频率曲线；当精度要求较高时，可采用皮尔逊Ⅲ型分布曲线或指数分布曲线等理论频率曲线，因地方因素差异也可选用其他线型。根据确定的频率曲线，得出重现期、降雨强度和降雨历时三者的关系，即 $i\text{-}t\text{-}T$ 关系值。

（4）参数推求　由 i-t-T 关系值，可用解析法、图解法或图解与计算的结合法等方法，求得暴雨强度公式的参数 b，n，Al，C，代入公式即得当地的暴雨强度公式。

（5）误差分析　计算抽样误差和暴雨公式的均方差。一般按绝对均方差计算，也可辅以相对均方差计算。计算重现期在 $0.25 \sim 10$ 年时，在一般强度地方，平均绝对方差不宜大于 0.05mm/min。在较大强度的地方，平均相对方差不宜大于 50%。

其中，统计资料、选样、频率调整统称城市设计暴雨资料统计，与城市自记雨量资料的多少、城市排水设计常用重现期范围等密切相关，这是研究城市设计暴雨的基础。参数推求、误差分析又称城市暴雨强度公式的确定，是城市设计暴雨的核心，公式的精度直接关系到城市雨水排水设计流量的精确性，从而影响排水工程的投资预算和可靠性。

4.2　径流计算与设计流量

由暴雨资料推求设计洪水是以降雨形成洪水的理论为基础的。按照暴雨洪水的形成过程，推求设计洪水可分三步进行：①推求设计暴雨，同频率放大法求不同历时指定频率的设计雨量及暴雨过程；②推求设计净雨，设计暴雨扣除损失就是设计净雨；③推求设计洪水，应用单位线法等流域汇流计算方法对设计净雨进行汇流计算，即得流域出口断面的设计洪水过程。

4.2.1　计算设计暴雨

关于设计暴雨，一些研究成果表明，对于比较大的洪水，大体上可以认为某一频率的暴雨将形成同一频率的洪水，例如 $P=1\%$ 的暴雨形成 $P=1\%$ 的洪水。因此，推求设计暴雨就是推求与设计洪水同频率的暴雨。

（1）设计暴雨量的计算　流域设计暴雨量计算，按资料情况不同，将采用不同的方法。

① 流域暴雨资料充分时。当流域暴雨资料充分时，可以把流域平均雨量作为研究对象。概念上说，即先求得各年各场大暴雨的各种历时的面雨量，然后按各指定的统计历时，如 6h，12h，1d，3d 等，选取每年的各历时的最大面雨量，组成相应的统计系列。各样本系列选定后，即可按照一般程序进行频率计算，求出各种历时暴雨量的理论频率曲线。然后依设计频率，在曲线上查得各统计历时的设计雨量。目前我国暴雨量频率计算的方法、线型、经验频率公式、特大暴雨处理等与洪水频率计算相同。

② 流域暴雨资料不足时。设计流域雨量站太少；站数较多，但观测年限不长；流域太小，根本没有雨量站。在这些情况下，采用面雨量系列进行频率计算的方法不能应用。同时，由于相邻站同次暴雨相关性很差，难以用相关法插补展延来解决资料不足问题，此时多采用间接方法来推求设计面雨量。间接方法就是：先求出流域中心处的设计点雨量，然后再通过点雨量和面雨量之间的关系（简称暴雨点面关系）间接求得指定频率设计面雨量。

（2）设计暴雨过程的确定　拟定设计暴雨过程的方法也与设计洪水过程线的确定类似，首先选定一次典型暴雨过程，然后以各历时设计雨量为控制进行缩放，即得设计暴雨过程。选择典型暴雨时，原则上应在各年的面雨量过程中选取。首先，要考虑所选典型暴雨的分配过程应是设计条件下比较容易发生的；其次，还要考虑是对工程不利的。所谓比较容易发生，首先是从量上来考虑，即应使典型暴雨的雨量接近设计暴雨的雨量；其次是要使所选典型的雨峰个数、主雨峰位置和实际降雨时数是历次暴雨中常见的情况，即这种雨型在历次暴雨中出现的次数较多。所谓对工程不利，主要是指两个方面：一是指雨量比较集中，例如 3d 暴雨降雨过程中特别集中在 1d 等；二是指主雨峰比较靠后，这样的降雨分配过程所形成的洪水洪峰较大且出现较迟，对工程安全将是不利的，为了简便，也可选择单站暴雨过程作典型。

例如 1975 年 8 月在河南发生的一场特大暴雨，历时 5d，板桥站总雨量 1451mm，其中 3d 为 1422mm。雨量大而集中，且主峰在后，曾引起两座大中型水库和不少小型水库失事。因此，该地区进行设计暴雨计算时，常选作暴雨典型。当难以选择合适的实际暴雨过程分配作典型时，最好取多次大暴雨进行综合，获得一个能反映大多数暴雨特性的概化综合暴雨分配作典型。

典型暴雨过程的缩放方法与设计洪水的典型过程缩放计算基本相同，均采用同频率放大法。即先由各历时的设计雨量和典型暴雨过程计算各段放大倍比，然后与对应的各时段典型雨量相乘，得出设计暴雨在各时段的雨量，此即推求的设计暴雨过程。

4.2.2 设计净雨

设计暴雨扣除相应的损失，即得设计净雨。其计算方法一般有径流系数法、降雨径流相关图法、蓄满产流模型法和初损后损法，可根据实际情况选用。

（1）径流系数法 径流系数 α 是指降雨转化为径流的比例系数。对于某次暴雨洪水，其径流系数为流域平均雨量 P 除以相应的地面径流深 R，即 $\alpha = P/R$。某次洪水的地面径流深 R 可通过基流分割，将实测流量过程线划分为地面径流过程和地下径流过程来计算。基流分割，一般采用斜线分割法，即在实测的流量过程线上，从起涨点到退水段的地面径流终止点连一直线，该直线与其上面的流量过程线包围的面积即地面径流总量 W，除以流域面积 F 得地面径流深 R，即 $R = W/F$。地面径流退水快，地下径流退水慢，因此，在退水流量过程线上由消退较快转变为退水缓慢的转折点，即认为是地面径流终止点。其位置可由目估或地下径流标准退水曲线确定。分析多场暴雨洪水的 α，即可大致定出不同等级暴雨的 α 值，对于一个流域，暴雨越大，α 越大；反之，则小。显然，α 值应小于 1，因为降雨中总有一部分耗于植物截留、填洼、下渗等损失，不能形成地面径流。规划设计时，根据暴雨的大小选择相应的 α 值，将 α 乘以设计暴雨过程即得设计净雨过程。

（2）降雨径流相关图法 该法是根据降雨与净雨（径流）之间的相关关系图将设计暴雨转化为设计净雨。因为净雨深等于对应的径流深，所以这里也常称净雨深为径流深。建立相关图时考虑的相关变量，除径流深、降雨量外，还有暴雨来临时的流域干湿程度、降雨历时、降雨的发生月份等，尤其流域的干湿程度常常是必须考虑的因素。因为同样的暴雨，降雨开始时流域越湿润，产生的径流就越多；反之，流域越干燥，产生的径流就越少。它对净雨的作用仅次于降雨，成为降雨径流相关图中不可缺少的相关变量。

（3）蓄满产流模型法 从 20 世纪 60 年代开始，赵人俊等经过长期对湿润地区暴雨径流关系的研究，提出了蓄满产流模型法计算总净雨过程，以及确定稳渗率 f，进一步将总净雨划分为地面净雨、地下净雨。

蓄满产流是指这样特定的产流模式。降雨使含气层（地表至潜水面间的土层）土壤达到田间持水量之前不产流，这时称"未蓄满"，此前的降雨全部用以补充土层的缺水量，不产生净雨；蓄满（土层水分达田间持水量）后开始产流，以后的降雨（除去雨期蒸发）全部变为净雨，其中下渗至潜水层的部分成为地下径流，超渗的部分成为地面径流。而且，因只有蓄满的地方才产流，故产流期的下渗为稳渗率 f。按这种模式产流的现象称蓄满产流，在逻辑上与之对应的是不蓄满产流，即上层未达田间持水量之前，因降雨强度超过入渗强度而产流，它不以蓄满与否作为产流的控制条件，称这种产流方式为超渗产流。

（4）初损后损法 对于干旱、半干旱地区，土壤缺水量常常很大，且降雨强度往往也比较大，土层来不及"蓄满"就开始超渗产流。其洪水过程线表现为陡涨陡落，降雨停止，洪水也很快随之结束。在这里降雨形成净雨以超渗产流为主，应按超渗产流原理计算净雨。

4.2.3　设计洪水

设计净雨解决之后，进一步的工作就是通过流域汇流计算，将设计净雨转化为流域出口的设计洪水过程。汇流计算，按净雨向流域出口汇集的路径和特性不同，常分为地面汇流和地下汇流。由地面净雨进行地面汇流计算，求得出口的地面径流过程；由地下净雨进行地下汇流计算，求得出口的地下径流过程，二者叠加，即得设计洪水过程。对于设计洪水而言，地面径流是主体，因此，主要论述地面汇流的计算方法，地下径流相对很小，常常按经验取大洪水的基流作为设计洪水的地下径流，无需再作复杂的计算。

目前流域汇流计算的方法很多。如经验单位线法，瞬时单位线法，等流时线法、地貌单位线法等，其中前二种在我国应用比较广泛，以下分别论述其计算原理和方法。

(1) 经验单位线法　单位线法有很多种，这里所说的经验单位线，实际上是指 L. K. 谢尔曼最早提出的单位线法。为了与用数学方程表达的瞬时单位线法相区分，常称这种单位线法为经验单位线法或时段单位线法。该法简明易用，效果较好，在具有一定实测流量资料的流域，无论做水文预报或是求设计洪水，都得到了广泛的应用。

(2) 瞬时单位线法　1945 年 C. O. 克拉克提出瞬时单位线的概念之后，1957 年及 1960 年 J. E. 纳希进一步推导出瞬时单位线的数学方程，用矩法确定其中的参数，并提出时段转换等一整套方法，从而发展了 L. K. 谢尔曼所提出的单位线法。目前，纳希瞬时单位线法在我国已得到比较广泛的应用。

所谓瞬时单位线，就是在瞬时（无限小）的时段内，流域上一个单位的地面净雨（水量）在出口断面形成的地面径流过程线，通常以 $u(0, t)$ 或 $u(t)$ 表示。由于瞬时单位线是时段单位线的 Δt 趋近于零的单位线，故前面讲的单位线的基本假定也都适用。将瞬时单位线转换为任一时段的单位线，是借助 S 曲线来实现的。有了时段单位线，便可用与上面相同的方法由净雨推求洪水。

4.3　排涝系统规划

4.3.1　排涝标准

城市防洪标准是指城市应具有的防洪能力，也就是城市整个防洪体系的综合抗洪能力。在一般情况下，当发生不大于防洪标准的洪水时，通过防洪体系的正确运用，能够保证城市的防洪安全。具体表现为防洪控制点的最高水位不高于设计洪水位，或者河道流量不大于该河道的安全泄量。防洪标准与城市的重要性、洪水灾害的严重性及其影响直接有关，并与国民经济发展水平相适应。

雨水排涝工程排涝标准一般以重现期表示。雨水排涝管渠设计重现期，是雨水排涝管渠设计的重要数据之一。设计重现期的大小，决定着城市和人民生命财产的安全、居民生活的方便与否和雨水排涝工程的投资。

《室外排水设计规范》规定：雨水管渠设计重现期，应根据汇水地区性质（广场、干道、厂区、居住区）、地形特点和气象特点等因素确定。重现期一般选用 0.5～3 年，重要干管、重要地区或短期积水即能引起较严重后果的地区，一般选用 2～5 年，并应与道路设计协调。

雨水排涝管渠设计重现期越大，设计的雨水排涝管渠断面尺寸就越大，排水流畅，不易造成地面积水，安全性高，但整个雨水工程的造价也相应增大；反之，选用较小设计重现期，设计的雨水排涝管渠断面尺寸较小，易造成地面积水，安全性低，但整个雨水排涝工程造价较低。

一般在雨水排涝工程中，雨水排涝管渠的重现期取 2～5 年。

4.3.2 排水管网工程

（1）确定合理的排水系统　城市基础设施的便利、大规模的交通系统和发达的贸易，使人口相对集中，从而导致污染、天然田野和河流的消失等。为此人们必须建立人工城市生态系统，建立新的物质和能量流动体系，以保证其平衡。修建城市排水系统是维持城市的生存和可持续发展以及保护环境的重要工程措施。工程师应根据我国不同地区的实际状况，在花费最少费用的情况下，确定合理的排水系统，解决这类问题。

雨水和合流制排水系统设计都与流域特性有关。如：流量过程线、土壤类型和覆盖、气候（降雨和蒸发部分）、可接受的风险和洪水的影响等。径流过程的调节使降雨和径流之间的关系变得十分复杂，因此城市排水与水利科学家研究的水文系统有很大差别。

污染控制是排水管网的主要任务之一。收集和输送城市污水、拒绝污染物大量排放、控制排水量及对径流雨水进行适当处理都能有效地控制污染。而城市污水必须通过城市污水处理厂处理达标后才能排放则更为重要。

流量控制是排水管网的另一主要任务。减少排水量可以节省排水管网的投资，并可以减轻对受纳水体的污染和流量冲击，而径流量控制则比较难以实现。雨水调节、地下水回灌、提供粗糙地表以便延缓水流速度以及不与不透水地表直接连接等都是常用的调节径流量方法。这些方法在很多国家还没有使用，最近美国和欧洲已经要求使用这些方法，我国正在进行这方面的研究工作。

在进行排水系统设计时，还应考虑以下因素：与邻近区域内的污水与污泥处理和处置协调的问题；与邻近区域及区域内的给水系统、洪水和雨水的排除系统相协调的问题；适当改造原有排水工程设施，充分发挥其工程效能。

（2）选定排水系统的体制　合理地选择排水系统的体制，是排水工程师在规划和设计时要面对的重要问题。它的选择不仅从根本上影响排水系统的设计、施工和维护管理，而且影响排水系统工程的总投资和维护管理费。通常，排水系统体制的选择应满足环境保护的需要，根据当地条件，通过技术经济比较来确定。环境保护和保证城市可持续发展则是选择排水体制时所要考虑的主要问题。

从环境保护方面来看，如果采用全处理式合流制，从控制和防止水体的污染来看效果较好，但这时主干管尺寸很大，污水厂容量也增加很多，建设费用也相应地增高。采用截流式合流制时，雨天有部分混合污水通过溢流井直接排入水体，对环境影响较大。目前，国际上对这一部分污水的水质、水量控制和处理途径的研究十分活跃。实践证明，采用截流式合流制的城市，随着建设的发展，河流的污染日益严重，甚至达到不能容忍的程度。分流制可以将城市污水全部送至污水厂进行处理，但初降雨水径流未加处理直接排入水体，这是它的缺点。近年来，国内外对雨水径流的水质调查发现，雨水径流特别是初降雨水径流对水体的污染相当严重。分流制虽然具有这一缺点，但它比较灵活，比较容易适应社会发展的需要，一般又能符合城市卫生的要求，所以是城市排水系统体制发展的方向。

从造价方面来看，合流制排水管道的造价比完全分流制一般要低 1%～10%，可是，合流制的污水厂却比分流制的造价要高。从总造价来看，完全分流制比合流制高。从初期投资来看，不完全分流制因初期只建污水排水系统，因而可节省初期投资费用。此外又可缩短施工期，发挥工程效益也快。而合流制和完全分流制的初期投资均比不完全分流制要大。

从维护管理方面来看，晴天时污水在合流制管道中只是部分流，雨天时可达满管流，因而晴天时合流制管内流速较低，易产生沉淀。晴天和雨天时流入污水厂的水量变化很大，增加了合流制排水系统污水厂运行管理的复杂性。而分流制系统可以保持管内的流速，不至于发生沉淀，同时流入污水厂的水量和水质比合流制变化小得多，污水厂的运行易于控制。混合排水系统的优缺点介于合流制和分流制排水系统两者之间。

总之，排水系统体制的选择是一项很复杂很重要的工作。应根据城镇及工业企业的规划、环境保护的要求、污水利用情况、原有排水设施、水质、水量、地形、气候和水体等条件，从全局出发，在满足环境保护的前提下，通过技术经济比较，综合考虑确定。由于截流式合流制对水体可能造成污染，危害环境，所以新建的排水系统一般应采用分流制。

4.4　雨水排涝管渠设计

4.4.1　概述

雨水排涝管渠系统是城市基础设施的主要组成部分，管渠尺寸较大，并且投资较大。雨水排涝管渠系统的任务就是及时汇集并排出在雨天时暴雨形成的地面径流。雨水排涝管渠设计的主要内容是计算排水管渠断面的尺寸，因此需要使用设计地区的降雨资料，计算雨水管渠的排水量。

雨水排涝管渠设计包括管网定线和水力计算，每管段的设计流量和水力计算是在同时进行的，选取的计算路线不同，则各管段的设计流量可能不同，其相应水力参数也要发生变化。

雨水排涝管渠设计依据的暴雨强度公式，原理采用极限强度法，水力计算时假定管段设计流量均从管段的起点进入，各管段设计降雨历时，采用该管段起点的降雨历时（集水时间），由此计算暴雨强度值和设计流量，并进行优化计算各水力参数。

假设任何流域在设计条件下产生的径流到流域出口都具有唯一的汇水时间，在此特定条件下的推理公式应用简单，并且容易理解公式所包含的内涵。正确计算雨水设计流量，经济合理地设计雨水排涝管渠，使之具有合理的和最佳的排水能力，最大限度地及时排除雨水、洪水，又不使建设规模超过实际需求，合理而经济地进行设计具有重要的意义和价值。

雨水排涝管渠系统的设计以工程造价最低为目标，但目前设计中已经开始考虑工程造价、风险投资以及维护费用等，以保证雨水排涝管渠系统具有较好的可靠性。

4.4.2　定线原则

在总体规划图上确定排水管网的位置和走向，称为排水管网系统的定线。正确的定线是合理、经济设计排水管网的先决条件，是排水管网系统设计的重要环节。管网定线一般按主干管、干管、支管顺序依次进行。定线应遵循的主要原则如下。

（1）利用地形排水　雨水管渠应尽量利用自然地形坡度以最短的距离靠重力流排入附近的池塘、河流、海泊等水体中。一般情况下，当地形坡度较大时，雨水干管宜布置在地形洼处或溪谷线上；当地形平坦时，雨水干管宜布置在排水流域的中间，以便尽可能扩大重力流排除雨水的范围。

当管道排入池塘或小河时，由于出水口的构造比较简单，造价不高。就近排放，管线较短，管径也较小，埋深也较小，造价较低，施工方便。因此雨水干管的平面布置宜采用分散出水口式的管道布置形式，这在技术上、经济上都是合理的。

当河流的水位变化很大，管道出口离常水位较远时，出水口的构造就比较复杂，造价较高，就不宜采用过多的出水口。这时宜采用集中出水口式的管道布置形式。

当地形平坦，且地面平均标高低于河流的洪水位标高时，需要将管道适当集中，在出水口前设雨水泵站，经抽升后排入水体。应尽可能使通过雨水泵站的流量减少到最小。以节省泵站的工程造价和运转费用，有条件时应进行可靠性校核。

（2）雨水管道布置应与城市规划相协调　应根据建筑物的分布、道路布置及街坊内部的地形、出水口位置等布置雨水管道，使雨水以最短距离排入街道低侧的雨水口进入管道。

雨水管道应平行道路敷设，且宜布置在人行道或绿化带下，而不宜布置在快车道下，以免在维修管道时影响交通或管道被压坏。若道路宽度大于 40m 时，可考虑在道路两侧分别设置雨水管道。

雨水干管的平面和竖向布置应考虑与其他地下构筑物（包括各种管线及地下建筑物等）在相交处相互协调，排水管道与其他各种管线（构筑物）在竖向布置上要求的最小净距见有关规定。在有池塘、洼地的地方，可考虑雨水的调蓄。在有连接条件的地方，应考虑两个管道系统之间的连接，以便提高系统的可靠性。

（3）雨水口的布置原则　为便于行人越过街道和机动车辆识别运行路线，雨水不能漫过路口。因此一般在街道交叉路口的汇水点、低洼处应设置雨水口。此外，在道路上一定距离处也应设置雨水口，其间距一般为 30～80m，容易产生积水的区域应适当加密和增加雨水口的数量。

（4）有条件时应尽量采用明渠排水　在城郊或新建工业区、建筑密度较低的地区和交通量较小的地方，可考虑采用明渠，以节省工程费用，降低造价。

在城市市区或工厂内由于建筑密度较高，交通量较大，采用明渠虽可降低工程造价，但会给生产和生活带来许多不便，使道路的立面和横断面设计受到限制，桥涵费用也要增加。若管理养护不善，明渠容易淤积，滋生蚊蝇影响环境卫生，所以一般应采用暗管。

应尽可能采用道路边沟排水。在每条雨水干管的起端，通常就可以利用道路边沟排除雨水，减少暗管约 100～200m 长度。这对降低整个管渠工程造价很有意义。

当管道与明渠连接时，应注意管道内水流的流速大，会产生冲刷的问题。一般应采取设置挡土的端墙，连接处的土明渠应加铺砌；铺砌高度不低于设计超高，铺砌长度自管道末端算起 3～101m。如需要跌水，当落差为 0.3～2m 时，需作 45°斜坡，斜坡应加铺砌，当落差大于 2m 时，应按水工构筑物设计。

明渠接入暗管时，除应采取上述措施防止冲刷外，尚应设置格栅，防止进入杂物堵塞管道，栅条间距采用 100～150mm。

如需跌水，在跌水前 1～5m 处即需进行铺砌。

（5）排洪沟设计　在进行城市雨水排水系统设计时，应考虑不允许规划范围以外的雨水、洪水进入市区。许多工厂或居住区傍山建设，雨季时若有大量洪水流入市区，会威胁工厂和居住区的安全。因此，对于靠近山麓建设的工厂和居住区，除在厂区和居住区设雨水管道外，尚应考虑在设计地区周围或超过设计区设置排洪沟，以拦截从分水岭以内排泄下来的洪水，引入附近水体，保证工厂和居住区的安全。

4.4.3　管渠设计

4.4.3.1　排水明渠水力计算

排洪明渠是按均匀流计算，其流速计算公式为

$$v = C\sqrt{Ri} \tag{4-4}$$

$$C = \frac{1}{n}R^{\frac{1}{6}} \text{ 或 } C = \frac{1}{n}R^{y}$$

式中　v——平均流速，m/s；

R——水力半径，m；

i——渠底纵坡；

C——流速系数，可查表；

n—— 糙率，可查表；

y—— 指数，可按下式计算。

$$y=2.5\sqrt{n}-0.13-0.75\sqrt{R}(\sqrt{n}-0.1) \tag{4-5}$$

指数 y 可近似地按下面所列数值选用：

当 $R<1.0$m 时，$y\approx1.5\sqrt{n}$；

当 $R>1.0$m 时，$y\approx1.3\sqrt{n}$。

4.4.3.2　排水暗渠水力计算

排洪能力计算分为无压流和压力流两种情况，其计算分别如下所示。

（1）无压流暗渠为无压流时，排洪能力对矩形和圆形暗渠系指满流时通过的流量，对拱形暗渠系指渠道内水位与直墙齐平时通过的流量，可按下式计算：

$$Q=\omega C\sqrt{Ri} \tag{4-6}$$
$$\omega=\pi D^2/4$$

式中　ω—— 过水断面面积，m^2；

C、R、i 同公式(4-4)。

（2）压力流暗渠为压力流时，可分为短暗渠与长暗渠两种情况。根据工程技术条件，需要详细考虑流速水头和所有阻力（沿程损失和局部阻力）计算的情况，称为短暗渠；而沿程损失起决定性作用的，局部阻力和流速水头小于沿程损失的 5%，可以忽略不计，称长暗渠。

4.4.3.3　雨水排涝水力计算

（1）雨水排涝管网水力计算公式　雨水排涝管网系统水力计算按满流设计，采用均匀流的基本公式

流速：
$$v=\frac{1}{n}R^{\frac{2}{3}}S^{\frac{1}{2}} \tag{4-7}$$

流量：
$$Q=\omega v=\frac{1}{4}\pi D^2 v=\omega\frac{1}{n}R^{\frac{2}{3}}S^{\frac{1}{2}} \tag{4-8}$$

设计管段的设计流速和设计坡度等水力参数可由以下公式进行计算。

设计流速：
$$v=\frac{4Q}{\pi D^2} \tag{4-9}$$

设计坡度：
$$S=\left(\frac{nv}{R^{\frac{2}{3}}}\right)^2=\left[\frac{4Qn}{\pi D^2 R^{\frac{2}{3}}}\right]^2 \tag{4-10}$$

式中　v—— 设计流速，m/s；

R—— 水力半径，m，对于圆管 $R=D/4$；

D—— 管径，m；

Q—— 设计流量，m^3/s；

ω—— 过水断面面积，m^2；

S—— 水力坡度；

n—— 管壁粗糙系数，满流时取 $n=0.013$。

（2）雨水排涝管渠水力约束条件　为使雨水排涝管渠正常工作，避免发生淤积、冲刷等现象，对雨水排涝管渠水力计算的基本参数作下列技术规定。

① 设计充满度。管道设计充满度按满流考虑，即 $h/D=1$。明渠应有等于或大于 0.20m 的超高，街道边沟应有等于或大于 0.03m 的超高。

② 设计流速。满流时管道内的最小设计流速为 0.75m/s；明渠最小设计流速一般为 0.40m/s。一般规定雨水管渠的最大设计流速为：金属管 10m/s，非金属管 5m/s。明渠根

据其内壁建筑材料的耐冲刷性质不同而有所差异。

③ 最小管径和最小设计坡度。雨水管道的最小管径为 200mm，相应最小坡度为 0.03。雨水口连接管最小管径为 200mm，最小坡度为 0.01。若管道坡度不能满足要求，应设置防淤、清淤设施。

④ 最小埋深与最大埋深。具体规定同污水管道。

⑤ 雨水管渠的断面形式。雨水管道中常用的断面形式大多为圆形，但当断面尺寸较大时，宜采用矩形、马蹄形或其他形式。明渠和盖板渠一般采用梯形或矩形断面，其底宽不宜小于 0.3m。无铺砌的明渠边坡，应根据不同的地按表采用；用砖石或混凝土块铺砌的明渠可采用 (1∶0.75)～(1∶1) 的边坡。

⑥ 雨水管渠的衔接方式。雨水管道的衔接一般采用管顶平接。雨水管道在检查井内的衔接，采用管顶平接，但当下游管段管径小于上游管段的管径时，采用管内底平接。如果不能满足衔接要求，则必须重新进行计算。

在旁侧管道与干管交汇处，若旁侧管道的管内底标高比干管的管内底标高大很多时，为保证干管有良好的水力条件，最好在旁侧管道上先设跌水井后再与干管相接。反之，若干管的管内底标高高于旁侧管道的管内底标高，为了保证旁侧管能接入干管，干管则需要在交汇点处进行跌水，以增大干管的埋深，满足衔接上的要求。

4.5 排涝泵站设计

4.5.1 泵站等级及防洪标准

泵站的规模应根据工程任务，以近期目标为主，并考虑远景发展要求，综合分析确定。泵站等别按照表 4-1 确定。

表 4-1 泵站等别标准

泵站等别	泵站规模	灌溉、排水泵站		工业、城镇供水泵站
		设计流量/(m³/s)	装机功率/MW	
Ⅰ	大(1)型	≥200	≥30	特别重要
Ⅱ	大(2)型	200～50	30～10	重要
Ⅲ	中型	50～10	10～1	中等
Ⅳ	小(1)型	10～2	1～0.1	一般
Ⅴ	小(2)型	<2	<0.1	—

注：1. 装机功率系指单站指标，包括备用机组在内；

2. 由多级或多座泵站联合组成的泵站工程的等别，可按其整个系统的分等指标确定；

3. 当泵站按分等指标分属两个不同等别时，应以其中的高等别为准。

泵站建筑物应根据泵站所属等别及其在泵站中的作用和重要性分级，其级别应按表 4-2 确定。

表 4-2 泵站建筑物级别划分

泵 站 等 别	永久性建筑物级别		临时性建筑物级别
	主要建筑物	次要建筑物	
Ⅰ	1	3	4
Ⅱ	2	3	4
Ⅲ	3	4	5
Ⅳ	4	5	5
Ⅴ	5	5	—

泵站与堤身结合的建筑物，其级别不应低于堤防的级别。对失事后造成巨大损失或严重影响，或采用实践经验较少的新型结构的 2 级～5 级主要建筑物，经论证后，其级别可提高 1 级；对失事后造成损失不大或影响较小的 1 级～4 级主要建筑物，经论证后，其级别可降低 1 级。泵站防洪标准如表 4-3 所示。

表 4-3 泵站防洪标准

泵站建筑物级别	防洪标准(重现期)/年	
	设计	校核
1	100	300
2	50	200
3	30	100
4	20	50
5	10	30

注：1. 平原、滨海区的泵站，校核防洪标准可视具体情况和需要研究确定；

2. 修建在河流、湖泊或平原水库边的与堤坝结合的建筑物，其防洪标准不应低于堤坝防洪标准。

受潮汐影响的泵站建筑物，其挡潮水位的重现期应根据建筑物级别，结合历史最高潮水位，按表 4-4 规定的设计标准确定。

表 4-4 受潮汐影响泵站建筑物的防洪标准

建筑物级别	1	2	3	4	5
防洪标准(重现期)/年	≥100	100～50	50～30	30～20	<20

4.5.2 排涝泵站特点

(1) 城市防洪排涝泵站一般设置于城市天然内河或市政排污管道出江口。

(2) 城市防洪排涝站一般设置于工厂的排污渠出口或设置于城市排水河涌出口与外江连接的江边繁华地段，需结合整治水环境，促进城市可持续发展。

(3) 在非汛期，泵站前池干涸无水；当汛期外江水位达到关闸水位时，内涌雨洪进入前池，抽排流量变幅频繁，外江水位亦有较大幅度变化；当外江水位落到低于内涌水位时，开启水闸闸门，自流排水，此时泵站停机运行。

(4) 城市防洪排涝泵站每年运行时间较短，每年汛期排涝运行时间只有几天或 1 个星期，每年汛期运行累计最多不超过 1 个月。

(5) 城市防洪排涝泵站的施工期限要求比较严格，受洪水季节的影响，主体工程一般要求在 1 个枯水期内(即每年的 10 月初至次年的 4 月底)完成。

4.5.3 排涝泵站选址

排涝泵站的选址应该遵从以下规定。

(1) 泵站站址应根据灌溉、排水、工业及城镇供水总体规划、泵站规模、运行特点和综合利用要求，考虑地形、地质、水源或承泄区、电源、枢纽布置、对外交通、占地、拆迁、施工、环境、管理等因素以及扩建的可能性，经技术经济比较选定。

(2) 山丘区泵站站址宜选择在地形开阔、岸坡适宜、有利于工程布置的地点。

(3) 泵站站址宜选择在岩土坚实、水文地质条件有利的天然地基上，宜避开软土、松沙、湿陷性黄土、膨胀土、杂填土、分散性土、振动液化土等不良地基，不应设在活动性的断裂构造带以及其他不良地质地段。当遇软土、松沙、湿陷性黄土、膨胀土、杂填土、分散性、振动液化土等不良地基时，应慎重研究确定基础类型和地基处理措施。

(4) 排水泵站站址宜选择在排水区地势低洼，且靠近承泄区的地点。排水泵站出水口不应设在迎溜、崩岸或淤积严重的河段。

4.5.4 排涝泵站的基本形式

雨水排涝泵站的特点是流量大、扬程小，因此，大多采用轴流泵，有时也采用混流泵。其基本形式有"干室式"和"湿室式"，分别如图 4-1（a）和图 4-1（b）所示。此外，还有一种排除合流制或截留式合流制系统的污水和雨水的泵站，即合流泵站，如图 4-2 所示。

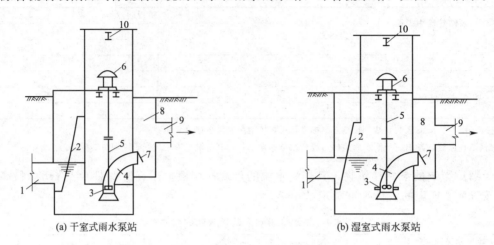

图 4-1 常见雨水排涝泵站形式

1—来水干管；2—格栅；3—水泵；4—压水管；5—传动轴；6—立式电机；

7—拍门；8—出水井；9—出水管；10—单臂吊车

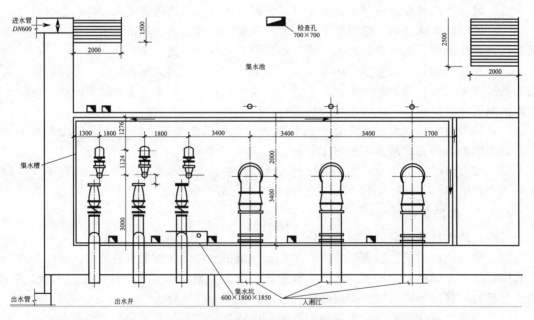

图 4-2 合流制排涝泵站布置图

在"干室式"泵站中，共分三层。上层是电动机间，安装立式电动机和其他电气设备；中层为机器间，安装水泵的轴和压水管；下层是集水池。机器间与集水池采用不透水的隔墙分开，集水池的雨水，除了进入水泵以外，不允许进入机器间，因而电动机运行条件好，检修方便，卫生条件也好。缺点是结构复杂，造价较高。

"湿室式"泵站中，电动机层下面是集水池，水泵浸于集水池内。结构虽比"干室式"泵站简单，造价较少，但检修困难，泵站内潮湿，且有臭味，不利于电器设备的维护和管理人员的健康。

合流泵站在不下雨时，抽送的是污水，流量较小。当下雨时，合流制管道系统的流量增加，此时泵站要同时抽送污水和雨水，流量较大。因此，在设计合流泵站时，选泵不仅要装设流量较大的泵，还要同时装设小流量泵。

布置形式选择主要参考以下几点。

（1）布置条件　泵站布置应根据排水制度（分流制或合流制）、水泵的型号、台数、进出水管的管径、高程、方位、站址的地形、地貌、地质条件及施工方法、管理要求等各种因素决定。

（2）布置形式

① 雨水及合流泵站水泵台数较多，规模较大，除了小型站的集水池和机房采用圆形、下圆上方形或矩形外，大中型站多采用包括梯形的前池、矩形的集水池、机器间和倒梯形出水池的组合形。组合形泵站采用明开、半明开方法施工，大型或软土地基的泵站还采用连续壁、桩梁支护、逆作法等深基坑处理技术的施工方法。

② 雨污水合流泵站，一般采用进出水池集水池分建、机器间合建的方式。在设计中，根据雨污水进出水方向及高程的不同，充分利用地下结构的空间，达到雨水、污水两站合一的效果。

③ 大型雨水及合流泵站有时还兼有排涝或引灌的要求。由于各种来水均有各自的工艺流程，在工艺布置时要使几个部分既成为有机的整体，又保持其独立性。一般是将地上部分建成为通跨的大型厂房，地下部分根据各个流程的要求，制定出平面和高程互相交错的布置方案，以达到合理、紧凑、充分利用空间的目的。有时还需要通过模型试验选择最合适的水力条件。

④ 泵站布置有了许多新的形式。如：前进前出的泵站，将出水池放在进水池上部，结构更加紧凑；在软土地基建设大型泵站，采用了卵形布置，具有较好的水力条件。

4.5.5　一般规定

（1）集水池和机器间一般为合建。对于立式轴流泵站或卧式水泵的非自灌泵站，集水池可以设在机器间地板下面。其中卧式水泵吸水管穿过地板时，要作防水密封处理；对于自灌启动的地下式泵站，集水池和机器间可以前后并列，用隔墙分开。泵站的地下构筑物要求布置紧凑，节约占地，可将进水闸、格栅、出水池同集水池、机器间合建在一起。合流泵站内的雨水、污水两部分的关系，要根据工艺布置，对于分流制排水系统，要将进水部分用隔墙分开，并分设雨水、污水泵；对于合流制排水系统，集水池一般合用，水泵可以分设也可以共用。

（2）城市雨水及合流泵站一般应布置为干式泵站，使用轴流泵的泵站可以布置成三层，上层是电机间，中层是水泵间，下层是集水池。水泵使用封闭式底座，以利于管理维护。干式水泵间应设地面集水、排水设施。包括干池排水泵、排水沟、积水坑等，以便及时排除地面积水。

（3）雨水泵站的设计流量，宜按进水管道检查中水位提高时有压排水量计算。压力系数由管渠计算决定。合流泵站内雨水及污水的流量，要分别按照各自的标准计算。当站内雨水、污水分成两部分时，应分别满足各自的工艺要求；共用一套装置时，应既能满足污水，也能满足合流来水的要求。

（4）有溢流条件时，合流泵站前应设置事故排出口，在事故、停电时经环保部门许可后由事故口排出；雨水泵站也应考虑溢流管，在河湖水位低时，由溢流管直接排入附近河渠（溢流道应设闸门）。

（5）泵站进水、出水闸门的设置要根据工艺要求决定。一般应设闸门解决断水检修和防止倒灌问题，采用高位出水管可不设出水闸门。同旱季洁净程度较高河道连通的泵站闸门，要求有良好的闭水效果，一般要用比较严密的金属闸门。泵站内的闸阀，宜采用电动闸阀。大泵的进水可为肘形流道，出水常用活门，也可用虹吸断流。大泵活门要设平衡装置，以减小水头损失和撞击力。虹吸断流需设真空破坏阀，以免发生倒灌。

4.5.6 排涝泵站设计

泵站的工艺流程如图 4-3 所示。

来水
来水→进水井交汇→进水闸门→格栅→集水池→水泵→储水池→受纳水体
事故排水管

图 4-3 泵站工艺流程图

（1）格栅

① 设置条件。格栅及格栅平台一般露天设置。可以单独设格栅井，可以同进水闸门合建成闸雨算井，也可以同集水池合建成整体构筑物。

② 机械格栅。雨水及合流泵站的格栅，最好采用机械清污装置。装设机械清污的泵站，格栅及有关部位的设计，要满足清污机的具体要求。大中型雨水及合流泵站的格栅宽度大，适合采用移动式格栅清污机，有时为了提高清污效果，也可以将格栅分成窄跨，采用多台固定式清污机。

③ 格栅的计算和其他要求。合流泵站的雨水及污水分开时，格栅按照各自的流量、水深、流速及栅条间隙分别计算，格栅公用时，应同时满足雨水、污水的要求。

（2）集水池

① 有效容积。雨水泵站由于雨前能够腾空管道，每场降雨水泵连续地运行，同时进入雨水泵站与管渠的断面大，坡度小，能够起到水量调节的作用。所以雨水泵站设计中一般不考虑集水池的调蓄要求，集水池有效容积采用不小于最大一台水泵 30s 的出水量。

② 集水池布置。集水池布置应尽量满足进水水流平顺的要求和水泵吸水管安装的条件。雨水泵站以轴流泵为主，轴流泵基本没有吸水管，所以集水池中水的流态会直接影响叶轮进口的水流条件，关系着水泵性能的发挥。集水池设计一般应注意以下几点。

a. 采用正向进水。当进水来自不同方向时，应在站前交汇，再进入集水池，直线段的长度应尽量放长，不宜小于 5～10 倍进水管直径。

b. 进入集水池的水流要平缓地流向各台水泵，进水扩散角不宜大于 45°，流速变化要求均匀，防止出现旋流、回流。

c. 水泵安装的泵间距离、泵与池壁间距离、叶轮淹没深度以及吸水口的防涡措施，均应满足水泵样本的规定。

d. 集水池的形状和尺寸受到条件限制时，应该通过水工试验，采取必要的技术措施。

（3）水泵选择　雨水排涝泵站内水泵的选择主要参考图 4-4 进行，除了图 4-4 所述的几点之外，还应注意以下几点。

① 选择水泵时，要在流量、扬程适合的基础上，注意使用效率较高的水泵。

泵站的扬程应该在对进水、出水水位组合后决定。雨水泵站的出水大多直接排入水体，应该收集历年的水文资料，统计分析受纳水体的洪水位，汛期正常、高、低等特征水位。用

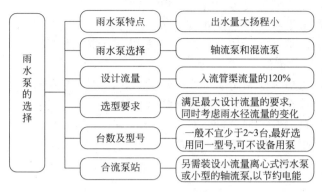

图 4-4　雨水排滞泵选择条件

经常出现的扬程作为选泵的依据。对于出口水位变动大的雨水泵站，要同时满足在最高扬程条件下流量的需要。

② 选泵应尽量使用相同类型、相同口径的水泵。雨水泵站的特点是流量大、扬程低，主要使用立式轴流泵。扬程较高时，使用立式混流泵或斜流泵。雨水泵通常在旱季检修，不设备用泵，但工作泵要同时满足设计频率和初期雨水的需要，一般不少于 2 台；合流泵站的污水泵同污水泵站一样要考虑备用。

③ 大型雨水泵站可以选用 64ZLB，56ZLQ，48ZL 等型号，台数不宜超过 8 台。中小型雨水泵站经常使用的立式轴流泵有 36ZLB，28ZLB，20ZLB 等，随着产品的发展，这三种水泵已经在试制全调节叶片的类型，可考虑适当选用，以节约能源。目前 20ZLB 水泵已有电机与水泵直联的产品，取消了传动轴，有利于稳定运行，安装又较为方便，且便于同大口径立式轴流泵搭配使用，可节省空间。目前立式混流水泵、潜水轴流泵、潜水混流泵的产品规格也有发展。

合流泵站的污水部分，除使用污水泵外，也可能要使用 14ZLB、20ZLB 等小型立式轴流泵或 HB 型、TL 型、丰产型等混流泵。

（4）出水设施　出水池：出水池分为封闭式和敞开式两种，敞开式高出地面，池顶可以做成全敞开或半敞开。出水池的布置应满足水泵出水的工艺要求。

水泵在出水管口淹没条件下启动时，出水池会发生升高水位，以克服出水池到水体的全部水头损失，并提供推动静止水柱的惯性水头。由于排水泵站的来水量不断改变，水泵启闭比较频繁，对出水池可能发生的水位塞高现象，应有充分估计，并采取稳妥措施，以保证出水池和出水总管的安全运行。

① 在出水总管长，水头损失大，估算水位塞高值困难时，工程设计中采取的是将出水池局部做成敞开的高型井，井内设溢流设施的方法。

② 在出水总管不长，水头损失不大时，出水池一般做成封闭式。池顶设置防止负压的空气管和用于维护检修的压力人孔；池底安装泄空管。水位超高值可以根据经验，采用排入水体的最高水位加超高值估算，也可以根据调压塔原理进行近似计算。

（5）变电室与配电盘　排水泵站的电动机电压一般根据电动机功率大小确定。电动机功率在 100kW 以上者，用 380V 三相交流电；电动机功率在 200kW 以上者，用 6300V 三相交流电；电动机功率在 100～200kW 以上者，可根据电源情况而定。

（6）泵站维护

① 水泵维修后，其流量不应低于原设计流量的 90%；机组效率不应低于原机组效率的 90%；汛期雨水泵站的机组可运行率不应低于 98%。

② 泵站机电、仪表和监控设备应备有易损零配件。

③ 泵站设施、机电设备和管配件外表除锈、防腐蚀处理宜 2 年一次。

④ 泵站内设置的起重设备、压力容器、安全阀及易燃、易爆、有毒气体监测装置必须每年检验一次，合格后方可使用。

⑤ 围墙、道路、泵房等泵站附属设施应保持完好，宜 3 年整修一次。

⑥ 每年汛期前应检查与维护泵站的自身防汛设施。

⑦ 泵站应做好运行与维护记录。

⑧ 泵站运行宜采用计算机监控管理。

其他更为详细的操作规程可参考《城镇排水管渠与泵站维护技术规程》（CJJ 68—2007）。

4.5.7 设计实例

（1）实例一

① 区域概况。根据某市新区控制性规划方案，新区用地面积 10.08km²，汇水面积为 15.37km²，其中老虎坑水库、稠塘水库和赣江大桥南端共计 3.5km² 的雨水单独排入赣江。实际总汇水面积为 11.87km²，整个新区为近期开发的黄金地段，现有沟塘等水系将消失，规划建设一条景观、休闲河道，常水位为 48m（黄海高程，下同）、最高水位 49m。跨河桥面标高为 51.5m，所有跨内河桥均按游船通航考虑，通航段水面宽度保持 50m，最小水面宽度不少于 25m，河道总面积约为 0.22km²，在内河末端经排涝泵站排入赣江。

② 排涝方案比选。

方案 1：按常规排涝工程设计方案，采用 20 年一遇暴雨一日排至不淹重要道路的设计标准。

根据推理公式法计算设计洪峰流量，20 年一遇一日暴雨总量为 192.5×10⁴m³。按规划要求内河最大调蓄高度为 1m，最大调蓄容量为 22×10⁴m³，调蓄容量只有一日暴雨总量的 11%，对减少洪峰流量影响不大。如增大调蓄高度，需要采用较低的启泵水位，增加了水泵的扬程、开机排水时间和电耗，而且较低的内河控制水位将影响内河的休闲、景观功能。该方案的优点是考虑了河道调蓄能力，装机容量小，初期投资小。

方案 2：考虑排涝泵站将最大降雨的峰值流量直接排入赣江，不考虑河道调蓄容量。

计算标准采用城市暴雨强度公式一年一遇设计。经计算，设计雨水流量为 48.25m³/s。采用此方案，内河水位可以保持一个较高的恒定水位，充分发挥其休闲、景观的功能需求，且水泵扬程低，节省电能。缺点是装机容量大，初期投资高。综合比较以上两方案的技术经济性、业主资金能力以及对该核心区域在景观方面的高要求，确定采用方案 2 作为实施方案。

③ 工艺设计

a. 水泵选型。根据该市水文站的水文资料，排涝泵站处赣江年平均水位 42.99m，一年一遇洪水位 44.53m，警戒水位 49.03m，20 年一遇洪水位 52.14m，50 年一遇洪水位 3.17m，1949 年后最高洪水位 52.58m；峡江水电枢纽工程建成后该处赣江年平均水位 46.26m，20 年一遇洪水位 52.14m。本工程外河采用最高设计外水位 52.2m，最低运行外水位 48.8m，内河采用最高设计内水位 49m，最低运行水位 48.5m，常水位 48m。泵站设计流量为 48.25m³/s，设计扬程取 4.8m。水泵选型采用两方案比选。

方案 1：选择 4 台 1600ZQB—125（＋4°）型潜水轴流泵，特性参数为 $Q = 11.39 \sim 12.432 \sim 12.863 \text{m}^3/\text{s}$，$H = 5.15 \sim 4.31 \sim 3.6 \text{m}$，$N = 750 \text{kW}$。

方案 2：选择 5 台 1600ZQB—100（＋2°）型潜水轴流泵，特性参数为 $Q = 8.38 \sim 9.34 \sim 10.32 \text{m}^3/\text{s}$，$H = 6.6 \sim 5.2 \sim 3.5 \text{m}$，$N = 670 \text{kW}$。

方案 2 比方案 1 效率略高，运行费用略低，但总装机容量大，水泵台数多，设备投资高，且泵房的面积会比方案 1 大，增加土建造价。通过综合比较，考虑排涝泵站运行时间短的特点，确定采用方案 1 为实施方案。

b. 泵房设计。本排涝泵站按排涝泵台数及泵站运行的功能要求设置了 4 条排涝泵渠和平时超越渠（分 2 格），均连接至出水总渠，详见泵坑平面图 4-5～图 4-7。

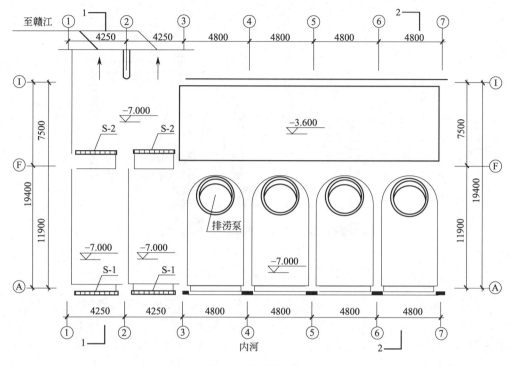

图 4-5　泵坑平面图

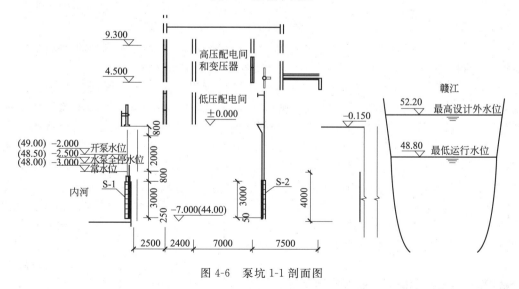

图 4-6　泵坑 1-1 剖面图

4 台排涝泵每台均设置独立进水渠道和簸箕型进水流道，保证稳定的进水流态；每条进水渠道起端前均设置栅条间距 50mm 的粗格栅，拦截河道内较大物体，保护水泵安全运行。水泵出水安装浮箱式拍门，规格 $B \times H = 2.2\text{m} \times 2.2\text{m}$，防止停泵时洪水倒灌（见图 4-7，2-2 剖面图）。

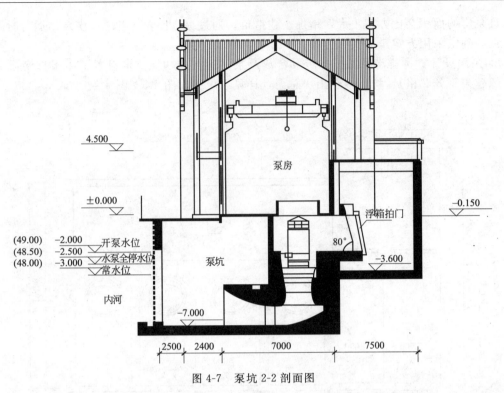

图 4-7　泵坑 2-2 剖面图

设计平时超越渠道，分两格，每格渠道在始端和末端分别设置水位控制闸门（S-1）和防洪闸门（S-2）各 1 套，规格均为 $B\times H=3.0\text{m}\times3.0\text{m}$。水位控制闸门（S-1）上部设置溢流堰口，堰口底标高为 48.0m，堰口尺寸 $B\times H=3.0\text{m}\times2.0\text{m}$（见 1-1 剖面图）。S-1 闸门平时关闭，通过堰口溢流保证内河常水位不低于 48.0m 的景观需求，仅当内河来水量较大，溢流水位过高时开启闸门。S-2 闸门平时常开，外河水位高于最低运行水位时关闭，泵站进入排涝状态。泵站出水总渠分 2 格连接至赣江出水口，每格横断面尺寸 $B\times H=4.25\text{m}\times4\text{m}$，总长度约为 90m。

c. 自动控制。工程运行采用全自动控制，根据内外河水位作为控制条件确定泵站的运行状态，控制水位见剖面图 1-1、2-2。泵站运行状态分平时和排涝 2 种。

（a）平时赣江水位低于内河水位，内河水通过自流排入赣江。为保证内河常水位 48m 的景观需求，设置水位控制闸门（S-1），闸门上部按常水位标高 48m 设置溢流堰口，内河无流量或水量较小时水位控制闸门（S-1）关闭，来水通过溢流堰口溢流，当溢流水位升至 48.7m 时，说明来水量较大，开启水位控制闸（S-1），释放内河流量，当内河水位降至 47.7m 时，关闭水位控制闸门（S-1），保持内河最低景观水位。

（b）排涝时赣江水位高于内河水位，内河达到最高内水位仍不能自流排入赣江，需开启排涝泵以限制内河水位。当赣江水位高于最低运行外水位 48.8m 时关闭防洪闸门（S-2），排涝泵站由平时状态转为排涝状态。排涝时内河水位达到最高内水位 49m，4 台排涝泵全部依序开启，然后根据内河水位下落情况依次停泵，水位 48.8m 时停 1 台泵，48.7m 时停 2 台泵，48.6m 时停 3 台泵，48.5m 时全部停泵。当赣江水位低于 48.5m 时打开防洪闸门（S-2），排涝泵站由排涝状态转为平时状态。

（2）实例二

① 设计资料。设计流量 $Q=10.46\text{m}^3/\text{s}$。站前正常水位 19.40m，最低水位 18.40m。接受排水水体的最高洪水位为 27.88m，历年平均洪水位为 23.48m。

② 选泵。根据设计排水量与排水位差，选用上海水泵厂生产的 40ZLQ-50 型轴流泵和

500kW，TDL 型同步立式电机，当水泵叶片－4°安装时，抽水量 $Q=2.3\sim3.0m^3/s$，扬程 $14.8\sim9.6m$。现采用 4 台水泵，总排水能力为 $9\sim12m^3/s$，满足设计要求。

③ 泵站布局。泵房为矩形，机组单排并列间距为 4.5m。泵房底部要求在最低水位 3.7m 以下，底部标高为 14.70m，切入砂层达 4m 多。考虑地质和施工条件以及泵房今后运转期间的安全，泵房下部按钢筋混凝土矩形沉井设计，井壁厚 0.5m，井筒高 9.5m，长 18.3m，水泵层高程 16.80m。为排除机器间内的积水，设置 4BA-18A 型水泵一台。电机层高程为 22.70m，电动机间高 7.2m，净空宽 7m。设置 A571 型 16t 电动单梁吊车一部。

为便于集中检修与控制，检修场与控制室分别置于泵房的两端。泵站上部建筑为矩形组合式的砖砌建筑物。集水池系露天设置，内设格栅 1 个，为了起吊格栅及清除污物，在清水池上部设置 SHs 手动吊车一部。

每台水泵有单独的出水管道，为 $DN1000mm$ 铸铁管，以 60°角由泵房直接穿出地面，使管道中心升到 23.50m 高程（地面设计高程为 22.40m）。泵站的相关图纸如图 4-8～图 4-10 所示。

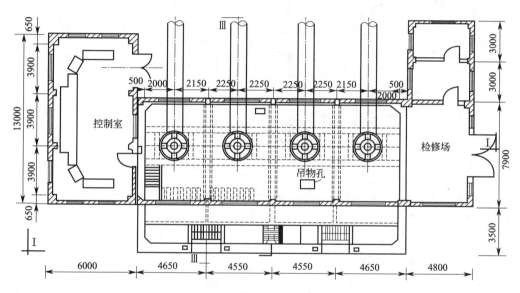

图 4-8　泵站平面布置图

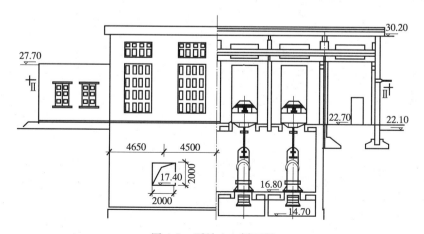

图 4-9　泵站 1-1 剖面图

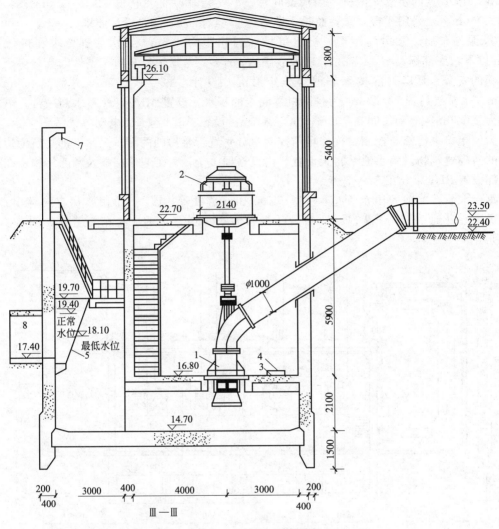

图 4-10 泵站 2-2 剖面图

第5章 水库工程

5.1 水库特性

5.1.1 水库基本概念

（1）水库蓄水位　水库在正常运用情况下，为满足兴利要求在开始供水时应蓄到的水位，称正常蓄水位，又称正常高水位、兴利水位，或设计蓄水位。

正常蓄水位决定水库的规模、效益和调节方式，也在很大程度上决定水工建筑物的尺寸、形式和水库的淹没损失，是水库最重要的一项特征水位。当采用无闸门控制的泄洪建筑物时，它与泄洪堰顶高程相同；当采用有闸门控制的泄洪建筑物时，它是闸门关闭时允许长期维持的最高蓄水位，也是挡水建筑物稳定计算的主要依据。

（2）死水位　水库在正常运用情况下，允许消落到的最低水位，称死水位，又称设计低水位。正常蓄水位至死水位之间的水库容积称为兴利库容，即调节库容。用以调节径流，提供水库的供水量。

（3）死库容　死水位以下的库容称为死库容，也叫垫底库容。死库容的水量除遇到特殊的情况外（如特大干旱年），不直接用于调节径流，也不参加径流调节，只在战备、检修等特殊情况下才允许排放。库容值可由地形图量测计算，也可用地形法或断面法进行实地测量，再经计算获得。

（4）防洪限制水位　水库在汛期允许兴利蓄水的上限水位，也是水库在汛期防洪运用时的起调水位，称防洪限制水位。防洪限制水位的拟定，关系到防洪和兴利的结合问题，要兼顾两方面的需要。如汛期内不同时段的洪水特征有明显差别时，可考虑分期采用不同的防洪限制水位。

（5）重叠库容　正常蓄水位至防洪限制水位之间的水库容积称为重叠库容，也叫共用库容。此库容在汛期腾空，作为防洪库容或调洪库容的一部分。

（6）防洪高水位与防洪库容　水库遇到下游防护对象的设计标准洪水时，在坝前达到的最高水位，称防洪高水位。只有当水库承担下游防洪任务时，才需确定这一水位。此水位可采用相应下游防洪标准的各种典型洪水，按拟定的防洪调度方式，自防洪限制水位开始进行水库调洪计算求得。

防洪高水位至防洪限制水位之间的水库容积称为防洪库容。它用以控制洪水，满足水库下游防护对象的防洪要求。

（7）设计洪水位　水库遇到大坝的设计洪水时，在坝前达到的最高水位，称设计洪水位。它是水库在正常运用情况下允许达到的最高洪水位。也是挡水建筑物稳定计算的主要依据，可采用相应大坝设计标准的各种典型洪水，按拟定的调度方式，自防洪限制水位开始进行调洪计算求得。

（8）拦洪库容　设计洪水位至防洪限制水位之间的水库容积称为拦洪库容。

（9）校核水位　水库遇到大坝的校核洪水时，经水库调洪后，在坝前达到的最高水位，称校核洪水位。它是水库在非正常运用情况下，允许临时达到的最高洪水位，是确定大坝顶高及进行大坝安全校核的主要依据。此水位可采用相应大坝校核标准的各种典型洪水，按拟定的调洪方式，自防洪限制水位开始进行调洪计算求得。

（10）水库流域面积 一个水库，水源除了河流来水外，还有周边降水的汇水，水库的流域面积就是指这个水库汇水的区域，区域的边界线包括分水岭，上游水库控制区域边界。

（11）分水岭 分水岭是指河流和旁边河流之间山川的最高点的连线。校核洪水位（关系水库安全的水位）以下的水库容积称总库容。

（12）调洪库容 校核洪水位与防洪限制水位（水库在汛期允许兴利蓄水的上限水位）间的水库容积称调洪库容，当汛期内防洪限制水位变化时，指校核洪水位与最低的防洪限制水位间的库容。

（13）调节库容 正常蓄水位与死水位（水库在正常运用情况下，允许消落到的最低水位）间的水库容积称兴利库容，又称调节库容，在正常运用情况下，其中调节库容部分的水可用于供水、灌溉、水力发电、航运等兴利用途。

5.1.2 水库的等级划分

水库等级划分是指中国水利工程中对水库的级别划分，根据中华人民共和国水利部2000年发布的《水利水电工程等级划分及洪水标准》（SL 252—2000）的规定，水利水电工程的等别，应根据其工程规模、效益及在国民经济中的重要性，按表5-1确定。由此，也将水库划分为大（一、二）、中、小（一、二）五个等级。

表 5-1　水利水电工程分等指标及水库等级划分

工程等别	水库		防洪		治涝	灌溉	供水	水电站
	工程规模	总库容 $/\times 10^8 \text{m}^3$	城镇及工矿企业的重要性	保护农田 /万亩	治涝面积 /万亩	灌溉面积 /万亩	城镇及工矿企业的重要性	装机容量 $/\times 10^4 \text{kW}$
Ⅰ	大型(1)	≥10	特别重要	≥500	≥200	≥150	特别重要	≥120
Ⅱ	大型(2)	10～1.0	重要	500～100	200～60	150～50	重要	120～30
Ⅲ	中型	1.0～0.1	中等	100～30	60～15	50～5	中等	30～5
Ⅳ	小型(1)	0.10～0.01	一般	30～5	15～3	5～0.5	一般	5～1
Ⅴ	小型(2)	0.01～0.001		<5	<3	<0.5		<1

5.1.3 水库工程管理范围和保护范围

水库工程区管理范围包括：大坝、输水道、溢洪道、电站厂房、开关站、输变电、船闸、码头、渔道、输水渠道、供水设施、水文站、观测设施、专用通信及交通设施等各类建筑物周围和水库土地征用线以内的库区。

（1）山丘区水库，应符合以下规定。

① 大型水库。上游从坝轴线向上不少于150m（不含工程占地、库区征地重复部分），下游从坝脚线向下不少于200m。上、下游均与坝头管理范围端线相衔接。

② 中型水库。上游从坝轴线向上不少于100m（不含工程占地、库区征地重复部分），下游从坝脚线向下不少于150m。上、下游均与坝头管理范围端线相衔接，大坝两端以第一道分水岭为界或距坝端不少于200m。

（2）平原区水库，应符合以下规定。

① 大型水库。下游从排水沟外沿向外不少于50m。

② 中型水库。下游从排水沟外沿向外不少于20m，大坝两端从坝端外延不少于100m。

（3）溢洪道（与水库坝体分离的）：由工程两侧轮廓线向外不少于50～100m，消力池以下不少于100～200m。大型取值趋向上限，中型取值趋向下限。

（4）其他建筑物：从工程外轮廓线向外不少于 20～50m（规模大的取值趋向上限，规模小的取值趋向下限）。

工程保护范围与水库保护范围，应符合以下规定。

① 工程保护范围。在工程管理范围边界线外延，主要建筑物不少于 200m，一般不少于 50m。

② 水库保护范围。由坝址以上，库区两岸（包括干流、支流）土地征用线以上至第一道分水岭脊线之间的陆地。

5.1.4　水库的防洪与兴利

水库几乎是所有国家广泛采用的一种防洪工程措施。防洪水库基本上可分为两种类型：一是滞洪水库，二是蓄洪水库。

滞洪水库一般有固定的无调节的泄水口。根据库内水位自动溢洪，水库滞蓄洪水的时间仅为滞蓄水通过泄水口的时间，而泄水口的尺寸，则是依据下游河道所允许的洪峰流量进行设计。

蓄洪水库一般库容要大得多，并有可控制的闸门泄水设施，蓄洪时间较长，且主要根据下游洪水遭遇及错峰要求而定。

随着社会经济的发展，目前专门用于防洪的单目标水库日益减少，大多数是与供水、灌溉、发电、航运、渔事等相结合的多目标水库，对于这类水库，防洪与其他目标之间常有明显矛盾，例如前者要求汛前放空，后者可能要求蓄水。如何协调这一矛盾，除在水库规划设计中作出妥善安排外，合理的调度运用亦具有重要意义，若防洪为其中任务之一，则在水库总库容中最好划出专门的防洪库容，或制定汛期限制水位，以获得必需的调洪库容，若防洪是首要任务，则其他目标应在防洪要求满足后才能顾及。在河流防洪系统中，水库常与其他防洪工程措施以及防洪非工程措施相结合，共同担负防洪任务。

水库之所以能够调洪，是因为它设有调蓄洪水的库容和泄洪建筑物。入库洪水经过调节后，安全通过大坝，对于下游有防洪要求的水库，还可以使下泄流量不超过所规定的安全标准。

降落在流域地面上的降水，除部分渗至地下外，在地面和地下按不同方式和途径泄入河槽后的水流，称为河川径流。由于河川径流具有多变性和不重复性，在时间和空间区域上，来水不同，且变化很大。大多数用水部门（例如灌溉、发电、供水、航运等）都要求比较固定的用水数量和时间，它们的要求经常不能与天然来水情况完全相适应。人们为了解决径流在时间上和空间上的重新分配问题，充分开发利用水资源，使之适应用水部门的要求，往往在江河上修建一些水库工程。水库的兴利作用就是进行径流调节，蓄洪补枯，使天然来水能在时间上和空间上较好地满足用水部门的要求。除了只能按天然径流供水的无调节水利工程外，凡是有调节库容的水利工程，均能进行一定程度的兴利调节。

5.1.5　水库面积特性和容积特性

（1）水库面积特性　水库面积特性是指水库水位与面积的关系曲线。库区内某一水位高程的等高线和坝轴线所包括的面积，即为该水位下的水库水面面积。水面面积随水库水位的变化而改变的情况，取决于水库河谷平面形状。在 1/100000～1/10000 比例尺地形图上，采用求积仪法、方格法、网点法、图解法或光电扫描与计算机辅助设备或软件系统（如地理信息系统软件），均可量算出不同水库水位相应的水面面积，从而绘成如图 5-1 所示的水库面积特性，绘图时，高程间距可取 1m、2m、5m 不等。

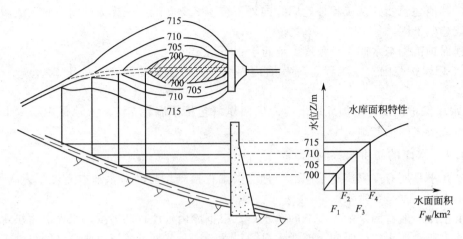

图 5-1　水库面积特性绘法示意图

显然，平原水库具有较平缓的水库面积特性曲线，表明增加坝高将迅速扩大淹没面积和加大水面蒸发量，故平原地区一般不宜建高坝。

（2）水库容积特性　水库容积特性指水库水位与容积的关系曲线，它可直接由水库面积特性推算绘制。两相邻等高线间的水层容积 ΔV，可按简化式（5-1）或较精确式（5-2）计算：

$$\Delta V = \frac{\Delta Z}{2}(F_{下} + F_{上}) \tag{5-1}$$

$$\Delta V = \frac{\Delta Z}{2}(F_{下} + \sqrt{F_{上} F_{下}} + F_{上}) \tag{5-2}$$

式中　$F_{上}$、$F_{下}$——相邻两等高线各自包括的水库水面面积，即如图 5-2 中 F_1 和 F_2；

　　　　ΔZ——两等高线之间的高程差。

从库底 Z 底逐层向上累加，便可求得每一水位 F 的水库容积 $V = \sum_{Z_{底}}^{Z} \Delta V$，从而绘成水库容积特性（见图 5-2）。

应该指出，上述水库是按水平面进行计算的，实际上仅当入库流速为零时，水库水面才呈水平，故上述计算所得库容为静库容。库中水面由坝址起沿程上溯呈回水曲线，越靠上游水面越上翘，直至进库端与天然水面相交为止。因此，每一坝前水位所对应的实际库容比静库容大，即除静库容外，还有一部分楔形蓄量，如图 5-3 所示阴影部分，由这样上翘的水面曲线所构成的容积为动水容积（即静库容加楔形蓄量），简称动库容。

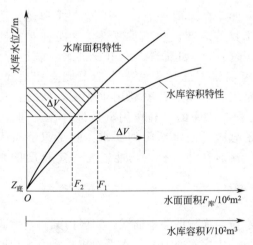

图 5-2　水库容积特性和面积特性

动库容曲线的绘制方法是：在可能出现的洪水范围内拟定各种入库流量，对某个入库流量假定不同的坝前水位，根据水力学公式，推求出一组以某入库流量为参数的水面曲线，并计算相应的库容（见表 5-2），计算至回水末端止，然后以水位为纵坐标，以入库流量为参数，以库容为横坐标，绘制动水容积曲线，即动库容曲线，如图 5-4 所示。

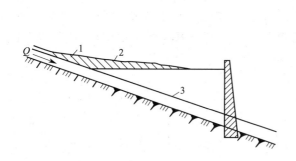

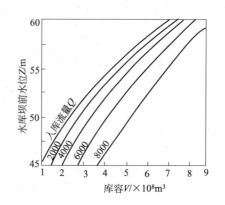

图 5-3　水库动库容示意图　　　　　　　　图 5-4　水库动库容曲线

1—楔形容积；2—入库流量为 Q 时的水库水面线；

3—流量为 Q 的河道水面线

表 5-2　某水库库容计算表

水位 Z/m	水面面积 $A/\times10^4 m^2$	平均面积 $\overline{A}/\times10^4 m^2$	高差 $\Delta Z/m$	分层库容 $\Delta V/\times10^4 m^3$	累计库容 $V/\times10^4 m^3$
697	0				0
700	3.4	1.1	3	3.4	3.4
705	12.0	7.3	5	36.3	39.7
710	28.0	19.4	5	97.2	136.9
715	46.0	36.6	5	183.1	320.1
720	68.0	56.6	5	283.2	603.3
725	97.0	82.1	5	410.4	1013.7
730	138.0	116.9	5	584.5	1598.1
735	185.0	160.9	5	804.6	2402.8
740	239.0	211.4	5	1057.1	3459.9
745	297.0	267.5	5	1337.4	4797.3

5.2　水库选址与防洪标准

5.2.1　水库的库区范围

水库库区范围，一般包括淹没区（考虑回水影响）、浸没区及坍岸地段三部分。在具体确定时，应根据所在河流的洪水特性、水库调节性能、水库运用方式以及水文地质和工程地质条件等分析论证。水库淹没区分为经常淹没区和临时淹没区。淹没区的设计洪水标准，一般在安全、经济的原则下，因地制宜，在表 5-3 所列的标准范围内选定。

表 5-3　不同淹没对象设计洪水标准

淹没对象	洪水标准（频率）/%	重现期/年
耕地、园地	50～20	2～5
林地	正常蓄水位	
农村居民点、一般城镇	10～5	10～20
中等城市、中等工矿区	5～2	20～50
重要城市、重要工矿区	2～1	50～100

对于淹没区内铁路、公路、电力、电信线路、输油管线、文物古迹以及水利设施的设计洪水标准，可参照相关专业规范确定。

水库回水淹没的范围，按表 5-3 中不同洪水标准的坝址以上沿程回水水位高程为依据。当采取汛期降低库水位运行的水库，坝前段应不低于正常蓄水位高程。回水末端的终点位置，可按回水曲线高于同频率洪水天然水面线 0.1～0.3m 范围内确定。水库回水淹没范围，还应考虑泥沙淤积、风浪爬高和冰塞壅水淹没的影响。

坍岸、滑坡地段，系指水库形成后，库岸受风浪冲击、水流侵蚀，使土壤风化速度加快，抗时强度减弱以及因库水位涨落引起库岸地下水动水压力变化而造成库岸变形的地段。

5.2.2 水库的选址与保护

水库的防洪范围一般是水库坝址下游一直到河口，如何在以城市防洪为主的前提下，兼顾沿程居民的防洪保护，使得流域防洪效果最大化，从而实现对城市防洪效益最大化，库容发挥的作用很大。为了保证水库具有最佳库容，需要选择最适当的位置，水库的选址很重要。

（1）水库选址原则

① 水库的形状要肚大口小，库址内地形宽广，河流或沟道纵坡平缓，能容纳较多的水量。坝址处河沟要窄，缩短坝长，利于节省工料。

② 地质条件良好，地段基础要稳定。塌土区及乱石坡不得建设水库。

③ 坝址附近要有充足的建筑材料。

④ 坝址附近要有山垭和岩石垭口，以便开挖溢洪道；另外，需考虑施工及交通等条件。

（2）水库保护范围 水库的保护区范围划分为一、二、三级。

① 一级保护范围为水库若干米高程以下的库区，高程范围可以扩大。

② 二级保护范围为除一级保护区之外的水库径流区及水库配套工程和输水工程。

③ 三级保护区范围为其他水库径流区。

例如云南省曲靖独木水库。水库 196km² 径流区及水库配套工程和输水工程为水库保护区范围。保护区范围涉及麒麟区东山镇独木、新村、卑舍、水井村民委员会辖区，富源县墨红镇墨红、普冲、玉麦村民委员会辖区，罗平县马街镇荷叶村民委员会辖区。

一级保护区范围为水库 2000m 高程以下的库区。

二级保护区范围为富源布都—墨红—世衣公路以南，除一级保护区之外的水库径流区及水库配套工程和输水工程。

三级保护区范围为富源布都—墨红—世衣公路以北的水库径流区。

5.2.3 水库工程防洪标准

水库防洪标准的表示方法，主要有两种：一种是频率洪水，最高标准为万年一遇洪水（即平均每年出现的概率为万分之一，简称万年洪水），以前苏联为代表的高纬度国家大多采用这种方法；另一种是可能最大洪水（即近似于物理上限的洪水，简称 PMF），以美国为代表的中低纬度国家大多采用这种方法。我国主要采用第一种方法。

水库工程水工建筑物的防洪标准，应根据其级别按表 5-4 确定。

（1）当山区、丘陵区的水库枢纽工程挡水建筑物的挡水高度低于 15m，上下游水头差小 10m 时，其防洪标准可按平原区、滨海区栏的规定确定；当平原区、滨海区的水库枢纽工程挡水建筑物的挡水高度高于 15m，上下游水头差大于 10m 时，其防洪标准可按山区、丘陵区栏的规定确定。

表 5-4　水库工程水工建筑物的防洪标准

水工建筑物级别	防洪标准(重现期)/年				
	山区、丘陵区			平原区、滨海区	
	设计	校核		设计	校核
		混凝土坝、浆砌石坝及其他水工建筑物	土坝、堆石坝		
1	1000~500	5000~2000	可能最大洪水(PMF)或 10000~5000	300~100	2000~1000
2	500~100	2000~1000	5000~2000	100~50	1000~300
3	100~50	1000~500	2000~1000	50~20	300~100
4	50~30	500~200	1000~300	20~10	100~50
5	30~20	200~100	300~200	10	50~20

（2）土石坝一旦失事将对下游造成特别重大的灾害时，1 级建筑物的校核防洪标准，应采用可能最大洪水（PMF）或 10000 年一遇；2~4 级建筑物的校核防洪标准，可提高一级。

（3）混凝土坝和浆砌石坝，如果洪水漫顶可能造成极其严重的损失时，1 级建筑物的校核防洪标准，经过专门论证，并报主管部门批准，可采用可能最大洪水（PMF）或 10000 年一遇。

（4）低水头或失事后损失不大的水库枢纽工程的挡水和泄水建筑物，经过专门论证，并报主管部门批准，其校核防洪标准可降低一级。

（5）水电站厂房的防洪标准，应根据其级别按表 5-5 的规定确定。河床式水电站厂房作为挡水建筑物时，其防洪标准应与挡水建筑物的防洪标准相一致。

表 5-5　水电站厂房的防洪标准

水工建筑物级别	防洪标准(重现期)/年	
	设计	校核
1	>200	1000
2	200~100	500
3	100	200
4	50	100
5	30	50

（6）抽水蓄能电站的上下调节池，若容积较小，失事后对下游的危害不大，修复较容易的，其水工建筑物的防洪标准，可根据其级别按表 5-5 的规定确定。

5.3　水　库　调　洪

防洪调蓄即在确保工程安全的前提下，有效地利用防洪库容，拦蓄洪水，削减洪峰，防止水库上下游河道等由于洪水可能造成的灾害。

5.3.1　水库调洪计算的任务

在规划设计阶段，水库防洪调节计算的主要任务是：根据水文计算提供的设计洪水资料，通过调节计算和工程的效益投资分析，确定水库的调洪库容、最高洪水位、最大泄流量、坝高和泄洪建筑物尺寸等。

在运行管理阶段，水库防洪调节计算的主要任务是：求出某种频率洪水（或预报洪水），在不同防洪限制水位时，水库洪水位与最大下泄流量的定量关系，为编制防洪调度规程、制定防洪措施提供科学依据。

水库调洪计算主要有三个步骤。

（1）拟订比较方案　根据地形、地质、施工条件和洪水特性，拟订若干个泄洪建筑物的形式、位置、尺寸以及起调水位方案。

（2）调洪计算　求得每个方案相应于各种安全标准设计洪水的最大泄流量、调洪库容和最高洪水位。

（3）方案选择与确定　根据调洪计算成果，计算各方案的大坝造价、上游淹没损失、泄洪建筑物投资、下游堤防造价及下游受淹损失等，通过技术经济分析与比较，选择最优的方案。

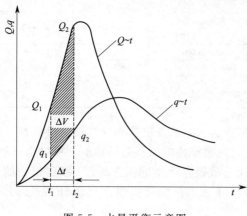

图 5-5　水量平衡示意图

5.3.2　水库调洪计算的基本原理

水库调洪计算的基本原理是逐时段联立求解水库的水量平衡方程和水库的蓄泄方程。水库的水量平衡方程表示为：在计算时段 Δt 内，入库水量与出库水量之差等于该时段内水库蓄水量的变化值（见图 5-5），即：

$$\frac{Q_1+Q_2}{2}\Delta t-\frac{q_1+q_2}{2}\Delta t=V_2-V_1=\Delta V \tag{5-3}$$

式中　Q_1、Q_2——计算时段初、末的入库流量，$\mathrm{m^3/s}$；

$\quad\quad$ q_1、q_2——计算时段初、末的水库的下泄流量，$\mathrm{m^3/s}$；

$\quad\quad$ V_1、V_2——计算时段初、末的水库库容，$\mathrm{m^3}$；

$\quad\quad$ ΔV——计算时段水库蓄水量的变化值，$\mathrm{m^3}$；

$\quad\quad$ Δt——计算时段，h。

当已知水库入库洪水过程线时，Q_1、Q_2 均为已知。计算时段 Δt 的选择，应以能较准确反映洪水过程线的形状为原则，陡涨陡落时 Δt 取短些；反之，Δt 取长些。时段初的水库蓄水量 V_1 和泄流量 q_1 可由前一时段求得，而第一个时段为已知的起始条件，未知的只有 V_2、q_2。但由于一个方程存在两个未知数，为了求解，须再建立第二个方程，即水库的蓄泄方程。

水库的泄洪建筑主要是指溢洪道和泄洪洞，水库的泄流量就是它们的过水流量。在溢洪道无闸门控制或闸门全开的情况下，其泄流量可按堰流公式计算，即

$$q_溢=m_1BH^{\frac{3}{2}} \tag{5-4}$$

式中　m_1——流量系数；

$\quad\quad$ B——溢洪道堰顶宽度，m；

$\quad\quad$ H——溢洪道堰上水头，m。

而泄洪洞的泄流可按有压力流计算，即：

$$q_洞=m_2FH_洞^{\frac{1}{2}} \tag{5-5}$$

式中　m_2——流量系数；

$\quad\quad$ F——泄洪洞洞口的断面面积，$\mathrm{m^2}$；

$\quad\quad$ $H_洞$——为泄洪洞的计算水头，m。

可见，在水库的泄洪建筑物形式和尺寸一定的情况下，其泄流量只取决于水头 H。而

根据水库的水位库容曲线 $G\sim V$ 可知，泄流水头 H 是水库蓄水量 V 的函数，所以泄流量 q 也是水库蓄水量 V 的函数，即：

$$q = f(V) \tag{5-6}$$

式(5-6)就是水库的蓄泄方程，由于 G-V 没有具体的函数形式，故很难列出 $q = f(V)$ 的具体函数式。水库的蓄泄方程只能用列表或图示的方式表示出来。

联立求解式(5-3)和式(5-6)，就可求得时段末的水库蓄水量 V_2 和泄流量 q_2。而逐时段联解式(5-3)和式(5-6)，即可求得与入库洪水过程相应的水库蓄水过程和泄流过程。

当水库拟定不同的泄洪建筑物尺寸时，通过上述计算，就可得到水库泄洪建筑物尺寸与水库洪水位、调洪库容、最大泄流量之间的关系，为最终确定水库调洪库容、最高洪水位、最大泄流量、大坝高度和泄洪建筑物尺寸提供依据。

5.3.3　水库调洪计算基本方法

在水利和防洪规划中常需根据水工建筑物的设计标准或下游防洪标准去推求设计洪水过程线。因此，对调洪计算来说，入库洪水过程及下游允许水库下泄的最大流量均是已知的。并且，要对水库汛期防洪限制水位以及泄洪建筑物的形式和尺寸拟定几个比较方案，因此，对每一方案来说，它们也都是已知的。调洪计算就是在这些初始的已知条件下，推求下泄洪水过程线，拦蓄洪水的库容和水库水位的变化，在水库运行中，调洪计算的已知条件和要求的结果，基本上也与上述类似。

5.3.3.1　无闸门控制水库的调洪

中小型水库为了节省投资、便于管理，溢洪道一般不设闸门。无闸门控制的水库有如下特点：①水库的调洪库容和兴利库容难以结合，因此水库的防洪起调水位（防洪限制水位）与正常蓄水位相同，均与溢洪道堰顶高程齐平；②水库下游一般没有重要保护对象，或有保护对象也难以负担下游防洪任务；③水库水位超过堰顶高程就开始泄洪，属于自由泄流状态。

无闸溢洪道又称开敞式溢洪道，如图 5-6(a) 所示，当水库水位超过溢洪道堰顶高程后，即自行泄流。该型式结构简单，造价较低，运用可靠，在中小型水库中经常采用。

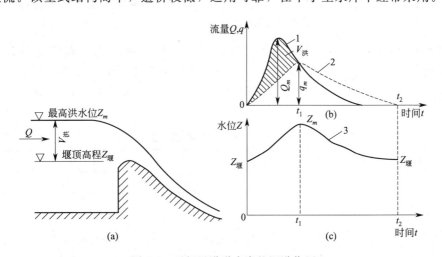

图 5-6　无闸溢洪道水库的调洪作用

1—入库流量过程线 $Q\sim t$；2—出库流量过程线 $q\sim t$；3—库水位过程线 $Z\sim t$

当洪水开始进入水库时，常假定水库水位与溢洪道堰顶齐平，溢洪道泄量为零。其后，如图 5-6(b) 和图 5-6(c)，在 $0\sim t_1$ 时段内，因入库流量 Q 大于出库流量 q，有多余水量不断蓄在库内，库水位 Z 随之上涨，堰顶水深加大，下泄流量也相应增加，至 t_1 时，溢洪道泄流量与同一时刻的入库流量相等，这时水库具有最大的蓄洪量 $V_洪$（图中阴影面积）和相应最大库内水深及最大下泄流量 q_m，水库蓄水量不再增加，水位停止上升，达到最高值 Z。

t_1 以后，入库流量小于同一时刻的下泄流量，所以水库水位和下泄流量也随之逐渐减小，至 t_2 时，水位降落到堰顶高程，此次调洪过程即告结束。

这里主要介绍无闸门控制水库的调洪计算和有闸门控制水库的调洪计算，其中无闸门控制水库的调洪计算包括列表计算法、分段计算法、半图解法和简化三角形法。

（1）列表试算法

为了求解式（5-3）和式（5-6），通过列表试算，逐时段求出水库的蓄水量和下泄流量，这种方法称列表试算法。其主要步骤如下。

① 确定水库的蓄泄曲线 $q\sim V$。

② 根据水位库容曲线和拟定的泄洪建筑物类型、尺寸，用水力学公式计算并绘制水库的下泄流量与库容的关系曲线 $q=f(V)$。

③ 选取合适的计算时段 Δt，由设计洪水过程线摘录 Q_1、Q_2、Q_3 等。

④ 调洪计算。确定计算开始时刻的 q_1、V_1，然后列表试算。试算方法：由起始条件已知的 V_1、q_1 和入库流量 Q_1、Q_2，假设时段末的下泄流量 q_2，就能根据式（5-1）求出时段末水库的蓄水变化量 ΔV，而 $V_2=V_1+\Delta V$，用 V_2 查 $q\sim V$ 曲线得 q_2，若与假设的 q_2 相等，则 q_2 即为所求，若两者不等，则说明假设的与实际不符，需重新假设 q_2，直至两者相等为止。

⑤ 将上一时段末的 q_2、V_2，作为下一时段初的 q_1、V_1，重复上述试算，求出下一时段末的 q_2、V_2。这样，逐时段试算就可求得水库泄流过程线和相进的水库蓄水量过程线。

⑥ 将入库洪水过程线 $Q\sim t$ 和计算的水库泄流量过程线，$q\sim t$ 点绘在一张图上，若计算的最大泄流量 q_m，正好是两线的交点，则计算的是 q_m 是正确的。否则，应缩短交点附近的计算时段，重新进行试算，直至计算的 q_m 正好是两线的交点为止。

对于一定的水库和泄洪建筑物，可按式（5-4）和（5-5）及库容曲线计算并绘制该水库的蓄泄曲线 $q\sim V$，现举一例，说明其绘制方法。

[**实例 5-1**] 某水库泄洪建筑物为无闸溢洪道，其堰顶高度与正常蓄水位齐平，为 116m，堰顶净宽 $B=45$m，堰流系数 $M_1=1.6$。该水库设有小型水电站，汛期按水轮机过水能力 $Q_电=10$m^3/s 引水发电。该水库的库容曲线值列于表 5-6 中，试绘制其蓄泄曲线 $q\sim V$。

表 5-6　某水库水位容积关系

库水位 Z/m	75	80	85	90	95	100	105	115	125
库容 V/$\times 10^6$m^3	0.5	4.0	10.0	23.0	45.0	77.5	119	234	401

计算和绘制步骤如下。

（1）绘制库容曲线 $Z\sim V$，按表 5-6 所给数据，即可在图 5-7 中绘出 $Z\sim V$ 曲线。

（2）列表计算 $q\sim V$。如表 5-7 所示，在堰顶高程 116m 之上，假设不同的库水位 Z，列于表中第（1）栏，将它减去堰顶高程 116m，得第（2）栏所示的堰顶水头 H，代入堰流公式（5-4），得

$$q_溢=m_1 B H^{\frac{3}{2}}=1.6\times 45 H^{\frac{3}{2}}=72 H^{\frac{3}{2}}$$

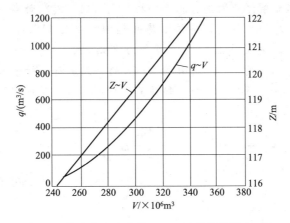

图 5-7　某水库库容曲线 $Z \sim V$ 及蓄泄曲线 $q \sim V$

从而算出各 H 下的泄洪道泄流能力,加上发电量 $10\text{m}^3/\text{s}$,得 Z 值相应的水库泄流能力 $q = q_{溢} + q_{电}$,列于第(3)栏,再由第(1)栏的 Z 值查图 5-7 中的 $Z \sim V$ 线,得 Z 值相应的库容 V,见表中第(4)栏。

(3)绘制该水库的蓄洪曲线 $q \sim V$。由表 5-7 中(3)、(4)栏对应值,即可在图 5-7 上绘出 $q \sim V$ 线。

表 5-7　某水库 q-V 关系计算表

库水位 Z/m	堰顶水头 H/m	泄流能力 $q/(\text{m}^3/\text{s})$	库容 $V/\times10^6\text{m}^3$
(1)	(2)	(3)	(4)
116	0	10	247
118	2	214	276
120	4	586	307
122	6	1068	340
124	8	1638	378
126	10	2280	423

[**实例 5-2**]　在实例 [5-1] 条件下,用试算法推求水库下泄流量过程、设计最大下泄流量、设计调洪库容和设计洪水位。计算时段取 $\Delta t = 12\text{h}$。

试算结果见表 5-8。

表 5-8　某水库调洪计算表（试算法）

时间 t/h	时段 $\Delta t/\text{h}$	Q $/(\text{m}^3/\text{s})$	$\dfrac{Q_1+Q_2}{2}$ $/(\text{m}^3/\text{s})$	$\dfrac{Q_1+Q_2}{2}\Delta t$ $/10^6\text{m}^3$	q $/(\text{m}^3/\text{s})$	$\dfrac{q_1+q_2}{2}$ $/(\text{m}^3/\text{s})$	$\dfrac{q_1+q_2}{2}\Delta t$ $/10^6\text{m}^3$	V $/10^6\text{m}^3$	Z $/\text{m}$
(1)	(2)	(3)	(4)	(5)	(6)	(7)	(8)	(9)	(10)
0	12	10	75	3.24	10	15.0	0.65	247.00	116.0
12	12	140	425	18.37	20	62.5	2.7	249.59	116.2
24	12	710	494.5	21.37	105	172.5	7.45	265.26	117.2
36	2	279	264.5	1.9	240	245	1.75	279.18	118.2
38	10	250	190.5	6.86	250	240	8.64	279.32	118.2
48		131			230			277.54	118.1
⋮	⋮	⋮	⋮	⋮	⋮	⋮	⋮	⋮	⋮

注：第(6)栏括号内数字是按 $\Delta t = 12\text{h}$ 计算的。

(1)推求该水库的蓄泄曲线 $q \sim V$　该水库的 $q \sim V$ 线已在实例 [5-1] 中求出,如图 5-7。

（2）确定调洪的起始条件 溢洪道属无闸控制的情况，对设计条件，取起调水位与堰顶平齐，且等于正常蓄水库的水位，故得该水库的起调水位为 116m，与之相应的库容 V_1 为 $247×10^6$m，下泄流量 q_1 为发电流量 $q_电$，其值为 10m³/s。

（3）推求下泄流量过程线 $q~t$ 计算按表 5-8 的格式进行，对于第一阶段，确定的起始条件 $V_1=247×10^6$m³，$q_1=10$m³/s 和已知值 $Q_1=10$m³/s、$Q_2=140$m³/s，求 V_2、q_2。假设 $q_2=30$m³/s，由式（5-3）得

$$V_2 = \frac{Q_1+Q_2}{2}\Delta t - \frac{q_1+q_2}{2}\Delta t + V_1$$

$$= \frac{10+140}{2}×12×3600 - \frac{10+30}{2}×12×3600 + 247×10^6$$

$$= 249.38×10^6 \text{m}^3$$

依此查图 5-7 中的 $q~V$ 线，得 $q_2=20$m³/s，由式（5-3）得

$$V_2 = \frac{Q_1+Q_2}{2}\Delta t - \frac{q_1+q_2}{2}\Delta t + V_1$$

$$= \frac{10+140}{2}×12×3600 - \frac{10+20}{2}×12×3600 + 247×10^6$$

$$= 249.59×10^6 \text{m}^3$$

依此查图 5-7 中的 $q~V$ 线，得 $q_2=20$m³/s，与假设相符，故 $V_2=249.59×10^6$m³ 和 $q_2=20$m³/s 即为所求，并分别填入该线段末的表 5-8 第（9）、第（6）栏。

以第一时段所求的 V_2、q_2 作为第二时段初的 V_1、q_1，重复第一时段的试算过程，又可求得第二时段 $V_2=265.26×10^6$m³、$q_2=105$m³/s。如此连续试算下去，即得表 5-8 第（6）栏所示的下泄流量过程 $q~t$。

（4）最大下泄流量 q_m 的计算 按 $\Delta t=12$h 不变，取表 5-8 中（1）、（3）、（6）栏的 t、Q、q 值，绘出如图 5-8 所示的 $Q~t$ 及 $q~t$（退水段为虚线）过程线，可见以 $\Delta t=12$h 逐时段试算求得的 $q_m=240$m³/s 不是正好落在 $Q~t$ 线上，而是偏在它的下方。这显然是不正确的，正确的 q_m 值应比 240m³/s 大一些，出现的时间稍迟。以 240m³/s 作为 q_m 不正确的原因，在于第四段仍取 $\Delta t=12$h 太长了，现减小计算时段进行试算，设 $q_m=q_2=Q_2=250$m³/s，于是在图 5-7 上查得 $\Delta t=2$h，该时段初的 $V_1=279.18×10^6$m³，$q_1=240$m³/s，$Q_1=279$m³/s，代入式（5-3）得

$$V_2 = \frac{Q_1+Q_2}{2}\Delta t - \frac{q_1+q_2}{2}\Delta t + V_1$$

$$= \frac{279+250}{2}×2×3600 - \frac{240+250}{2}×2×3600 + 279.18×10^6$$

$$= 279.32×10^6 \text{m}^3$$

依此在图 5-7 的 $q~V$ 线上查得 $q_2=250$m³/s，与假设的 $q_m(=q_2)$ 相符，故 $q_m=250$m³/s 即为所求，其出现时间在 38h。

以后仍采用与第（3）步同样的方法，对 38~48h 的时段（$\Delta t=10$h）进行试算，求得 48h 的 q 为 230m³/s，图 5-8 中 36~48h 用实线绘出的 $q~t$，代表该时段正确的下泄流量过程。

（5）推求设计调洪库容 $V_设$ 和设计洪水位 $Z_设$ 按 $q_m=250$m³/s 从图 5-7 的 $q~V$ 线上查得相应的总库容 $V_m=279.32×10^6$m³，减去堰顶高程以下的库容 $247×10^6$m³，即得 $V_设=$

$(279.32-247.00)\times10^6\,\mathrm{m}^3=32.32\times10^6\,\mathrm{m}^3$，由 $V_m=279.32\times10^6\,\mathrm{m}^3$ 从图 5-7 的 $Z\sim V$ 线上查得 $Z_{设}=118.21\mathrm{m}$。

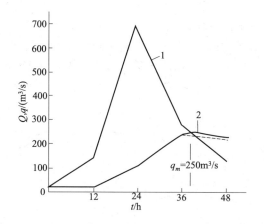

图 5-8 某水库设计洪水过程线及下泄流量过程线

1—设计洪水过程线 $Q\sim t$；2—下泄流量过程线 $q\sim t$

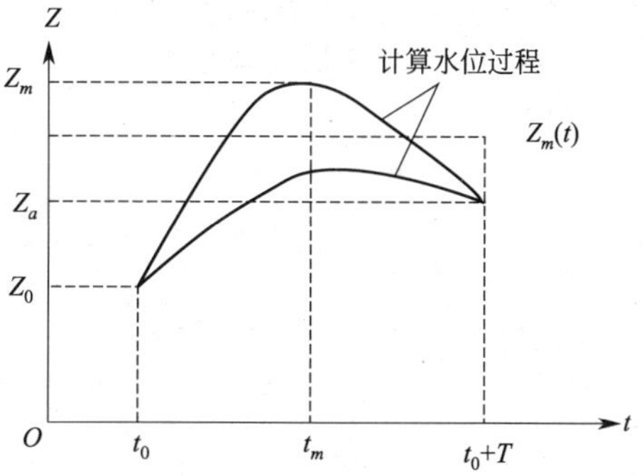

图 5-9 分段试算原理示意

（2）分段试算法 分段式算法是一种过程迭代算法，首先根据重要性逐个引入约束条件；然后根据计算结果修改迭代格式，逼近最优解。分段试算法步骤如下。

根据式(5-3)，写出仅考虑防洪库容约束的初始最优解：

$$q(t)=\frac{1}{t_D-t_0}\left[\int_{t_0}^{t_D}Q(t)\,\mathrm{d}t-V_{防}\right] \tag{5-7}$$

① 根据 $Q(t)$，$q(t)$ 按式(5-3)调节计算，并逐时段引入泄流能力约束和出库允许变幅约束，若满足约束试算进入步骤③，否则按下式调整出库流量：

若 $q(t)>q[Z(t)]$，则令 $q(t)=q[Z(t)]$ $\tag{5-8}$

若 $|q(t)-q(t-1)|>q_m$，则令 $q(t)=q(t-1)+q_m\dfrac{q(t)-q(t-1)}{|q(t)-q(t-1)|}$ $\tag{5-9}$

② 检测最高水位约束，若满足约束试算进入步骤②，否则如下。

a. 如图 5-9 所示，虚实线为两条计算水位过程线，分别表示计算水位过程高于和低于最高水位约束的两种可能情况，t_m 为最高计算库水位出现时刻。为满足最高水位约束所需调整水量为

$$\Delta V=V[Z_m(t_m)]-V(Z_m) \tag{5-10}$$

b. 出库流量：

$$q(t)\Leftarrow q(t)-\frac{\Delta V}{T_m}\quad t\in[t_0,t_m] \tag{5-11}$$

$$q(t)\Leftarrow q(t)+\frac{\Delta V}{T_e}\quad t\in[t_m,t_0+T] \tag{5-12}$$

式中 T_m，T_e——分别为 $[t_0,\ t_m]$ 和 $[t_m,\ T]$ 时段中在步骤②未因泄流能力约束和出库允许变幅约束而调整的时段数。

c. 返回步骤②重新进行调节计算。

③ 检验期末水位约束，若满足，则整理计算结果，结束计算；否则

$$q(t)\Leftarrow q(t)+\frac{V(Z_{\mathrm{end}})-V(Z_e)}{T_e}\quad t\in[t_m,t_0+T] \tag{5-13}$$

返回步骤②重新进行调节计算。

　　[**实例 5-3**]　利用分段试算法对某大型水库一次预报洪水过程进行模拟调度计算，已知条件为：①起调水位 275m；②当前水库 2000m³/s；③出库允许变幅 1500m³/s；④最高控制水位 276m；⑤调度期末控制水位 275.5m。

　　按不考虑区间流量过程和考虑区间补偿两种情况分别计算，图 5-10 为不考虑区间补偿时水库出入库流量过程线，图 5-11 为考虑区间补偿时防洪控制断面的流量组成（其中水库放水为出库流量过程经马斯京根法演算到防洪点的结果），两种计算方法在计算机上计算时间均小于 1s。

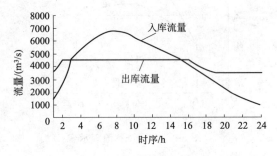

图 5-10　出入库流量对照（不考虑区间）　　　　图 5-11　防洪点流量组成（考虑区间）

　　(3) 半图解法

　　式(5-3) 和(5-6) 也可以用图解和计算相结合的方式求解，这种方法称为半图解法。常用的有双辅助曲线法和单辅助曲线法。

　　① 双辅助曲线法。将水量平衡方程式改写为：

$$\frac{Q_1+Q_2}{2}-\frac{q_1+q_2}{2}=\frac{V_2-V_1}{\Delta t} \tag{5-14}$$

　　移项整理后得：

$$\frac{V_2}{\Delta t}+\frac{q_2}{2}=\overline{Q}_1+\left(\frac{V_1}{\Delta t}-\frac{q_1}{2}\right) \tag{5-15a}$$

式中　$\overline{Q}_1$ ——Δt 时段内的入库平均流量，m³/s。

　　因为 V 是 q 的函数，故 $\left(\frac{V}{\Delta t}+\frac{q}{2}\right)$ 和 $\left(\frac{V}{\Delta t}-\frac{q}{2}\right)$ 也是 q 的函数，因此可以计算绘制 $q=f\left(\frac{V}{\Delta t}+\frac{q}{2}\right)$ 和 $q=f\left(\frac{V}{\Delta t}-\frac{q}{2}\right)$ 两关系曲线，如图 5-12 所示，根据时段初 V_1，q_1，应用这两条辅助曲线推求时段末的 V_2、q_2 的方法，就是双辅助曲线法。其调洪计算的步骤如下。

　　a. 已知时段初的出库流量为 q_1，在图5-12纵坐标上取 $OA=q_1$。

　　b. 过 A 点向右平行于横坐标引线，交 $q=f\left(\frac{V}{\Delta t}-\frac{q}{2}\right)$ 曲线于 B 点，则 $AB=\left(\frac{V_1}{\Delta t}-\frac{q_1}{2}\right)$，延长 AB 至 C 点，取 $BC=\overline{Q}$。

　　c. 由 C 点向上作垂线（过了 q_m 后则向下作垂线）交 $q=\left(\frac{V}{\Delta t}+\frac{q}{2}\right)$ 曲线于 D 点。

　　d. 由 D 点向左作平行于横坐标的直线交纵坐标于 E 点，则 DE 纵坐标 $OE=q_2$。

　　按照上述步骤，利用求得的时段末泄流量 q_2 作为下一时段初的泄流量 q_1，依次逐时段进行计算，即可求得水库泄流过程曲线。

　　② 单辅助曲线法。将水量平衡方程式分离已知项和未知项后，式(5-15a) 还可改写为

$$\left(\frac{V_2}{\Delta t}+\frac{q_2}{2}\right)=\overline{Q}_1-q_1+\left(\frac{V_1}{\Delta t}+\frac{q_1}{2}\right) \tag{5-15b}$$

这样只绘制 $q=f\left(\dfrac{V}{\Delta t}+\dfrac{q}{2}\right)$ 一条关系曲线（见图 5-13），就能求解 q_2 了，这种方法称为单辅助曲线法。

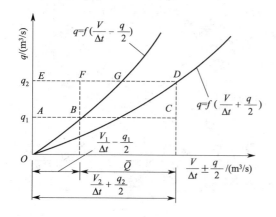

图 5-12　双辅助曲线

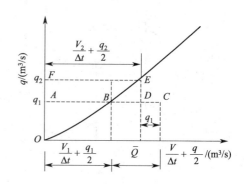

图 5-13　单辅助曲线

调洪开始时，对于第 1 时段，已知 Q_1、Q_2、V_1、q_1，将它们代入式的右端，即得出 $\left(\dfrac{V_2}{\Delta t}+\dfrac{q_2}{2}\right)$。依此数值在 $q=f\left(\dfrac{V}{\Delta t}+\dfrac{q}{2}\right)$ 曲线上即可查出 q_2。对于第 2 时段，上时段末的 Q_2、q_2 及 $\left(\dfrac{V_2}{\Delta t}+\dfrac{q_2}{2}\right)$ 作为本时段初的 Q_1、q_1、$\left(\dfrac{V_1}{\Delta t}+\dfrac{q_1}{2}\right)$，重复上时段求解的过程，又可求得第 2 时段的 q_2、$\left(\dfrac{V_2}{\Delta t}+\dfrac{q_2}{2}\right)$。这样逐时段连续计算，便可求得水库的泄流过程曲线 $q\sim t$，如图 5-13所示。

（4）简化三角形法　　规划设计无闸溢洪道的小型水库时，尤其在做多方案比较的过程中，往往只需求出最大下泄流量 q_m 及调洪库容 $V_{洪}$，而无需推求下泄流量过程线。在这种情况下，为了避免上述列表试算法或半圆解法的大量工作，可以考虑采用简化三角形法进行调洪计算，该法的基本假定是：入库洪水过程线 $Q\sim t$ 可以概化为三角形（图 5-14），下泄流量过程线的上涨段（虚线 Ob）能近似地简化成直线 Ob，有了这些假定后，就可使调洪计算大为简化，现具体介绍如下。

在图 5-14 中，因入库流量过程线 $Q\sim t$ 已概化为三角形，其高为 Q_m，底宽为过程线的历时 T，三角形的面积即入库洪水流量 $W=\dfrac{1}{2}Q_m T$，所以调洪库容 $V_{洪}$ 为：

$$V_{洪}=\frac{1}{2}Q_m T-\frac{1}{2}q_m T=\frac{1}{2}Q_m T\left(1-\frac{q_m}{Q_m}\right) \tag{5-16}$$

将 $W=\dfrac{1}{2}Q_m T$ 代入上式，得

$$V_{洪}=W\left(1-\frac{q_m}{Q_m}\right) \tag{5-17}$$

或

$$q_m=Q_m\left(1-\frac{V_{洪}}{W}\right) \tag{5-18}$$

调洪计算用上述两式与水库蓄泄曲线 $q \sim V$ 联合求解。这里的 V 是堰顶以上库容，即 $V = V_总 - V_堰$。解算的方法常用简化试算法或图解法。简化试算法是先假定 q_m，利用式 (5-17) 求 $V_洪$，再由 $q \sim V$ 线查得一个新的 q_m，如二者相等，则所设 q_m 和计算出来的 $V_洪$ 即为所求，否则继续试算。图解法如图 5-15 所示。在绘有 $q \sim V$ 线的图上，沿横轴（q 轴）找出等于 Q_m 的 B 点，再沿纵轴（V 轴）找出等于 W 的 A 点，连接 AB 线，它与 $q \sim V$ 线的交点 C 的横标和纵标值即为 q_m 及 $V_洪$。

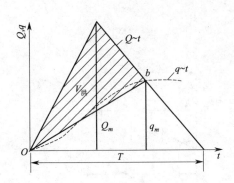

图 5-14　简化三角形法水库入流、出流示意图　　图 5-15　简化三角形法图解示意图

图解法作图原理可证明如下：因 $\triangle AOB \sim \triangle CDB$ 对应边相互成比例，即

$$\frac{DB}{OB} = \frac{CD}{AO}$$

将 $DB = Q_m - q_m$、$OB = Q_m$、$CD = V_洪$、$AO = W$ 代入上式，得

$$\frac{Q_m - q_m}{Q_m} = \frac{V_洪}{W} \tag{5-19}$$

即

$$q_m = Q_m \left(1 - \frac{V_洪}{W}\right) \tag{5-20}$$

5.3.3.2　有闸门控制水库的调洪

（1）溢洪道设置闸门的目的

① 溢洪道设置闸门可以控制泄洪流量的大小和时间，使水库防洪调度灵活，控制运用方便，提高水库的防洪效益。因此，当下游要求水库蓄洪、与河道区间洪水错峰或水库群防洪调度时，都需要设置闸门。

② 设置闸门有利于解决水库防洪与兴利的矛盾，提高水库综合利用效益。对防洪来说，汛期要求水库水位尽可能低一些，以有利于防洪；对兴利来说，则要求库水位尽可能高一些，以免汛后蓄水量不足，影响兴利用水。有闸门时，可以在主汛期之外分阶段提高防洪限制水位，也可以拦蓄洪水主峰过后的部分洪量，既发挥水库的防洪作用，又能争取多蓄水兴利。

③ 可选择较优的工程布置方案。当溢洪道宽度 B 相同时，若调洪库容 $V_调$ 相等，设闸门可以降低最大泄流量 q_m，若 q_m 相等，有闸门可以减小 $V_调$，若 $V_调$、q_m 都相等，则所需溢洪道宽度有闸门的要比无闸门的小得多。因此，根据地形、地质条件，淹没损失及枢纽布置情况，可以优选 B、$V_调$ 和 q_m 的组合方案。

（2）有闸门控制时水库调洪特点　水库溢洪道有闸门控制的调洪计算原理与无闸门控制时相同，其调洪计算的特点如下。

① 溢洪道有闸门控制时，水库调洪计算的起调水位（防洪限制水位）一般低于正常蓄

水位，而高于堰顶高程。这样，在防洪限制水位和正常蓄水位之间的库容，既可兴利，又可以防洪，从而协调了防洪腾空库容与兴利蓄水之间的矛盾。而汛前限制水位高于堰顶高程，就可以从洪水开始时得到较高的泄流水头，增大洪水初期的泄洪量，以减轻下游防洪的压力。对于以兴利为主的水库，防洪限制水位的确定应以汛后能蓄满兴利库容为原则。

② 只有闸门全开才属自由泄流，相当于无闸门控制。可用列表试算法、双辅助曲线法或单辅助曲线法进行计算；当闸门没有全开时，属控制泄流，可直接用水量平衡方程计算。

③ 水库溢洪道有闸门控制的调洪计算，要结合下游是否有防洪要求所拟定的调洪方式进行。

（3）有闸溢洪道的水库调洪基本原理　在溢洪道上设置闸门，虽投资有所增加，操作复杂，但控制运用较为灵活，尤其对承担下游防洪任务的水库，对防洪与兴利均有益，因此，常为一些较大水库所采用，见图 5-16。

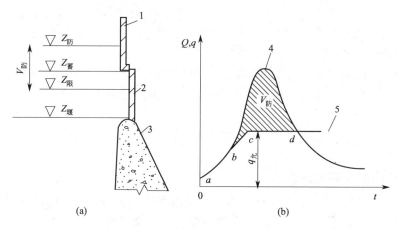

图 5-16　有闸溢洪道水库的调洪作用

1—胸墙；2—闸门；3—溢洪道；4—入库流量过程线 $Q \sim t$；5—出库流量过程线 $q \sim t$

有闸溢洪道水库的调洪比较复杂，这里只介绍一种比较简单的情况。假定入库洪水为下游防洪标准的洪水，洪水来临时的水库水位为防洪限制水位 $Z_限$；此时，洪水刚入库的时候，堰顶就有一定的水头，使溢洪道具有相当的泄流能力。但为了保证兴利的要求，在没有确切预报的情况下，不允许闸门全开。否则 $Z_限$ 以下水量就会泄出，这时只能控制闸门开启度，使来水量等于泄水量，即 $Q = q$，如图 5-16（b）中的 ab 段，b 点以后，当来水量 Q 大于 $Z_限$ 水位时闸门全开的下泄能力，但下泄能力又不超过允许泄量 $q_允$ 时，应使闸门全开，像无闸溢洪道一样按泄流能力泄洪。由于 $Q > q$，水库蓄水量不断增加，水位上涨，q 也越来越大，如图 5-16（b）中的 bc 段。至 c 点时，水库下泄能力开始超过允许泄量 $q_允$，不能继续敞开泄流，这时应逐渐关小闸门，按 $q = q_允$ 下泄，以保证下游防护对象的安全，如图 5-16（b）中的 cd 段。至 d 点时水库蓄洪量达最大值 $V_防$（图中阴影面积），这就是水库为保证下游防洪安全所必须设置的防洪库容，与之相应的库水位称为防洪高水位，以 $Z_防$ 表示。此后，保持 $q < q_允$，尽快将库水位降至起始的防洪限制水位 $Z_限$，以便迎接下次洪水。

5.3.3.3　满足水库防洪要求的调洪计算

水库的防洪要求，主要是当出现水工建筑物的设计（或校核）标准洪水时，确保水库工程的安全。一般水工建筑物的设计洪水标准高于下游防护区的设计洪水标准。这样，就需要分两级调洪计算：一级调洪计算，以相应于下游防护标准的设计洪水作为入库洪水，控制下泄流 $q < q_安$，进行调洪计算，求出防洪库容 $V_防$ 和防洪高水位 $G_防$；二级调洪计算，用大坝的设计标准洪水作为入库洪水，进行调洪计算。

二级调洪计算的过程，开始时下泄流量以 $q \leqslant q_安$ 控制，其泄流量过程如图 5-17 中的

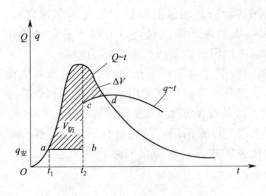

图 5-17　水库二级调洪示意图

Oab 段；当水库蓄洪量蓄满 $V_防$ 后，水库水位达到防洪高水位 $G_防$（图中 t_2 时刻），因来水量仍大于所控制的泄量 $q_安$，库水位将继续上升，说明该次洪水超过了下游防洪标准相应的洪水，已不能再满足下游防洪要求，需作第二级调洪计算，以保证水库大坝的安全，故将闸门全部打开，形成自由泄流，下泄流量 $q > q_安$，泄流过程线由 b 点突增到 c 点（图中 t_2 时刻或稍后），再增到 d 点，下泄流量 q 和库水位均达到最大值，此时的库水位为设计洪水位，d 点之后下泄流量变小，库水位逐渐下降。从图 5-17 中可见防洪库容增加了 ΔV。

上述调洪计算法首先考虑其下游的防护要求，当洪水超过了保护对象的洪水标准时，就应只考虑大坝的安全。这样的两级防洪调节所需要的调洪库容为 $V_防 + \Delta V$。

5.4　水库防洪调度

5.4.1　水库防洪调度方式

水库汛期的防洪调度，直接关系到水库安全与对下游防洪效益的发挥，并影响汛末蓄水，因此，是一项非常重要的工作。要做好水库防洪调度，必须先拟定出切合实际的防洪调度方式，包括泄流方式、泄流量及相应的泄洪闸门启闭规则等。

对于不承担下游防洪任务的水库，因防洪调度的主要目的是确保水库工程安全，故防洪调度方式通常是库水位超过溢洪道堰顶高程后自由泄流，或是用闸门控制泄流，以抬高兴利蓄水位和增大水库泄洪时的初始泄量，情况比较简单。

对于承担下游游防洪任务的水库，防洪调度既要确保水库安全，又要满足下游防洪要水，常见的防洪调度方式有：固定泄洪调度、防洪补偿调度和防洪预报调度。有防洪和兴利任务的综合利用水库，在防洪调度中还要考虑防洪与兴利的联合调度。对于由多个水库构成的水库群，其防洪调度方式应针对水库群的不同型式，考虑补偿调节方式及各库的蓄泄次序。

5.4.1.1　固定泄洪调度

固定泄洪调度或定孔泄洪调度方式主要适用于下游有防洪任务，但水库距防洪控制点很近，区间集水面积较小的情况。为了合理解决水库防洪与下游保护区防洪之间的矛盾，可按下游安全泄量 $q_{安1}$，$q_{安2}$……控制分级固定泄流，如图 5-18 所示。为了维持固定泄量，就要随着库水位的变化而改变闸门的开启度。在水库实际运用中，为了减少泄洪闸门的频繁启闭，便于管理调度，有时不采用固定泄流而采用定孔泄流的办法，即遇一定标准的洪水，开启一定孔数的闸门。这样，下泄流量随着库水位的涨落会有一些变化，但仍以小于或等于 $q_{安1}$，

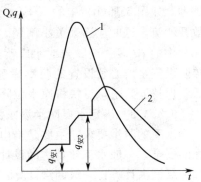

图 5-18　固定泄洪调度
1—入库洪水 $Q \sim t$；2—泄流 $q \sim t$

$q_{安2}$……为控制条件。由此可见，定孔泄洪实为固定泄洪调度的一种便于操作形式。

对于一级固定泄流情况，当水库蓄水位达到下游防洪标准所需要的防洪库容时，就应该敞开闸门泄洪，但在水库实际运用调度中，往往不是以库容做判别条件，而是需要采用更直接的判别条件，尤其是多级控制情况，以库水位或入库流量做控制泄量的指标更显得简单方便，当然，如果流域上降雨径流关系较好时，也有用前期降雨量、本次降雨量和水库水位相结合规定判别条件的，这样更能增加进行调度的时间。

（1）以水库水位为判别条件。适用于调洪库容较大，调洪结果主要决定于洪水总量的水库。

例如河北省岳城水库是一座以灌溉为主，结合防洪、发电的大型水库，总库容 $10.9 \times 10^8 m^3$，整个汛期分前、后两期，前期下游防洪标准采用三级控制：3 年一遇洪水控制下泄 $500m^3/s$；30 年一遇洪水控制下泄 $1500m^3/s$；50 年一遇洪水控制下泄 $3000m^3/s$。具体防洪调度规则为：起调水位，即防洪限制水位为 132 m。洪水来量小于 $500m^3/s$ 时，进出平衡，大于 $500 m^3/s$ 时，限泄 $500m^3/s$，至库水位升高到 3 年一遇洪水位 136.4m；超过 136.4 m 时，来水大于 3 年一遇，需加大泄量为 $1500 m^3/s$，至库水位升高到 30 年一遇洪水位 153.7m；超过 153.7m 时，来水大于 30 年一遇，需加大泄量为 $3000m^3/s$，至库水位升高到 50 年一遇洪水位 155.05m；库水位超过 155.05m 时，来水大于 50 年一遇，溢洪道、泄洪隧洞闸门全部开启，不限泄量。若水位超过 300 年一遇洪水位 155.35m，应准备采取非常措施。

（2）以入库流量为判别条件。一般适用于调洪库容小，调洪最高水位主要受入库洪峰流量决定的水库。

例如湖北省陆水水库，该库控制陆水全流域面积的 86%，水库距防洪控制点仅 3000m，区间洪水比重很小，根据下游保护区的重要性及防洪能力，以入库流量为判别条件。对 20 年一遇以下洪水按 20 年一遇（$Q=5400m^3/s$）和 5 年一遇（$Q=3400m^3/s$）分两级固定泄流调度，其调度方式为：入库流量在 $2100m^3/s$ 以下时，泄量等于来量；入库流量在 $2100 \sim 3400m^3/s$ 时，泄流量为 $2100m^3/s$，入库流量在 $3400 \sim 5400m^3/s$ 时，泄流量 $2500m^3/s$；入库流量超过 $5400m^3/s$ 时，以确保大坝安全为主，溢洪道敞开泄流。

5.4.1.2　防洪补偿调度

当水库距防护控制点较远，区间洪水较大时，采用补偿调度的方式，能比较经济地利用防洪库容并满足下游防洪要求。这种调度方式的基本点为：当发生洪水时，区间来水大则水库少放水，区间来水小则水库多放水，二者加起来使防洪控制点的流量不超其允许泄量。

设防洪控制点为 A，区间测站为 B，水库为 C（图 5-19），则最理想的补偿调节方式是使水库泄量 q_c 加上区间洪水 Q_B 等于下游防洪控制点的安全泄量 $q_安$，水库为了与区间洪水错峰，就必须在区间洪水通过防洪控制点的一段时间里减少泄量，从而增大了防洪库容。这种为错峰而需要增加的库容叫做防洪补偿调节库容（$V_补$），如图 5-19（c）所示。图中 $Q_B \sim t$ 为区间洪水过程线，$Q_c \sim t$ 为入库洪水过程线，区间控制站 B 到防洪控制点 A 的洪水传播时间为 t_{BA}，水库泄流到 A 的传播时间为 t_{CA}，二者相差 $\Delta t = t_{BA} - t_{CA}$。将 $Q_B \sim t$ 移后 Δt 倒置于 $q_安$ 线下。各时刻的（$q_安 - Q_B$）即水库应有的下泄量 q_c，abc 即水库泄流过程线，$abcde$ 所包围的面积即 $V_补$。

在无预报时，能达到上述要求的必要条件是水库泄流到防洪控制点的传播时间等于或小于区间传播时间，即 $t_{CA} < t_{BA}$，或 $\Delta t \geq 0$，图 5-19 即为 $\Delta t > 0$ 的情况，当 $t_{CA} > t_{BA}$ 时，如能对 B 站进行洪水预报，并 t_{BA} 与预报预见期之和大于或等于 t_{CA}，则也可以进行补偿调节，这时 $Q_B \sim t$ 是预报的，推求水库下泄流量过程线 $q_c \sim t$ 和计算 $V_补$ 的办法与 $t_{CA} \leq t_{BA}$ 的情况基本相同，只是把预报的 $Q_B \sim t$ 是前移 Δt，这里 $\Delta t = t_{CA} - t_{BA}$。

水库进行防洪补偿调节，使下游防洪控制点的安全性提高了，但为此则需要增加防洪库容 V，从而使总防洪库容 $V_{防总} = V_{防} + V_{补}$，如 5-19(c) 中的阴影面积所示。

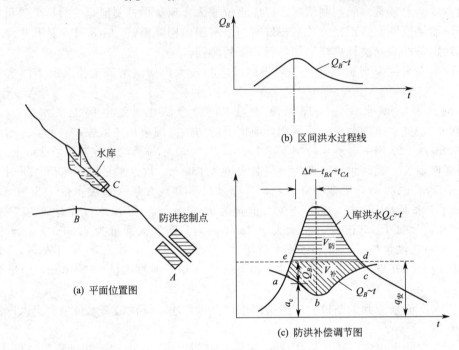

(b) 区间洪水过程线

(a) 平面位置图

(c) 防洪补偿调节图

图 5-19　防洪补偿调节示意图

5.4.1.3　防洪预报调度

根据预报进行防洪调度，可以充分发挥水库的防洪效益，提高水库的抗洪能力，同时也有利于调解水库防洪与兴利的矛盾，目前已在不少水库采用。这种调度方式根据一定精度和预见期的水文气象预报成果，赶在洪水到来之前腾出库容以蓄纳即将发生的洪水，起到增加一部分防洪库容的作用。对于兴利水库，也可以在汛期多蓄些水，使水库水位高于防洪限制水位，接到预报后，赶在洪水来临之前迅速泄放，将水库水位回落至规定的防洪限制水位，即重复利用部分防洪库容。不论是哪种目的的运用，其前提都是要具备可靠的水文气象预报和一定规模的泄流能力。

目前多采用预见期短，精度较高的短期预报，考虑短期预报的防洪调度，如图 5-20 所示。图中若预报的预见期为 t_1，则应提前 t_1 小时预泄，可腾空库容 $V_{预}$，对一定标准的洪水而言，考虑预报所需要的防洪库容 $V'_{防}$ 较不考虑预报的防洪库容 $V_{防}$ 要小，即 $V'_{防} = V_{防} - V_{预}$，若 $V_{防}$ 已定，则相对地提高了水库的防洪能力。例如丹江口水库 1983 年大水初期就预泄腾出库容 $2.1 \times 10^8 \text{m}^3$，对当年的抗洪抢险起到了重要作用。

5.4.1.4　防洪与兴利联合调度

上面所讨论的防洪限制水位是根据一定标准的设计洪水，以及拟定的泄流方式和允许最高洪水位，经调洪演算而求得的。因此，对防洪来说，

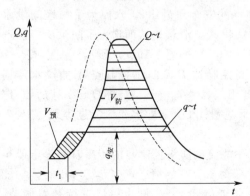

图 5-20　考虑短期预报的预泄库容

是有一定安全性的。但是每年不一定都发生所拟定标准的设计洪水，如果整个汛期都按此预留防洪库容，显然对兴利尤其是灌溉不利。对于综合利用水库，如何妥善解决防洪与蓄水的矛盾，在确保水库安全和在一定程度上满足下游防洪要求的前提下，尽量多蓄水兴利，是水库汛期控制运用的一项重要任务。根据各地实践经验，主要有以下解决途径。

（1）按洪水发生规律，分期制定防洪限制水位。对于汛期洪水变化有明显规律的河流，可根据其变化将汛期分为几个阶段，如初汛、主汛、尾汛等，按阶段分别确定防洪限制水位（图 5-21），这样，既可以保证不同时期留有足够的防洪库容，又可防止汛末水库不能及时回蓄，影响兴利的弊病。

例如丹江口水库，就根据洪水规律的分析和调洪计算结果的论证，将防洪限制水位分别定为：

前汛期（6 月 21 日～7 月 20 日）为 148.0 m；

中汛期（7 月 21 日～8 月 20 日）为 152.0 m；

后汛期（8 月 21 日～10 月 15 日）为 153.0m。

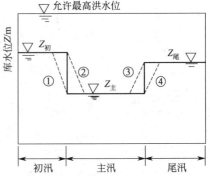

图 5-21 水库防洪调度示意图

$Z_初$—初汛期防洪限制水位；$Z_主$—主汛期防洪限制水位；$Z_尾$—尾汛期防洪限制水位；

①，③—提早调度运行方式；

②，④—推迟调度运行方式

汛期各阶段的划分，主要根据水文气象规律，从暴雨、洪峰、洪量、洪水出现日期、概率等去分析研究。分期不宜太多，常以 2～3 期为好。各个阶段的防洪限制水位的推求，与不分期的调洪计算大体相同。设计洪水的计算和防洪限制水位的推求，都按所划定的阶段进行。先对逐年各个时段的洪水进行频率分析，按规定的防洪标准，求出各个时期的设计洪水过程线，然后进行调洪计算，求得各阶段所需的防洪库容，再按当年整个汛期的允许最高洪水位，定出不同阶段的防洪限制水位。从中可以看出，计算的核心问题是确定汛期各个阶段的设计洪水，对于有系统洪水资料的水库，计算并无多少困难。而对一些缺少洪水资料的中小型水库，往往需借用邻近相似流域的洪水资料或按设计暴雨资料来推求各阶段的设计洪水过程线。

需要指出，对于分阶段设置防洪限制水位，一般要求水库具有较大的泄流能力，否则就无法保证按时腾空库容，使库水位在规定的时期内由初汛期的 $Z_限$ 降至主汛期的 $Z_限$。同时，水库的泄流能力还必须与下游河道的允许泄量相适应。

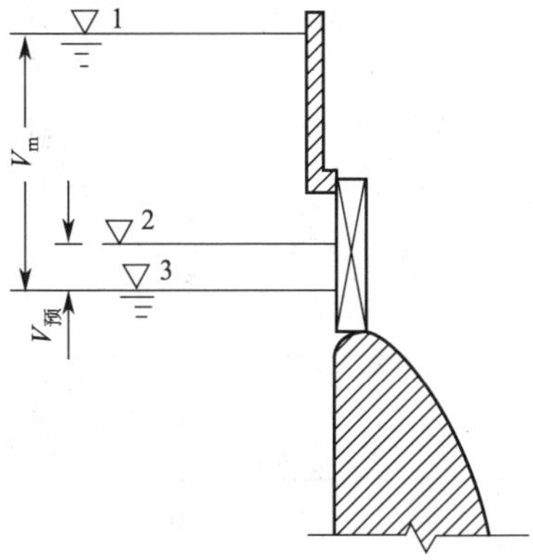

（2）利用短期预报，发挥水库预泄和超蓄作用。能对洪水的发生做出短期预报且具备一定泄流能力的水库，汛期库水位可高于防洪限制水位，在接到预报后，及时泄流，将库水位降至规定的防洪限制水位，这样便可在不影响防洪的前提下，提高兴利效益。利用短期预报预泄超蓄的水位称为防洪放流水位（图 5-22）。防洪放流水位的高低，取决于预报预见期的长短和精度，以及水库泄流能力和下游的安全泄量。需要说明的是利用短期洪水预报进行控制运用的预见期，应该等于短期洪水预报本身的预见期减去雨情、水情的传递时间、作业预报计算时间、请示汇报时间、下游准备时间以及闸门操作时间，如果忽视对这些影响因素的分析，就会产生不安全的后果。如某水库，上游流域

图 5-22 防洪放流水位示意图

1—允许最高洪水位；2—防洪放流水位；

3—防洪限制水位

内设有 50 多处雨量站，从上游发生雨情传达到管理局，离洪水到来约有 10 多个小时，在此时段内立即采取措施，可泄放 $0.5 \times 10^8 m^3$ 水量，使水库水位下降 2m，因此，防洪放流水位可高出防洪限制水位 2m，多蓄 $0.5 \times 10^8 m^3$ 的水用于灌溉。

（3）适时进行汛末蓄水。汛末能否及时关闸蓄水，使库水位充蓄到规定高程，是关系到汛后整个枯季兴利用水能否得到保证的大问题。如果拦蓄过迟，抓不住洪水尾巴，水库就蓄不到规定的汛末兴利水位，从而影响枯季用水。如果关闸蓄水过早，后期再来洪水，水库就不安全。汛末蓄（收）水时机的确定，通常应根据水库管理运用经验。分析后期洪水发生规律和退水曲线形式，并结合中长期天气预报来确定。丹江口水库后汛期（9～10 月）的防洪限制水位为 153.0m，正常蓄水位为 157.0m，按不同的收水时间，以 50 年水文资料（1929～1978 年）进行操作计算，得出其蓄满率分别为 9 月 11 日为 42%，9 月 21 日为 36%，10 月 1 日为 22%，10 月 11 日为 8%，因此自 153.0m 蓄水至 157.0m，若从 10 月上旬开始收水，比从 10 月中旬开始，蓄满率可高出 14%，对用水明显有利。但考虑到 10 月上旬历史上曾多次出现较大洪水，如 1964 年 10 月 5 月洪水为 28000m³/s，1974 年 10 月 4 日为 23900m³/s，1975 年 10 月 3 日为 24600m³/s，1983 年 10 月 6 日为 34300m³/s 等，因此，从该水库首要任务为防洪来看，开始收水的时间应定在 10 月 11 日为宜。如认为此时蓄满率太低，则可适当降低当年的防洪标准，并把防洪限制水位适当抬高；或按预报条件适当提高防洪放流水位，但不能盲目地提前蓄水。

5.4.2　最优准则防洪调度

水库防洪调度最优准则有以下 3 种形式：①最大削峰准则；②最短洪淹历时准则；③最小洪灾损失或最小防洪费用准则。以最大削峰准则为例，当入库洪水、防洪库容、下游允许安全泄量和溢洪道泄流能力等已知的情况下，按最大削峰准则，在无区间洪水情况下，运用逆序解法，寻求单一水库优化调度过程。

下面以沙畈水库为例，假定入库洪水为确定型，当起调水位为正常蓄水位 270m，遇台汛期 $P = 20\%$ 设计洪水时，以最大削峰为准则的防洪动态调度操作。

（1）工程概况　沙畈水库位于钱塘江水系金华江支流的白沙溪上，是以灌溉、供水为主，结合发电、防洪等综合利用的中型水利工程。水库控制流域面积 $131 km^2$，流域多年平均降水量 1781mm，多年平均径流总量 $1.51 \times 10^8 m^3$。沙畈水库拦河坝为细骨料混凝土砌块石重力坝，坝高 76m，正常蓄水位 270m，总库容 $8555 \times 10^4 m^3$，一级电站总装机 $2 \times 5000kW$，多年平均发电量 $2205 \times 10^4 kWh$，拦河坝溢流段设有 5 孔 $10 \times 6.5m$ 弧形钢闸门，溢流堰顶高程 267m，发电引水隧洞设计发电流量 $18.3 m^3/s$，水库下游河道安全泄量 $400 m^3/s$。沙畈水库设计防洪标准为 50 年一遇洪水（$P = 2\%$）设计，1000 年一遇洪水（$P = 0.1\%$）校核，允许调洪最高水位为设计洪水位 272.91m，校核洪水位 273.38m。

（2）设计洪水过程　台汛期 $P = 2\%$ 超过下游安全泄量的设计洪水过程见表 5-9。

表 5-9　设计洪水过程

$\Delta t = 1h$	0	1	2	3	4	5
$Q/(m^3/s)$	425	825	1079	915	765	458

超过下游安全泄量的设计洪水过程划分为 $n = 5$ 个时段，并将 270～272.91m 防洪库容按 $10 m^3/(s \cdot h)$ 分格，将计算时期与防洪库容组成策略平面，分成若干网络点。

（3）库容曲线与泄流曲线　库容曲线与泄流曲线见表 5-10。

表 5-10　库容曲线与泄流曲线

水位/m		270	270.5	271	271.5	272	272.5	272.91
库容/[m³/(s·h)]		21378	21725	22072	22420	22767	23128	23424
泄量/(m³/s)	发电	18.3	18.3	18.3	18.3	18.3	18.3	18.3
	泄洪道	497.9	632.5	782.4	940.5	1110.0	1283.7	1434.1
	合计	516.2	650.8	800.7	958.8	1128.3	1302.0	1452.4

（4）逐时段运用动态调度的逆推方法求解　由于 $\Delta t=1\mathrm{h}$ 为定值，则以最大削峰准则的目标函数为下泄流量平方和最小，即 $\min\sum_i^6 q_i^2$。

递推的递推方程为：

$$f_i^*(V_{i-1})=\frac{\min}{\Omega}[q_i^2+f_{i+1}^*(V_i)] \tag{5-21}$$

状态转移方程为：

$$V_i=V_{i-1}+(\overline{Q}_I-q_i)\Delta t \tag{5-22}$$

式中　$\overline{Q}_I$——时段平均入库流量，见表 5-11。

表 5-11　时段平均入库流量

时刻	0～1	1～2	2～3	3～4	4～5
$Q/(\mathrm{m^3/s})$	625	952	997	840	612

防洪约束条件：

$$\sum_0^5(Q_t-q_t)\Delta t=2046\mathrm{m}^3$$

防洪策略约束：　　　　　　　　$400\geqslant q_t\geqslant\overline{Q}_t$

泄洪能力约束：　　　　　　　　$q_t\leqslant q(Z_\mathrm{t},B_\mathrm{t})$

水库水量平衡约束：　　　　　　$(Q_t-q_t)\Delta t=\Delta V$

（5）动态调度阶段计算成果　动态调度计算成果见表 5-12。

表 5-12　动态调度阶段计算成果　　　　　　　　　　　单位：m³/s

阶段 i	时段初	时段末	本时段平均流量和泄量平方值		余留时期最小泄量	累积泄量平方值	最小累积泄量平方值
			q_t	$(q_t)^2$			
$i=5$	23192	23424	380	144400	0	144400	144400
$i=4$	22752	23192	400	160000	144400	304400	304400
$i=3$	22155	22752	400	160000	304400	464400	464400
$i=2$	21603	22155	400	160000	464400	624400	624400
$i=1$	21378	21603	400	160000	624400	784400	784400

5.4.3　水库调洪调度措施

通过调洪演算，如果发现水库的防洪能力不足，达不到所要求的防洪标准，则应采取相应措施，提高其防洪能力，确保工程安全。一般常用的措施有如下几种。

（1）在上游修建调洪水库　如果水库的泄洪能力过低，又没有合适的地形可供非常溢洪道的修建，则应在水库上游增建调洪水库，以减轻洪水对主库的威胁，但应注意协调上、下游水库的防洪标准，同时严格保证工程质量，防止连锁溃坝事故的发生。

在被保护城镇的河道上游适当地点修建水库可调蓄洪水，削减洪峰，保护城镇的安全。同时还可利用水库拦蓄的水量满足灌溉、发电、供水等发展经济的需要，达到兴利除害的目的。永定河在历史上称为无定河，由于泥沙淤积，河床不断抬高，河道宣泄洪水的能力不断减小，因此常常造成下游堤防漫溢和溃决，从而造成水灾。自 1912～1949 年的 37 年中，卢沟桥以上的堤防就有 7 次发生大决口，其中最严重的是 1917 年和 1939 年的两次大水，由于和大清河的洪水同时发生，洪水入侵天津市区，京津之间的交通受阻，海河航道淤塞，给人民的生命财产造成很大损失。1951 年修建官厅水库后，使永定河百年一遇的洪峰流量 7020m³/s 经水库调节后削减到 600m³/s，消除了洪水对京、津及下游地区的威胁，保障了工农业生产、交通运输和人民生命财产的安全，同时还利用水库的蓄水年平均发电 7000×10⁴kWh，年供水 7.6×10⁸m³，且利用水库水面养鱼，年平均产鱼 31.46×10⁴kg。

（2）利用已建水库调节洪水　利用河道上游已建水库调蓄洪水，削减洪峰，保护城镇安全。例如汉江水系中利用位于丹江和汉江口处的丹江口水库的调节，可削减汉江洪水近 50%，保证了汉江中下游广大地区和城镇免受洪水的威胁。

（3）利用相邻水库调蓄洪水　如图 5-23 所示，若相邻两河流 A 和 B 各有一座水库 I 和 II，位置相距不远，高程相差也不大。水库 I 的库容较小，调蓄洪水的能力较低，下游有防护区，而水库 II 的容积较大，调蓄洪水的能力较强，则可在两水库之间修筑渠道或隧洞，将两座水库相互连通，当河道发生洪水时，通过水库 I 调蓄后的部分洪水可通过连通的渠道或隧洞流入水库 II，通过水库 II 调蓄后泄入 B 河下游，从而确保水库 I 下泄 A 河下游河道的洪水是在河道安全泄洪范围之内，以保证防护区的安全。

（4）利用流域内干、支流上的水库群联合调蓄洪水　利用流域内干、支流上已建的水库群（见图 5-24）对洪水进行联合调蓄，以削减洪峰和洪峰量，保证下游防护区的安全；同时利用水库群的联合调度，合理利用流域内的水资源。

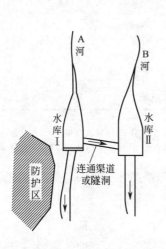

图 5-23　相邻水库连通调蓄洪水

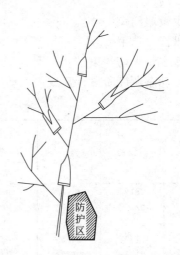

图 5-24　干、支流水库群联合调蓄洪水

（5）扩大溢洪道的宣泄能力　一般来讲，扩大溢洪道的宣泄能力主要是加宽、加深溢洪道。溢洪道做得宽些为好，这样不仅可以满足设计洪水时下泄流量的要求，而且遇到特大洪水时，随着溢洪水深的增加，可以增加很大的泄量，避免洪水漫顶。当然，溢洪道宽度的加大，则工程造价的增加也比较显著，因此需要进行方案的比较。溢洪道加深，同样可以增加下泄流量，但单宽流量应受地质条件及下游消能设施的控制，同时兴利库容也相对减少。为解决防洪与兴利的矛盾，可在溢洪道上安设控制闸门。除此之外，还必须清除溢洪道内的阻

水建筑物，如阻水桥墩、拦鱼设备、岸坡塌方等。

（6）修建非常溢洪道　为了抗御特大洪水，确保工程安全，除主溢洪道之外，还可修建非常溢洪道或设置辅助溢洪道，分级泄洪。非常溢洪道一定要选择适宜的地形，不适宜的地形有可能导致下游洪峰的突然加大，这点在决策时应予充分注意

（7）改建、扩建大坝工程　改建、扩建大坝主要是加高大坝或修建防浪墙，加大水库的滞洪库容，增加溢洪水头及溢洪道泄量，防止洪水漫顶。另外，也要加固整修土坝护坡，以及消除隐患，处理裂缝，疏通下游排水等，保证坝体稳定，防止因工程质量问题而造成坝体垮塌。

（8）限制汛期蓄水　如果水库的各种改建措施一时还难以实现，溢洪道尚达不到校核标准，大坝质量问题还来不及处理，为保证水库安全度汛，应降低限制水位运用。其水位的确定，需按校核标准的设计洪水，根据水库现有的泄流能力，经调洪演算而求得，同时要考虑大坝工程质量，尤其是隐患病害的位置和高程，必要时，应空库度汛。

（9）提高管理运用水平　主要是加强雨情、水情的观测和预报工作，健全通讯及警报系统，严格执行调度运用方案，做好防汛准备工作等，这些都是安全保坝的有效措施。

5.5　水库与河道

5.5.1　水库与河道

5.5.1.1　水库调洪与上游河道流量的关系

水库是用于径流调节以改变自然水资源分配过程的水利设施。水库会使上游水位抬高，可根据上游河道流量和水库水面线来估计上游淹没范围。上游河道流量对确保水库和下游安全有着重要的作用。水库调洪主要会影响上游河道洪水过程线。

5.5.1.2　水库调洪与下游河道流量的关系

鉴于水库调流下游河段水流的特殊性，采用常规天然河流的航道计算方法就存在明显偏差，应采用与调流性相适宜的理论方法。

（1）关于设计水位及设计流量的确定方法　天然河流确定设计水位常用的方法在基本水文（或水位）站与在滩段是不同的。在基本水文站，根据多年观测的水位资料进行保证率计算并绘制水位保证率曲线，在曲线上查得所需保证率对应的水位。当然，通航水位保证率一般根据航道等级来确定，航道等级越高，通航保证率也越高，而且与水位保证率不完全一致，区别在于：通航水位保证率是指一年中处于设计船舶能够航行的水位天数占总天数的百分比，实际上是指最高和最低通航水位之间的水位天数比率；水位保证率一般指大于等于某一水位的天数的比率。因此，在航道整治设计中要注意这一点，不能搞混淆。

① 基本站的设计水位及设计流量确定方法。水库建成后，下泄水流含沙量大幅减少，水流特性改变明显，导致下游河段全面重新造床，多以冲刷下切为主，并逐步趋于新的冲淤平衡。受之影响的基本水文站测流断面发生变化，调流前的水位保证率曲线、水位流量关系曲线不再适用，必须重新观测建立。

取用的水位、流量资料应为调流后观测资料，不能将调流前后资料混作一个序列进行计算。如果水库建成的时间长，下游基本站有长期而稳定的观测资料，则可直接利用调流后的水位及流量观测资料进行计算。如果水库刚建成或建成时间短，观测资料代表性差，对于计算设计水位、设计流量可能出现较大误差。在这种情况下，可采取以下措施。

a. 查访上游电站运行情况，若其投产后基本处于正常运行状态，则可以观测资料进行

保证率和频率计算，推求的设计水位和设计流量基本可用。

b. 采用水文比拟法。即参照类似电站调流前后下游水文站的观测资料变化情况，对本站资料进行修正、延长或补充，从而进行有关的水文计算；也可直接对比类似的水电站和水文站在调流前后设计水位和流量变化情况，根据本水文站调流前的设计水位和流量类推调流后的设计水位和设计流量。

以上两种方法均属在资料短缺的情况下的近似计算，随着电站运行时间不断延长，观测资料增多，应相应进行调整或重新计算。

② 受调流影响的滩险及滩段的设计水位及设计流量的计算方法。天然河流航道整治设计中，因滩险无长期的水位和流量观测资料，其设计水位一般采用水位相关到基本水位站加以确定。即在整治滩险的滩尾设置临时水尺进行水位观读（尽量包含枯水位），取得滩上与基本站一段时间的同时水位观测数据并建立水位相关曲线，从曲线上基本站的设计水位求出滩险的设计水位。也有采用上下水位站比降插入法和与基本站瞬时水位法来求滩上设计水位的情况。

但对于水库调流河段的滩险航道整治，设计水位采用上述方法则会出现较大偏差，甚至从理论上讲是不可行的。

水电站受电量需求和网络控制的影响，机组的运停及闸阀起闭较频繁，从而造成下泄流量时大时小，水流一阵一阵地向下涌动，在下游河段则形成一块一块的水流向下移动，看上去形如波浪，只是其"波峰"、"波谷"的历时和"波长"是非自然现象，受人为控制。因此不能采用水位相关法获取滩险的设计水位，也不能贸然地采用比降插入法和瞬时水位法来求滩上设计水位。下面介绍三种推算滩险的设计水位的方法。

① 稳流观读法。所谓稳流观读法，就是在上游水电站稳定的泄流时间段内，同时观测水位站和滩段的水位，其基本的要求是保持下泄流量不变的时间必须大于水位站与滩险间的流程时间。只要分别观读到高、中、低三种水位状态下稳流读数，就可建立滩险与水位站之间的水位相关曲线，从而求出滩险的设计水位。采用这种方法应事先获得电站泄流状况或上游水位站水位情况，以便适时在滩险和基本水位站同步观读水位。如果稳流读数时恰逢基本水位站处于设计水位，则此时滩上的水位即为滩险整治的设计水位。

② 差时水位相关法。滩险与基本水位站有一定距离，同一水流质点从滩险到基本水位站（或从基本水位站到滩险）需要一段时间，将两地间水流的差时水位建立水位相关曲线，可以推求出滩险的设计水位。采用这种方法应首先观测出滩险与基本水位站的水流时间差值。通常情况下，同一河段中水流流速因流量大小而异，流量越大流速也越大。因此，为准确地获得不同水位下滩险与基本水位站的水流时间差，应观察并求出两地间水流时间差值与流量关系。如图 5-25 所示。

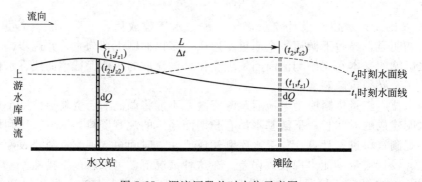

图 5-25 调流河段差时水位示意图

时间 t_1 时，单元流量 dQ 经历水文站，水文站水位 j_{z1}；此时河段水面线为图中实线所示，滩险的水位值为 t_{z1}。

时间 t_2 时，相同单元流量 dQ 流经滩险，在滩险处的水位 t_{z2}；此时河段水面线如图中虚线所示，水文站水位为 j_{z2}。

为了获取相同流量条件下的水位资料，滩险水位滞后水文站时间差 $A_t = t_2 - U$，因此应采用滩 U_2 水位值与水文站 j_{z1} 水位值进行相关分析，并绘制水位相关曲线，从而在此曲线上求得滩险设计水位。

③ 流量插入法。根据滩险上下游水文站的设计流量插入滩险的设计流量。这种方法在上下两水文站之间无大支流汇入的河段是比较可行的。随着现代科学技术的发展，轻便且准确的测量仪器不断推陈出新，为随机断面测流提供了技术设备条件。可在整治滩险的下尾断面中测量多组洪枯水位和流量数据，建立滩险水位流量关系曲线，然后从本滩险的设计流量求得设计水位。

（2）关于水面线的推算方法　进行水力和冲淤计算，以验证设计方案是否可行，并根据计算的结果调整整治方案。其中水面线的推求是最为重要的计算内容。天然河流水面线多按恒定非均匀流公式计算，将滩险分成若干计算断面，连续写出相邻两断面的能量方程，自下而上逐断面推算水位高程，公式为：

$$z_2 + \frac{av_2^2}{2g} = z_1 + \frac{av_1^2}{2g} + h_1 + h_2 \tag{5-23}$$

表面上，由于调流河段流量大小变换频繁，似乎不能采用恒定非均匀流计算公式，其实不然，一旦确定了滩险的设计流量，也即明确了设计标准，所要推算的水面线就是指在这一恒定流量下该滩险各断面的水位高程，而不能以变换的流量作为计算条件。因此，上述能量方程仍能适用于调流河段的水面线计算。

这一论述同时说明，在对比调流河段整治前后水面线时，不能以瞬时水面线为准，即便是滩尾水尺出现在设计水位的情况下，也应避免因调流造成各断面流量大小不一，使水面线产生较大偏差。实践中需注意的两个问题：一是在航道断面设计中，滩段水面线都应从滩尾基本水尺算起，根据流量、断面尺寸、流速、粗糙率等指标逐步向上游求起，不能简单地采用瞬时水面线"一锤定音"；二是施工控制和竣工检测最好以设计河底标高为准，做到按图施工。

5.5.1.3　水库防洪标准与河道防洪标准关系

河道的防洪标准，应根据其防护对象的重要性、范围和人口等综合考虑后确定，不必与城市的防洪标准相同。而如何协调这两个标准之间的关系是实际工作进行中首先应解决的问题。如若按水库防洪标准，采用 100 年一遇，则河道必然堤高河宽，虽然水库防洪有了保障，但从生态与景观环境和经济上均不是最合理的选择；若依据河道防洪标准采用 50 年一遇，则又与水库防洪标准不符。为解决上述问题，综合考虑河道防洪标准和水库防洪标准，协调防洪安全与生态景观、环境经济等方面关系。最后可以确定河道防洪标准采用 50 年一遇，但水库段 100 年一遇不漫溢，即发生 100 年一遇洪水时，洪水不会进入保护区。

5.5.2　城市河道整治规划设计的主要技术参数

城市河道整治规划设计的主要技术参数有设计水位、设计流量、设计断面和治导线等。

5.5.2.1　设计水位及设计流量

在整治规划中，相应于不同整治河槽对应有不同的设计水位和设计流量。

（1）洪水河槽的设计流量及设计水位　洪水河槽主要从宣泄洪水的角度来考虑，设计流量根据某一频率的洪峰流量来确定，其频率的大小根据保护区的重要程度而定。相应于设计流量下的水位即为洪水河槽的设计水位。

（2）中水河槽的设计流量及设计水位　　造床流量是造床作用最持久、影响最强的特征流量，或者说它是对塑造河床形态所起的作用最大的特征流量，其造床作用与多年流量过程的综合造床作用相当。确定造床流量的方法有平滩水位法和马卡维耶夫法。

中水河槽是在造床流量作用下形成的，因此设计流量即为造床流量，相应于造床流量下的水位即为中水河槽的设计水位。

（3）枯水河槽的设计水位及相应的流量　　枯水河槽的治理是为了解决航运、取水和水环境等问题，确保枯水期的航运和取水所需的水深或最小安全流量。一般确定这一河槽整治相应的设计水位、流量的方法如下。

① 由长系列日平均水位的某一水位的保证率来确定，保证率一般采用 90%～95%。

② 采用多年平均枯水位或历年最枯水位作为枯水河槽的设计水位，其相应的流量为枯水设计流量。

5.5.2.2　设计断面

（1）洪水河槽设计断面　　由于较高的漫滩洪水位作用时间很短，且滩地流速较小，造床作用不显著，洪水河床的宽、深之间无显著的河相关系。设计洪水河槽断面尺寸主要从宣泄洪水的角度来考虑。

（2）中水河槽设计断面　　河相是指河床在某特定条件下的面貌，能够自由发展的冲积河流的河床，在水流长期作用下，其河道的形态及几何尺寸可能形成与所在河段具体水沙条件相适应的某种均衡状态，或者说它们之间存在着某种函数关系。通常把处于中游相对平衡状态河流的河床形态与来水来沙及河床边界条件间最适应（稳定）的关系称为河相关系。

河相关系一般可用横断面、纵剖面和平面三种形式来表征。河道水面宽度与水深之间的关系称为横断面河相关系。把河流纵剖面沿程的变化规律称为纵剖面河相关系。天然河弯在水流与河床的长期作用下，所具有的平面形态特征称为平面河相关系。

中水河槽主要是在造床流量作用下形成的，取决于来水来沙条件及河床地质组成，即服从河相关系。中水河槽的宽、深可采用河相关系计算。

（3）枯水河槽设计断面　　枯水河槽设计断面是为满足航运要求，一般只限于过渡段即浅滩的设计。按照航运部门要求而定的航宽和航深，采用浅滩疏浚工程挖出碍航部分的泥沙、河岸突嘴、石嘴，保持和增加航宽和航深。

5.5.2.3　治导线

治导线又名整治线，是河道经过整治后，在设计流量下的平面轮廓线，也是整治工程体系临河面的边界连线，一般用两条平行线表示。治导线是规划与布置河道整治建筑物的依据。

设计流量不同，治导线也有所不同。对应于设计洪水、中水、枯水流量有洪水、中水、枯水治导线。其中，中水治导线在河道整治中最为重要，它是与造床流量相对应的中水河槽整治的治导线，此时造床作用最强烈，如能控制这一时期的水流，则不仅能控制中水河槽，而且能控制整个河势的发展，达到稳定河道的目的。

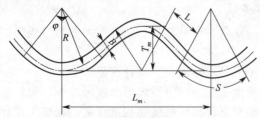

治导线的形式是从河道演变的分析中得出的，一般为圆滑的曲线，曲率半径逐渐变化。从上过渡段起，曲率半径为无穷大，由此往下曲率半径渐小，在弯顶处最小，此后逐渐增大，至下过渡段达到无穷大，曲线和曲线之间连以适当的直线段（过渡段），如图 5-26 所示。

图 5-26　治导线曲线特性示意图

治导线主要特性参数包括整治河宽 B、曲

率半径 R、直线过渡段长度 L、弯矩 L_m、摆幅 T_m、中心角 Φ、曲线段长度 S。这些参数均可按平面河相关系所确定的经验关系式或通过整治河段的河床演变分析及河工模型试验结果求得。

5.6　水库与生态

5.6.1　水库生态系统基本特征

5.6.1.1　入库水流

流域上的降水，扣除损失（蒸发等）后，经由地面和地下的途径汇入河网，形成水库的入库水流；在汇流过程中，土壤及成土母质的组成成分、树木及农作物枯枝落叶等伴随径流过程进入水库，成为水库水质的组成部分。因此，流域的土壤类型、土地利用状况、植被覆盖程度等对入库水流水质有决定性作用。流域陆地生态系统不仅是水库生态系统的水补给源，也是水库生态系统的营养来源。

5.6.1.2　水库生态学过程空间异质性

根据水库的形态结构和吞吐流特征，水库由水库入水口处到大坝可依次分为河流区（riverine zone）、过渡区（transition zone）和湖泊区（lacustrine zone）。但这 3 个区并不是独立的、固定不变的，而是在时空上动态变化的，均可膨胀或收缩，依水库的吞吐流特征而定。各区水动力学过程不完全一样，在化学组分、生物学指标方面存在一定的梯度。

河流区位于水库入水口处，既窄又浅，河水流速虽已开始减慢，但仍是水库中流速最快，水力滞留时间最短的。入库水流从流域上带来了大量的营养盐、无机和有机颗粒物，造成河流区营养物含量最高，透明度最低，浮游植物的生长受光抑制，营养盐靠平流输送，浮游植物生物量及生长率均相对比较低。开始沉淀的悬浮物主要是粒径大的泥沙，而淤泥和黏土吸附着大量的营养盐被水流输送到过渡区，底部沉积物主要是外源性，营养盐含量少。

过渡区相对于河流区结构上宽而深，水流流速进一步减缓，这时粒径小的淤泥、黏土和细颗粒有机物大量沉积，是悬浮物沉积的主要区域。由于沉积的淤泥和黏土对营养盐有较强的吸附能力，使该区水中营养盐的浓度进一步降低，底部沉积物营养盐的含量比其他两个区高。悬浮物的大量沉积，使过渡区透明度升高，浮游植物生长受光限制现象得到改善，同时该区营养盐的含量仍相对比较高，因而浮游植物的生物量及生长率是水库中最高的区域。

湖泊区位于水库大坝处，是水库最宽最深的区域，极易出现垂直分层现象，但垂直分层不稳定，受水库的吞吐流特征控制。湖泊区水流流速最慢，粒径更小的颗粒物进一步沉淀，水体透明度在 3 个区中最高。由于营养盐一方而在过渡区被细小的悬浮物大量吸附沉积到水库底部，另一方面被浮游植物生长吸收，湖泊区表层水营养盐的含量比其他两个区低，营养盐靠水体内部营养盐循环补充的比例有所增加，但水体仍相对处于营养缺乏状态，浮游植物生长主要受营养盐限制。湖泊区底部内源性有机沉积物比例比前而两个区高。

5.6.1.3　水库生物群落结构与动态

由于水库生态系统的环境条件波动大、快而且不规律，尤其在相邻两次大的波动事件期间，水库中的生物常缺乏足够的时间进行种群的生长和繁殖，以维持和扩充种群。水库中物种迁入至灭绝过程快，生物多样性相对较低，生态位相对较宽。生物相互作用机制既有"上行效应（bottom-up）"，也有"下行效应（top-down）"，视水库的具体条件而定。水库有别于湖泊的一个明显特征是在水库建造初期，在蓄水过程中淹没了大量的植被，腐烂降解的树木既提供了食物，又提供了特殊的生长环境及隐蔽场所，水库生物净生产量，尤其是鱼类的净生产量比较高，到了稳定期，净生产量开始降低。

水库浮游植物生长的限制因子主要是光和营养盐，单位体积的浮游植物生长率从入水口到大坝呈降低趋势，但单位面积生长率相差不多。过渡区是浮游动物分布的密集区，浮游植物和颗粒状有机物是其主要的食物来源。水库鱼类种类组成与同纬度湖泊相差不大，但各种鱼的相对密度存在一定的差异。

5.6.1.4 出库水流

出库水流的水质取决于水库的水质。水库出现垂直分层现象时，不同水层的水质是不一样的，这时出库水流水质取决于出水口的位置选择。在水库具体运行管理过程中，出库水流可影响水库的水流及垂直分层，从而影响水库水动力学过程，使水库水质发生变化。

尽管水库与湖泊在生态学研究方法上没有本质的差别，但由于水库水动力学的特殊性，水库生态系统在空间与时间上所表现出的异质性与湖泊生态系统有着根本的区别。采样方案能否反映水库生态学的时空异质性对于某一具体水库的研究是十分重要的。

5.6.2 水库生态系统间的差异

5.6.2.1 水库生态系统的变异

水库生态系统间的变异，在地理尺度上，主要是由于纬度相关的物理学参数变化所引起的，这些变化主要包括太阳辐射、气温、降水、蒸发和风速。太阳辐射随纬度的变化直接影响不同纬度上的水库生态系统的生物（光合产量）和物理过程（水温和光照等），从而影响整个生态系统的结构和功能。气温、入库水量和风速直接与水库内部的水动力学相关，可改变水库水温的结构及水库内的营养动力学过程，并在水生生物的种类组成与营养结构上体现出来。由于气温、降水、蒸发和太阳辐射在纬度方向上的地带性是十分明显的，因此，导致了水库生态系统结构有明显的纬度地带特征。

地理尺度上的差异通常伴随着水库集水区域地质、土壤性质上的差异，这直接影响入库水流化学和水库沉积物的性质。

5.6.2.2 流域尺度上水库生态系统的差异

流域大小、水库在流域中的位置及人类对土地的利用是流域尺度上3个影响生态系统性质的最主要的因素。尽管水库比湖泊有较大的补给系数（流域与水库的面积比），对于一个具体的水库而言，补给系数由所在的流域结构决定。流域中河流干流和各支流形成一个连续系统（continuum），水库大坝的位置对水库的物理过程和生物学有决定性意义。位于河流源头的水库，水库库盆坡度大，库岸陡，生境的多样性相对比较低。处于河流连续统下游的水库，水库库盆坡度小，表面积相对比较大，生境的多样性相对比较高。

无论水库在河流连续统中处于怎样的位置。水库的存在极大地改变了河网的物理学和生物学过程。处于上游的水库由于对入库河流径流的滞流，大量营养物质随悬浮物质沉积而被截留，出库水流的物理（温度）、化学（营养盐）与生物学（物种类型）影响下游区域，从而改变了整个河流连续统的物理与生物学过程。

5.6.2.3 滞留时间对生态系统的影响

水库动力学与水库水力滞留时间之间的关系是明显的，在理论上，水库水力滞留时间等于水库库容与出流量的比值。由于水库的库容与出流量均随时间变化，实际的滞留时间计算通常比较复杂。Straskraba 等（1993）分析了世界各地的水库发现，年平均滞留时间（也称理论滞留时间）对水库的水动力学、化学与生物过程有直接的相关性。首先滞留时间影响水库湖泊区的分层，当水库的滞留时间小于10d时，水库难以分层；要出现明显分层，水力滞留时间要大于100d。当入库水流化学物质浓度维持不变时，出库水流中该物质的输出负荷量随滞留时间增加而呈指数函数减少。滞留时间对水生生物的影响直接表现在水生生物种群的动态，水力滞留时间的长短决定了水库中浮游动物种群能否维持，滞留时间太短，浮游动物由于缺乏足够的时间进行繁殖，种群数量难以维持。

5.6.3　水库水质管理问题与方法

水库的补给系数（流域面积与水库水面积比）要大于同面积的湖泊，水库水质与流域土壤类型、土地利用状况等密切相关。水库的一般水质问题包括：富营养化、湖下层缺氧、高泥沙含量、酸化、咸化、重金属污染和细菌与病毒污染等。对水库水质的管理应以流域管理为主。尽可能减少污染物向水库的输入，在此基础上，对水库进行生态管理，以达到改善水质的目的。

5.6.3.1　流域管理

流域管理的目的是减少污染物的输出，具体管理手段有：保持流域各种自然景观，尤其是河流两岸的湿地，提高河流两岸及水库库区周围地区森林覆盖率；加强农业管理，减少水土流失及农药杀虫剂的排放，改善肥料的使用方法，提高肥料被农作物的吸收率，以减少肥料的投放量，提高生活污水中磷的去除率；改善生产工艺，减少污染物的排放。

流域污染物输出负荷的预测和评价需借助流域非点源模型。简单的流域非点源模型有AGNPS，模型只考虑污染物的输入和输出，不涉及污染物在流域内的实际迁移转化过程。直接模拟流域内污染物的迁移转化过程的模型有 DALSEY、SWATP 等，模型通常包含以下几个部分：地表径流产生部分、土壤与地下水部分、土壤侵蚀部分、不透水地区的积累与冲刷部分和土壤的吸附解吸及转化降解 5 部分。

5.6.3.2　水库内的生态管理

在过去的几十年里，国际上对水库水质的管理一直是沿袭于人们对湖泊研究的经验。随着对水库水资源重要性的认识及对水库生态系统的深入研究，生态学家和水质管理人员已经意识到水库和湖泊生态系统在动力过程及机制上的差别。1997 年，Straskraha 在第三届国际水库湖沼学（reservoir limnology）和水质管理大会的主席报告中指出，水库在结构和水动力学特征上与湖泊都有明显的区别，这直接影响到水库内部的生态过程，并强调对水库水动力学过程的认识是水库水质管理的基础。水库生态管理主要是在对水库水动力学及生态学过程了解的基础上，通过机械、生物和化学等方法减少水库底部沉积物中磷、铁和锰的释放，控制浮游藻类的生长，减少藻类的生物量。

在水库具体管理过程中，采用机械方法如对水体湖下层充分充氧，使湖下层处于氧化状态，抑制沉积物中磷、铁、锰的释放；或对整个水体进行充分充氧，消除垂直分层；清除水库底部的沉积物或对沉积物充氧；或通过出水口位置的选择，排放特定深度的水层，以改善水质等手段。生物学方法如通过对水库食物链的控制，使浮游动物处于比较低的被捕食压力下，维持高的种群数量及生物量，以控制藻类生物量；或者利用氮磷吸收能力强，生长快的大型水生植物在水库中的生长，通过定期收集，可去除、降低水库中的氮磷浓度，控制浮游植物的生长。化学法如向水库加入杀藻剂硫酸铜等，以控制藻类的过量生长。

5.6.4　水库生态建设

生态建设的目标：防洪、排水和园林绿化有机结合，使原有窄小河道疏通，改善小气候。

（1）淡水供应　水库与原河流相比，储水能力大大加强，淡水供应能力得到强化，并使水供应的时空调节成为可能。

（2）水能提供　水能是清洁的能源，水能的提供主要体现在水力发电和内陆航运两个方面。

（3）生态支持　体现在水资源蓄积，调节水文循环，调节气候。涵养水源对更大尺度上的生态系统的稳定具有很好的支持功能。

（4）环境净化 水库生态系统在一定程度上能够通过自然稀释、扩散、氧化反应来净化由径流带入水库的污染物和沉积物；水库生态系统中的植物、藻类、微生物能够吸附水中的悬浮颗粒和营养物质，将水域中氮、磷等营养物质有选择地吸收、分解、同化或排出，使一些有毒、有害物质得以消除或减少；水库可减缓地表水流速，使水中的泥沙得以沉降，并使径流中的各种有机、无机溶解物和悬浮物被截留，从而使水得到澄清。

与河流相比，水库由于容积增大，稀释能力增强，总体而言，其环境的净化能力应该较强，水库向下游河流泄水的水质好于水库上游入库的水质。这种环境净化作用为人们提供了巨大的生态效益。

（5）生物多样性的维持 由于人类对水库水量高强度的利用，防洪、发电和灌溉等导致水库环境条件的快速波动，造成了生物群落结构的多样性存在的压力。在水动力过程变动期间，水库中的生物缺乏足够的时间完成个体的生长和繁殖，以维持和扩充种群数量，因此，水库中物种迁入-灭绝过程快，生物多样性相对比较低，水库中水草十分贫乏，周围生物和底栖动物也不发达。生物多样性有从上游到下游增加的趋势。所以生物多样性的维持对水库的生态建设很重要。

（6）灾害调节 防止洪涝、干旱、水土流失、环境负荷超载等灾害方面。在洪涝季节，水库超强的蓄洪能力，可调节水文过程，从而减缓流速，削减洪峰，缓解洪水向下游陆地的袭击。而在干旱季节，库水可供灌溉。水库的泄水和涵养的地下水在枯水期可对河川径流进行补给，维持了河流生态用水。水库对水质的净化功能，维系了流域良好的水环境。

第6章 防洪河道规划工程

6.1 河道整治与规划

河道的基本功能是行洪排涝。随着社会经济的发展，人们生活水平不断提高。有效工作时间的缩短和交通手段的改进，使人们的活动空间大大扩展，人与环境的关系更加密切，通过改善环境来提高生活质量的呼声也越来越高。

城市河道整治主要是通过清淤、清障、扩宽、疏浚以及裁弯取直等工程措施，来扩大河道的泄洪断面，改善洪水流态、减少粗糙率、加大流速，从而达到提高城区段河流泄洪能力或降低城区段河道最高洪水位、提高城市防洪标准的目的。

6.1.1 河道整治与规划的原则

（1）基本原则：全面规划、统筹兼顾、防洪为主、综合治理。

（2）堤防、护岸布置及洪水水面线衔接要兼顾上下游、左右岸，与流域防洪规划相协调。

（3）蓄泄兼顾，以泄为主，因地制宜确定治理措施和工程方案，改善流态，稳定河床，提高河道泄洪能力。

（4）结合河道整治，利用有利地形和弃土进行滨河公园、景点、绿化带建设，改善和美化城市生态环境。

（5）结合河道疏浚、截弯取直，在有条件的地方，并经充分论证，可以适当压缩堤坝间距，开拓城市建设用地，加快工程建设进度。

（6）结合河道整治，宜采用橡胶坝抬高水位，增加城市河道水面，为开发水上游乐活动创造有利条件。

（7）充分采用非工程措施，加强工程外防御洪水的能力，提高城市防洪的标准。

6.1.2 规划措施与指导思想

（1）构建水系统的安全体系 首先是防洪工程体系的建设完善。河道整治要在科学论证的基础上，以系统和发展的观点，统筹兼顾，综合治理，分期实施。采取清障、开卡还河、疏浚治理、合理调配等综合措施，全面提高河流的泄洪能力和标准，并且保持河态稳定，达到安全泄洪、改善水环境的目标，使河道资源得到合理开发利用，为防洪安全和可持续发展提供保障。

其次，实施工程措施与非工程措施相结合的治水理念。非工程措施也是防灾减灾体系的重要组成部分。从人与水协调共处的指导思想出发，变试图控制洪水为管理洪水，在通过工程措施合理安排洪水出路的同时，探索运用各种有效手段对部分雨洪进行资源化利用。

再次，逐步建立水安全防御体系。水安全防御系统是可持续发展战略支撑和社会保障体系的重要组成部分，内容主要包括防洪安全、供水安全和生态环境用水安全。

（2）水生态系统的保护 河道治理的一个重要环节是生态型水利工程建设。要在水利工程建设中积极推广应用有利于生态环境和系统的措施和工法，保护和改善水生态系统。生态水利工程建设可以体现在堤围及护岸工程、清淤清障工程、控导工程和滩涂围垦开发等。

① 堤围及护岸工程。堤围是河道治理中最重要、最普遍的水利工程设施，对保证水安全发挥重要作用。在城市化河段，一般结合市政道路采用占地较少的垂直挡墙式防洪堤，但应对水下部分进行柔性化和粗化处理，水上部分结合城市规划营造亲水空间。在非城镇化河段，堤防要采用缓坡式设计，具体型式要因地制宜，护岸工程要选用抛堆或干砌方式，要用自然、植物护岸措施，对已经或不得使用混凝土的堤岸按生态型护堤法进行覆土改造，努力构建"绿色堤防"。

② 清淤清障。为更好地给洪水让路，防止人对水的过度侵扰，疏浚清淤与河障的清理是河道治理的重要工程措施。河道疏浚清淤主要是通过增大过水断面，改善洪水流动的水力条件。河相变化有规律，需要与之适应。疏浚清淤一般工程量大，水下作业强度大，应做好各种控制措施，必要时可与环保型清淤和航道维护型清淤结合。水下疏浚机械开挖会对水生物造成伤害，应加强相关的监测工作，设计要考虑避免平坦单一的大断面开挖型式，施工的时间、频率和强度要控制好。对较大规模的疏浚清淤要做好生态环保修复措施。清障应是对河道堤防范围以内影响河道行洪的人工构建筑物按一定的设计洪水标准进行清理、拆除。这类人工构建筑物可以是农业开垦的，也可能是地方开发用于工业或其他用途的，按有关规定都必须无条件拆除。在实施过程中，要从现实出发，从易到难，从河滩地到堤坝范围，首先对外围子堤实施拆除，使其恢复过水行洪，重新形成湿地生态功能和景观功能，是较可行的办法。

③ 滩涂围垦开发。河道滩涂是湿地生态系统的重要组成部分，它的存在地域和面积是一个健全的生态系统的需要，更是人类的需要。不当的滩涂围垦开发，会造成人为地减弱滩涂的湿地功能。需要明确的是，没有进行生态评价和采取相应措施的滩涂围垦会严重影响河道的完整性及其生态功能的发挥。但人类的发展，泥沙的淤积都要求土地的增长，滩涂围垦开发不可避免，关键是要趋利避害，做好规划、技术指导和协调管理，强化湿地保护功能，严格控制规模，并以围垦开发面积不超过新成滩面积为底线。

围垦造地一方面增加土地资源，另一方面开发土地意味着湿地的消亡。在经济社会效益与生态环境效益之间要达到一个平衡，按照湿地淤积增长的速度考虑围垦的规模，是较现实的选择。同时，对已成围土地，要先从水产养殖，农业种植和其他特色产业入手，做好合理开发利用规划和保护，尽量延长其湿地生态环境功能。

6.2　排洪渠规划与设计

排洪渠的主要任务是排除危害工厂或大企业的山洪。山区地形坡度大，集水时间短，洪水历时也短，形成的洪水水流湍急，流势猛，且洪水中挟带着砂石等杂质，冲刷力大，因此，需要开渠引洪，整治河渠，修建构筑物等，以便有组织地及时拦截并排除洪峰流量，顺畅地引入附近的水体。

在工程规划和设计阶段，应深入现场，根据城市总体规划布置、山区自然流域划分范围、山地地形和地貌条件、原有天然排水沟渠的情况、洪水走向、洪水冲刷现状、工程地质及水文地质条件、当地气候条件等各种因素综合考虑布置。

6.2.1　平面布置原则

（1）与城市总体规划密切结合，统一考虑。

（2）尽可能利用原有山洪沟，并从安全角度出发，应选择分散排放方式。

（3）排洪渠的走向应选在地形较为平缓，地质稳定地带，并使渠道线路尽可能短；尽量将水导至城市下游、避免穿越铁路和公路，减少交叉构筑物数量和投资；尽量减少弯道，要因势利导，畅通下泄。

（4）进口段型式：为使排泄畅通，必须重视进口段的设计。常用进口型式有：①排洪渠直接插入山洪沟，接点高程为原来山洪沟的高程，适应于排洪渠与山洪沟夹角较小的情况，或高速排洪沟；②侧流堰型式，将截流坝的顶做成侧流堰渠与排洪渠直接连接。此型式适应于排洪渠与山洪沟夹角较大且进口高程高于原山洪沟沟底高程的情况。通常，进口段一定范围内进行必要的整治，以使衔接后的水力条件良好，水流畅通。

（5）出口段型式：排洪渠出口段应布置在地质良好不易冲刷的岸坡，并设计渐变段，逐渐增大宽度，降低流速；或采用消能、加固等措施；出口标高宜设计为后续接纳水体设计重现期的设计洪水位以上，但一般应不低于河流或接纳水体常水位之上；出口高差大于 1m 时，应设置跌水。

（6）构造要求：①排洪渠的是超高一般取 0.3～0.5m，如果保护对象有特殊要求，可适当加大；②渠道宽度变化时，为避免水流速度突变，引起冲刷和涡流现象，应设置渐变段，长度可取两段渠底宽度之差的 5～20 倍；③进口段长度可取渠道水深的 5～10 倍，最小不得小于 3m；④平面上转弯处弯曲半径一般不应小于 5～10 倍的设计水面宽度，并应考虑转弯处由于离心力产生的内外侧水位差；⑤在纵坡过陡或突变地段，宜设置陡坡或跌水来调整纵坡大小；⑥流速大于明渠土壤最大容许流速（见表 6-1）时，应采取护砌措施防止冲刷。

表 6-1　黏性土壤最大容许流速

土壤种类	$v_{max}/(m/s)$	土壤种类	$v_{max}/(m/s)$
松砂壤土	0.7～0.8	黏土；软	0.7
紧密砂壤土	1.0	正常	1.20～1.40
砂壤土；轻	0.7～0.8	密实	1.50～1.80
中等	1.10	淤泥质土壤	0.50～0.60
密实	1.10～1.20		

注：1. 当渠道的水力半径 $R>3.0m$ 时，上述的最大容许流速可加大；$R \approx 4.0m$ 的渠道，加大约 5%；$R \approx 5.0m$ 的渠道，加大约 6%。

2. 对于用圆石铺面衬砌的渠道，或用沥青深浸方式衬砌的渠道，可采用 $v_{max} \approx 2.0m/s$。

6.2.2　断面形式及材料

排洪渠的断面型式可根据其处于的位置、地理环境、景观需求等情况进行选择和确定，常用的有梯形、复式断面等；矩形断面可认为是梯形断面的一种特殊形式；根据当地情况和排洪的要求及地质情况选择护坡和砌筑的材料和型式，可采用片石、块石铺砌。

（1）梯形断面　梯形断面是最为常用的一种排洪渠断面型式，见图 6-1。适应于多数场合，但一般要求在城市外采用。

（2）复式断面　复式断面也是较为常用的一种断面型式，见图 6-2，可适应于流量变化大的排洪渠或河道，或位于城市内部可以构造景观生态水体。

6.2.3　水力计算

（1）流量计算公式

$$Q = \omega C \sqrt{RI}$$

$$C = \frac{1}{n} R^{\frac{1}{6}} \qquad (6-1)$$

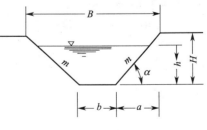

图 6-1　梯形断面排洪明渠

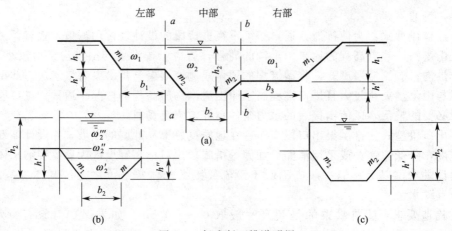

图 6-2　复式断面排洪明渠

(a)、(b)、(c) 为三种复式断面排洪明渠

式中　Q——河道设计洪水流量，m^3/s；

　　　ω——河道过水断面面积，m^2；

　　　C——谢才系数；

　　　n——过水断面糙率，河床为砂砾或卵石组成，底坡较均匀 $n=0.04$；

　　　R——水力半径；

　　　I——河道纵坡。

（2）水力要素计算　排洪渠的水力要素有过水断面、湿周、水力半径。此处仅以梯形断面为例，矩形和复式基本相同。复式断面的计算，可将复式断面分为矩形断面和梯形断面分别计算面积和湿周，最后计算水力半径。

① 梯形断面过水面积。

a. 当明渠两侧边坡系数相同时，如图 6-1 所示，计算公式为：

$$\omega=(b+mh)h$$

$$m=\frac{a}{H} \tag{6-2}$$

式中　b——排洪明渠底宽，m；

　　　h——排洪明渠水深，m；

　　　m——边坡系数。

b. 当明渠两侧边坡系数不同时，如图 6-3 所示，可取平均后的边坡系数值。

$$\bar{m}=\frac{1}{2}(m_1+m_2) \tag{6-3}$$

$$\omega=(b+\bar{m}h)h \tag{6-4}$$

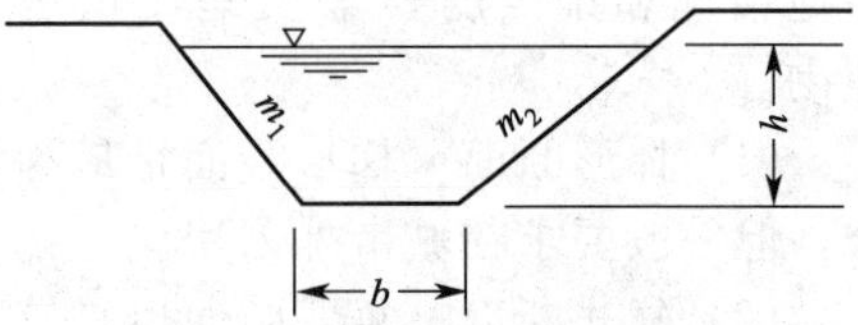

② 梯形断面湿周

a. 当两侧边坡系数相同时：

$$x=b+2h\sqrt{1+m^2} \tag{6-5}$$

或

$$x=b+m'h$$

$$m'=2\sqrt{1+m^2} \tag{6-6}$$

图 6-3　梯形断面排洪明渠

式中　x——湿周，m；

　　　b——梁底宽度，m；

h—— 渠内水深，m；

m—— 边坡系数；

m'—— 第二边坡系数。

b. 当两侧边坡系数不同时，按式（6-7）计算：

$$x=b+h\left(\sqrt{1+m_1^2}+\sqrt{1+m_2^2}\right) \tag{6-7}$$

③ 梯形断面水力半径。按式（6-8）计算：

$$R=\frac{\omega}{x} \tag{6-8}$$

6.3　河道工程设计

城市防洪工程设计的设计洪水，可根据设计要求，计算洪峰流量、不同时段洪量和洪水过程线的全部或部分内容。计算设计洪水应充分利用已有的实测暴雨、洪水资料和历史暴雨、洪水调查资料，所依据的主要暴雨、洪水资料和流域特征资料应可靠，必要时应进行重点复核。计算采用的洪水系列应具有一致性。当流域修建蓄水、引水、提水和分洪、滞洪、围垦等工程或发生决口、溃坝等情况，明显影响各年洪水形成条件的一致性时，应将系列资料统一到同一基础，并进行合理性检查。根据资料条件，设计断面的设计洪水可采用以下方法进行计算。

6.3.1　堤顶高程

根据《堤防工程设计规范》，堤顶高程为设计水深加堤顶超高确定。堤顶超高按计算公式为：

$$Y=R_p+e+A \tag{6-9}$$

式中　Y —— 堤顶超高，m；

　　　R_p —— 设计波浪爬高，m；

　　　e —— 设计风壅增水高度，m；

　　　A —— 安全加高。

（1）设计波浪爬高　河坝内坡比 $m=0.1$ 故采用 $m\leqslant1.25$，计算公式为：

$$R_p=K_\triangle K_v K_p R_0 \bar{H} \tag{6-10}$$

式中　$K_\triangle$ —— 斜坡的粗糙率及渗透性系数；

　　　K_v —— 经验系数；

　　　K_p —— 爬高累积频率换算系数，据 $\bar{H}/d$ 和累计频率查表求得；

　　　R_0 —— 无风情况下，光滑不透水护面（$K_\triangle=1$）、$\bar{H}=1$m 时的爬高值，查表得：$R_0=1.282$；

　　　$\bar{H}$ —— 堤前波浪的平均坡高，m。

$$\bar{H}=\frac{v^2}{g}0.13\text{th}\left[0.7\left(\frac{gd}{v^2}\right)^{0.7}\right]\text{th}\left\{\frac{0.0018\left(\frac{gF}{v^2}\right)^{0.45}}{0.13\text{th}\left[0.7\left(\frac{gd}{v^2}\right)0.7\right]}\right\} \tag{6-11}$$

式中　d —— 水深，m；

　　　v —— 计算风速，m/s；

　　　F —— 风区长度，m；

　　　g —— 重力加速度，取 9.81m/s^2。

（2）风雍水面高度　计算公式为：

$$e = \frac{Kv^2 F}{2gd}\cos\beta \tag{6-12}$$

式中　e——计算点的风雍水面高度，m；

K——综合雍阻系数，可取 $K = 3.6 \times 10^{-6}$；

V——设计风速，按计算波浪的风速确定；

F——计算点逆风向量到对岸的距离，m；

d——水域平均水深，m；

β——风向与垂直于坝轴线法线的夹角，(°)。

6.3.2　水流平行于岸边的冲刷计算

采用《堤防工程设计规范》计算公式

$$h_B = h_P + \left[(\frac{V_{cp}}{V_{允}})^n - 1\right] \tag{6-13}$$

式中　h_B——局部冲刷深度从水面算起，m；

h_P——冲刷处的水深，m；

V_{cp}——平均流速，m/s；

$V_{允}$——河床面上允许不冲流速，m/s；

n——与防护岸坡在平面上的形状有关，一般取 $n = 1/4$。

6.3.3　弯道设计

（1）弯道横向水位差计算　弯道横向水位差是水流在弯道内做曲线运动时，引起的横断面上凹岸与凸岸水位之差，计算公式：

$$\Delta h = \frac{v_m^2}{g} \times \frac{B}{R}\left[\frac{1}{1 + \frac{B^2}{12R^2}}\right] \tag{6-14}$$

式中　Δh——弯道横向水位差，m；

B——弯道水面宽度，m；

R——弯道断面中心线的曲率半径，m；

v_m——断面中心平均流速，m/s。

（2）弯道最大冲深值计算　计算公式：

$$\frac{H_{\max}}{H_m} = 1 + 2\frac{B}{R_1} \tag{6-15}$$

$$H_m = \frac{\omega}{B}$$

式中　$H_{\max}$——最大冲深值（从水面算起），m；

H_m——计算断面平均水深，m；

ω——过水断面面积，m^2；

B——河面宽，m；

R_1——凹岸曲率半径，m。

（3）弯道左右堤长度计算

$$L = \frac{\alpha\pi R}{180} \tag{6-16}$$

式中　L——弯道左右堤长度，m；

α—— 弯道弧度对应的圆心角；

R—— 圆弧半径。

6.3.4　河道截弯曲直设计

裁弯取直及疏浚的方法应与江河流向一致，并与上、下游河道平顺连接。以减少河道的冲淤变化，保持河床稳定，有利于防洪安全。河道裁弯取直以后，由于河道长度缩短，比降加大，提高了泄洪能力；另外，裁弯取直后，河道顺直，改善了水力条件，上游水位稍有降低，有利于防洪安全。裁弯取直后，原有老河道废弃，可开拓为建设用地。裁弯取直应进行河道冲淤分析计算，并注意水面线的衔接，改善冲淤条件。裁弯取直后，改善了水流条件，流速随之增大，上游河段可能产生冲刷，下游河段可能产生淤积，因此，必须进行河道冲淤分析计算，并注意水面线的衔接，改善冲淤条件。

裁弯取直有内裁和外裁两种方式。内裁时新河位于弯曲段内侧最窄处，进口在上游弯顶稍下方，出口在下游弯顶稍上方，路线较短，土方量少。外裁时新河位于弯曲段外侧，进口在上游弯顶稍上方，出口在下游弯顶稍下方，路线较长，土方量也稍大。一般进口角取 $\theta=25°\sim30°$，以利正面引水排沙。进口相对液体流的角为进口角（见图6-4）。

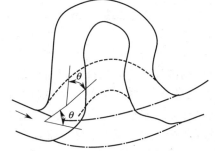

图 6-4　裁弯取直示意图

裁弯取直的新河轴线长与老河轴线长之比值称为裁弯比 ε

$$\varepsilon=\frac{L'}{L} \tag{6-17}$$

式中　L—— 新河长度，m；

L'—— 老河长度，m。

新河路线短，洪水位降落较多，占地也少。但新河路线太短，新河内水流速度过快，可能引起下游严重冲刷和河势恶化。新河太长，又起不到裁弯取直的作用。一般裁弯比取 $3\sim7$。

同时，还要控制新河的弯曲。新河弯曲半径 R 按下式估计：

$$R=40\sqrt{\omega} \tag{6-18}$$

式中　ω—— 过水断面面积，m^2；

R—— 新河弯曲半径，m。

一般要求 $R>(3\sim5)B$，B 为平滩水位时的河宽。

经裁弯取直后，河道一般比较顺直，过水能力可以按均匀流公式进行计算，同时还要计算河流的挟沙能力。

中小河流一般采用一次开挖新河，同时堵死老河的方式。大河流一般采用开挖部分新河作为引河，引河冲刷逐渐成河，老河流逐渐淤死的方式。引河流速应大于泥沙启动速度。泥沙启动速度按下式计算：

$$V_0=4.6d^{\frac{1}{3}}H^{\frac{1}{6}} \tag{6-19}$$

式中　V_0—— 泥沙启动速度，m/s；

d—— 泥沙粒径，mm；

H—— 水深，m。

6.3.5　其他设计

(1) 伸缩缝　砌石河堤每50m设一条伸缩缝，伸缩缝用沥青木板塞缝。

（2）堤后排水 河堤后设两排排水管，分别在离河槽底 1.0m、2.0m 高处，排水管口设反滤料。

6.4 河道护坡

河道整治护坡工程可保护河道两侧岸坡、岸滩免受河水冲刷作用，同时能限制河床的横向变形。因此，护坡工程应根据因势利导、因地制宜的原则进行修建。如何选择护坡结构、材料，如何在能够达到工程效果的同时节约投资都是需要分析和考虑的。人类在与河流长期斗争的实践中，探索出一些适应当地自然条件的河道护坡模式。

在我国内河水利和航道的护岸工程中，主要以混凝土或块石为主要材料。在传统的结构型式基础上，根据工程的特点及应用的需要，越来越多的结构型式开始应用于护岸工程，但形式上主要是直立式护岸和斜坡式护岸两种。

6.4.1 直立式护岸

直立式护岸的结构主要有：长挡板护岸结构、桩板式结构、沉箱结构、加筋挡土墙等结构型式。长挡板式护岸是重力式护岸的一种新型护岸结构型式。挡板式护岸结构由上下两部分组成：下部为深入土中的垂直挡板和相联结的底板，合成 T 型，均用素混凝土浇成；上部为置于底板上的浆砌石块挡土墙。上部结构主要起护土作用，即保护上部岸坡土体不受船行波的破坏，但要求伸入船行波最低淘刷线以下，以防基础土体被淘刷破坏。它的特点是结构形式简单，施工方便，节省材料和投资；且抗滑、抗倾性能好，又可防船行波冲刷。桩板式结构以桩基稳固基础，减少土方开挖，在现场安装预制挡板，上部斜坡预制或现浇，并留孔绿化和泄水等新工艺新方法，可达到护岸的目的。施工简单快捷、维修方便、环保功能强，既满足护岸使用要求，又能降低工程投资，缩短施工周期，尤其适用于地质水文条件差以及要求占地小的情况；其可选用材料有钢材、钢筋混凝土等，从发展的情况看，也可采用复合型材料，如钢塑等材料。该方法为半工厂化生产，可极大地提高施工效率，有较好的发展前景。加筋挡土墙结构护岸由填料、在填料中布置的拉筋以及墙面板三部分组成；面板背面应埋设钢拉环或穿筋孔，其位置应使上下相邻两层的预埋钢拉环或穿筋孔在水平方向相互错开；面板组砌应上下错缝，相邻面板宜设企口连接；加筋挡土墙可减少占地面积，可实现工厂化生产，施工简便快速，可节省劳力和缩短工期。

6.4.2 斜坡式护岸

斜坡式护岸从形式上看比较单一，主要是根据地质、水流条件，在保证滑移稳定的前提下，将岸坡开挖，形成一定的坡比，然后对坡面和坡脚进行守护。主体工程一般分为陆上护坡和水下护底两大部分。

（1）陆上护坡 包括排水系统和护面层。排水系统一般由盲沟、明沟、倒滤层组成，其作用是保证岸坡后侧的地下水、坡顶明流等能顺畅排除，减少水压力和保证土体不流失。护面层作用是防止坡面受水流冲刷。护面层材料主要采用干砌块石、浆砌块石、多边形混凝土块以及格宾护挚等。

（2）水下护底 水下护底是支撑上部结构的重要部位，对护岸工程能否保持稳定起着重要作用。由于该部位几乎常年位于水下，施工难度大、质量不易控制，且结构物受水流淘刷影响大，一旦坡脚失稳，护岸工程则会遭受严重破坏。因此，在工程中水下护底应作为重中之重的一个项目。水下护底的结构种类比较多，但常用的主要有系混凝土块软体排石、抛石、抛沙枕、异型混凝土块体等形式。对于护底区域边坡较陡的部位，需抛石镇脚，抛石边坡一般按不陡于 1∶2.5 控制。

6.4.3　生态护坡

传统的河道护坡主要有浆砌或干砌块石护坡、现浇混凝土护坡，预制混凝土块体护坡等，这些护坡工程的造价均相对较高，且水下施工、维护工作难度较大，其最大的缺点在于，它仅仅从满足河道岸坡的稳定性和河道行洪排涝功能的角度出发进行设计施工，很少考虑对环境和生态的影响。但随着社会经济的发展和城市建设步伐的加快，人们对水环境要求越来越高，不断追求人与自然的和谐相处，生态护坡技术也就越来越受到人们的广泛关注，并且进行了一系列的较深入的研究与探索，并且日益受到重视。

（1）生态护坡的概念和特点　生态护坡是指坡面植被根系对土体的加固，具有遏制坡面水土流失及浅层滑坡的作用。生态护坡是在传统护坡基础上发展而来，与传统护坡的相比有以下特点。

① 生态护坡较传统护坡更具有自然生机，与周围景观相协调。

② 生态护坡具有一定的开放性，能保护生物的多样性，较少保护河道生物栖息环境。

③ 生态护坡材料以环保材料为主，多数为天然材料，对环境污染小。

（2）生态护坡的主要模式　目前，我国试验推广的几种生态护坡主要模式有：固土植被护坡、土工材料复合种植基护坡，网石笼结构生态护坡、植被型生态混凝土护坡、多孔质结构护坡、水泥生态种植基护坡、自然型护坡。

① 固土植物护坡。发达根系固土植物在水土保持方面有很好的效果，国内外对此研究也较多，采用发达根系植物进行护坡固土，既可以达到固土保沙，防止水土流失，又可以满足生态环境的需要，还可以进行景观造景，植物护坡技术常用于河道岸坡及道路路坡的保护。

② 土工材料复合种植基护坡。该项技术又分为土工网复合植被护坡、土工网垫固土种植基护坡、土工格栅固土种植基护坡、单元固土种植基护坡技术。其中，土工网复合植被技术，又称草皮加筋技术。土工网垫固土种植基，主要由网垫和种植土、草籽等组成；网垫质地疏松、柔韧，有合适的空间，可充填土壤和沙粒；植物的根系可以穿过网孔生长，长成后的草皮可使网垫、草皮、泥土表层牢固地结合在一起。土工格栅固土种植基是利用土工格栅进行土体加固，并在边坡上植草固土。土工单元固土种植基是利用聚丙烯等片状材料经热熔粘接成蜂窝状的网片整体，在蜂窝状单元中填上植草，起固土护坡作用。

③ 网石笼结构生态护坡。网石笼结构生态护坡可以构造铁丝网与碎石复合种植基，即由镀锌或喷塑铁丝网笼装碎石、肥料及种植土组成。在河道护坡中，一般应选用耐锈蚀的喷塑铁丝网笼。

④ 植被型生态混凝土护坡。植被型生态混凝土亦称绿化混凝土，由多孔混凝土、保水材料、缓释肥料和表层土组成。多孔混凝土由粗骨料、水泥、适量的细掺和料组成，是植被型生态混凝土的骨架。保水材料以有机质保水剂为主，并掺入无机保水剂混合使用，为植物提供必需的水分。表层上铺设于多孔混凝土表面，形成植被发芽空间，减少土中水分蒸发，提供植被发芽初期的养分和防止草生长初期混凝土表面过热。在城市河道护坡结构中，可利用生态混凝土预制块进行铺设，或直接作为护坡结构，既实现了混凝土护坡，又能在坡上种植花草，美化环境，使江河防洪与城市绿化完美结合。

⑤ 多孔质结构护坡。所谓多孔质结构护坡是指用自然石、混凝土预制件等材料，构成的带有孔状的适合动植物生存的护坡结构形式。其施工简单，不仅能抗冲刷，还为动植物生长提供有利条件，此外还可净化水质。这种形式的护坡，可同时兼顾生态型护坡和景观型护坡的要求。

⑥ 水泥生态种植基护坡。水泥生态种植基是由固体、液体和气体三相组成的具有一定强度的多孔性材料。固体物质包括适合植被生长的土壤、肥料、有机质及由低碱性的水泥、河砂组成的胶结材料等。在种植基固体物质间，由稻草、秸秆等成孔材料形成孔隙，以便为植物提供充足的水分和空气，在种植基内还可填充保水剂，保持植物在日照下能很好生长。

⑦ 自然型护坡。自然型护坡，即以天然的植被、原石、木材等材料来替代混凝土护坡，尽量创造接近自然型的河道。自然型护岸工程的型式，可分为自然原型、自然型和多自然型三种。自然原型护坡，只种植被保护河道，以保持河流的原生态特性，但这种形式的护坡，抵抗洪水的能力较差。自然型护岸，是在自然原型护岸基础上，除种植植被外，还采用石材、木材等天然材科，以增强护坡工程的抗洪能力。多自然型护坡，即在自然型护坡的基础上，再巧妙地使用混凝土、钢筋混凝土等硬质材料，既不改河岸的自然特性，又确保了护坡工程的稳定性。总之，生态型护坡是传统型护坡的改进，是河道治理工程发展到相对高级阶段的产物，是现代人渴求与自然和谐相处的需要。生态型护坡既源于传统型护坡，也有别于传统型护坡，它是护坡工程技术发展与进步的必然结果。随着社会生态环保理念的深入，人们将不断地提高对河道护坡工程生态环境效益的要求，因而传统型护坡必然要向着生态型护坡方向发展。

（3）护坡物种的选择　护坡植物一般用于湿地与陆地的过渡地带，也可用于浅水区的挺水植物，对河道具有固岸、涵养水分和净化水质的作用，同时可以丰富河道的生态形式和景观。护坡植物的选择，需结合当地特点，从经济性、固土性、景观性等多方面予以综合考虑，同时也要考虑河道建成后期养护管理的方便与经济，以下从几个方面分别进行叙述。

① 本土性。本土性指较强的地域特征，能反映本土文化，适应本地的气候、土壤、水质，易生长，成活率高，植物群落只有形成稳定的多层次结构时，才能呈现自然的风景和气氛，也才能发挥生态效益，尽量选择本地乡土树种和适生性植物资源，以体现本土性和大众化的绿化效果。

② 经济性。经济性则是指护坡植被可能产生的季节性、观赏性及层次感、一定的经济价值。沿海城市的郊区，河网密布，河道多在田地间，从节约土地和资源整合的角度讲，可考虑在这类地区的河道边坡种植一些经济型植物，同时也能为河道整治完建后的养护经费提供支持。

③ 固土性。固土性是对护坡植被的基本要求，即种植的植被要能够起到保持水土、稳定边坡的作用。沿海城市的土质多为砂性，抗风浪侵蚀能力差，河道边坡易坍塌，因此护坡植物需选择根系发达、抗侵蚀性强、具有较好保持水土作用的物种，例如藤本植物。城市河道的边坡安全非常重要，只有固土护坡，才能保证周边农田、房屋的安全，保证船只的通航安全。

④ 景观性。城市为人类聚居的地方，城市河岸的功能之一便是给居民提供茶余饭后休憩的场所，因此护坡植物的景观性是必须考虑的，尤其是市区河道对景观的要求更高。

⑤ 无害性。护坡植物必须对水体无污染性，无物种扩张泛滥的可能性。

6.5　河道消能设计

洪水在输送过程中的消能，对减少河道交叉构筑物的直接伤害，以及对城市的危害很重要。尤其在山洪形成过程中，需要特别注意和重视。

在河道上修建水工建筑物，往往会改变天然水流的特性。从溢洪道、隧洞、坝身底孔等泄水建筑物泄出的水流具有较高的流速，动能很大；同时由于枢纽布置的要求和为了节省造价，建筑物的泄水前沿要小于原有河宽，这使得泄出的流量比较集中，单宽流量较大。而在下游河道中对同样流量与原河床（包括断面、底坡、糙率及其他地形地质等条件）相适应的正常流动情况，一般来说水流分布比较均匀，流速也较低。这样就需要解决从建筑物泄出的高速集中水流如何过渡到下游正常流动的问题。如果对水流的衔接不加以控制，或者说控制措施设计不当，往往会造成严重后果。泄水建筑物出流与下游的衔接状态及消能途径与所采用的消能措施密切相关。由于泄出水流条件不同，下游河道的地形、地质条件的差别以及各个工程运用要求不同，设计时常采用不同型式的消能措施，而且消能措施种类繁多。从水力学的角度看，研究消能衔接问题，实质上是分析从建筑物泄出的高速射流，按不同方式射入下游河道的低速广阔水域中，通过扩散和掺混作用，消散大量余能的过程。

6.5.1　常见的消能方式及其原理

（1）底流型衔接消能　建筑物泄出的急流贴槽底射出，利用水跃原理，有效地使之通过水跃转变为缓流，从而与下游水流相衔接，同时主流在水跃区扩散，掺混消除余能。在这种方式的衔接消能段中，高流速的主流位于底部，故称底流型衔接消能。

（2）面流型衔接消能　在建筑物的出流部分采用跌坎，将泄出的急流射入下游水域的上层，与河床隔离，以减轻对河床的冲刷。在表层主流与河床间形成底部水滚消能，因在衔接消能段中高流速的主流位于表层部分，故称为面流型衔接消能。

（3）挑流型消能　利用泄出水流本身的动能在建筑物的出流部分采用挑流鼻坎形式，使水流以水柱形式射入空中，降落在离建筑物较远的下游，使得对河床的冲刷位置离建筑物较远，而不致影响建筑物的安全。泄出水流的余能一部分在空中消散，大部分则在水柱落入下游水垫后通过水流两侧形成水滚而消除。

实际工程的消能措施有时不是单一的衔接方式，而是两种甚至三种衔接方式的混合应用。

6.5.2　底流型消能的基本理论

上游泄下的高速水流贴槽底进入消力池，由于下游河槽中为缓流，故在消力池内必发生水跃。水流因水跃而消去能量，为底流型消能。

底流消能亦即水跃消能，这是最古老的一种消能措施。其主要消能工程为消力池。当高速射流沿底壁进入消力池后，受到尾水顶托，使流态突变而形成水跃。通过水跃的强烈紊动、旋滚和掺混作用使巨大有害的动能转换为热能和位能，从而达到消能的目的。底流消能的主要特征是射流临底、底部流速很高、水流表面有乳白色水跃旋滚、大量掺气、射流在水跃区中通过紊动、扩散和掺混等与周围的水体进行质量、动量和能量的交换。由于内外摩擦作用，在水流动能转变为势能的过程中，水流的平均动能首先转变为紊流，然后通过黏性作用，消耗大部分能量。射流在水跃区的中部以后，逐渐向水面扩散，最终改变急流的特点，因而能与下游缓流区平顺衔接，故水跃区中的底流速是沿程降低的。水跃是底流消能的基本依据，水跃是水流由急流过渡到缓流，即由低水位向高水位过渡时，水面突然跃起的局部水力现象。水跃区的水流可分为两部分，一部分是急流冲入缓流所激起的表面漩流，翻腾滚动，饱掺空气，叫做"表面水滚"；另一部分是水流下面的主流，流速由快变慢，水深由小变大。但主流与表面水滚并不是截然分开的，因为两者的交界面上流速梯度很大，紊动掺混极为强烈，两者之间不断进行质量交换。在发生水跃的质变的过程中，水流内部产生摩擦掺混作用，其中内部结构要经历剧烈的改变和再调整，消耗大量的机械能，有的高达能量的 $60\%\sim70\%$，因而流速急剧下降，很快转化为缓流状态。在确定水跃区的范围时，通常将表面水滚的前端称为跃首或跃前断面，该处的水深称为跃前水深；表面水滚的末端称为跃尾或跃后断面，该处的水深称为跃后水深；跃前与跃后水深之差称为跃高；跃前与跃后两断面间的距离称为水跃长度。

6.6　河道与生态设计

生态设计是一种以宏观的角度来思考和探索的设计思维，它讲究系统的分析和整体的规划，考虑人与自然的关系，以多维的角度和方式来分析一个事物的价值，是一种不以人类为中心的思维方式，讲究的是整体的价值，把人类作为生态系统的一部分来思考。环境污染带来的问题给我们人类敲响了警钟，生态的设计是我们实现科学和理想设计的一个有效方法。根据当地的地理自然环境和生态环境进行生态的设计，可以使景观设计融入当地的生态系统，其中的生物可以健康成长，保持当地生物的多样性，这样的设计既节约能源资源又保持可持续发展，保持城市的生命力。生态设计在设计过程中应综合考虑周边的环境，考虑与之发生关系的所有小生态系统的关系，达到没有人参与和管理的情况下也能保持生物物种结构的和谐效果，这样的设计是节能的也是环保的，更有利于当地的自然和谐发展。

6.6.1　河流的生态功能

河流是一个完整的连续体，上游、下游和左岸、右岸构成一个高度连通的、完整的体系，河流的生态系统具有栖息地功能、过滤和屏障功能、通道和源汇等方面的功能。

（1）栖息地功能　栖息地是植物和动物（包括人类）能够正常的生存、生长、觅食、繁殖以及进行生命循环周期中其他重要活动的区域。栖息地为生物和生物群落提供生命所必需的一些要素，例如空间、食物、水源以及庇护所等。河道通常为很多物种提供非常适合生存的条件，它们利用河道来进行生活、觅食、饮水、繁殖以及形成重要的生物群落。

河道一般包括两种基本类型的栖息地结构：内部栖息地和边缘栖息地。内部栖息地相对来说是更稳定的环境，生态系统可能会在较长的时期仍然保持着相对稳定的状态。边缘地区是两个不同的生态系统之间相互作用的重要地带。边缘栖息地处于高度变化的环境梯度之中，会比内部栖息地环境中有着更多样的物种构成和个体数量。边缘地区相对于其内部地区起到了过滤器的作用，也是维持着大量动物和植物群系变化多样的地区。栖息地的功能作用很大程度上受到连通性和宽度的影响，在河道范围内，连通性的提高和宽度的增加通常会提高该河道作为栖息地的价值。河流流域内的地形和环境梯度（例如土壤湿度、太阳辐射和沉积物的逐渐变化）会引起植物和动物群落的变化。宽阔的、互相连接的、具有多样性的本土植物群落的河道具有良好的栖息地条件，通常会比那些狭窄的、性质相似的并且高度分散的河道内存在着更多的生物物种。

（2）通道功能　通道功能是指河道系统可以作为能量、物质和生物流动的通道。河道由水体流动形成，又为汇聚和转运水体和沉积物服务，同时还为其他物质和生物群系通过该系统进行移动提供通道。河道既可以作为横向通道也可以作为纵向通道，生物和非生物物质向各个方向移动和运动，有机物质和营养成分由高至低进入河道系统，从而影响到无脊椎动物和鱼类的食物链。对于迁徙性和运动频繁的野生动物来说，河道既是栖息地同时又是通道，生物的迁徙促进了水生动物与水域发生相互作用，例如：鲑鱼产卵期间溯河而上到达河流系统上游地段，不仅实现了自身的繁殖，而且大量鱼群为河流提供了营养物质输入，进一步促进生物量的增加，河流源头地区也能从海洋中获得营养物质，因此，连通性对于水生物种的移动非常重要。河流通常也是植物分布和植物在新的地区扎根生长的重要通道。流动的水体可以长距离地输移和沉积植物种子，在洪水泛滥时期，一些成熟的植物可能也会连根拔起、重新移位，并且会在新的地区重新沉积下来存活生长，野生动物也会在河道系统内的各个部分，通过摄食植物种子或是携带植物种子，而形成植物的重新分布。河流也是物质输送的通道，河道能不断调节沉积物沿河道的时空分布，最终达到新的动态平衡。河道以多种形式成为能量流动的通道，河流水流的重力势能不断地塑造着流域的形态。河道里的水可以调节太阳光照的能量和热量，进入河流的沉积物和生物量在自然中通常是由周围陆地供应的。宽广的、彼此相连接的河道可以起到一条大型通道的作用，使得水流沿着横向和纵向都能进行流动和交换，狭窄的或是七零八碎的河道则常常受到限制。

（3）过滤和屏障功能 河道的屏障功能是阻止能量、物质和生物迁移的发生，或是起到过滤器的作用，允许能量、物质和生物选择性地通过。河道作为过滤器和屏障作用可以减少水体污染，相当程度地减少沉积物转移，提供一个与土地利用、植物群落以及一些迁徙能力差的野生动物之间的自然边界，而影响系统屏障和过滤功能作用的因素包括连通性和河道宽度。一条宽阔的河道会提供更有效的过滤作用，一条连通性好的河道会在其整个长度范围内发挥过滤的作用，沿着河道移动的物质在它们要进入河道的时候也会被选择性地滤过。在这些情况下，边缘的形状是弯曲的还是笔直的将会成为影响过滤功能的最大因素。物质的迁移、过滤或者消失，总体来说取决于河道的宽度和连通性，在整个流域内，向大型河流峡谷汇流的物质可能会被河道中途截获或是被选择性滤过。地下水和地表水的流动可以被植物的地下部分以及地上部分滤过。河道的中断缺口有时会造成该地区过滤功能作用的漏斗式破坏或损害。例如，在沿着河道相互连接的植被中出现一处缺口，就会降低其过滤功能作用，集中增加了进入河流的地表径流，造成侵蚀、沟蚀，并且会使沉积物和营养物质自由地进入河流。

（4）源汇功能 源汇的功能是为其流域内其他环境提供生物、能量和物质，汇的功能是不断地从流域周围环境中吸收生物、能量和物质。河岸通常是作为"源"向河流中供给泥沙沉积物和营养物质，在洪水期，河岸处沉积新的泥沙沉积物时河岸又起到"汇"的作用。在整个流域范围内，河道是流域中其他各种物质栖息地的连接通道，起到了提供原始物质的"源"和通道的作用。泛滥平原植被的源汇功能作用是通过减缓或是吸纳洪水从而减少下游洪水泛滥的程度，在洪水来临时期保持沉积物和防止其他物质流失，为土壤有机物质和水生有机物质提供来源。

（5）河道对城市的美观功能 河道设计需要考虑景观美学，滨岸生态廊道建设中会考虑污染控制与城市生态流传输、生态正效应放大需要，合理规划河岸带宽度、周边建筑布局及样式，有机融入城市水景观建设，满足居民的休闲娱乐与亲水需求，将治理、净化、修复与环境景观美化有机统一，营造人水和谐的生态环境。

河道生态主要由河流中的水生生物系统组成。河流中的水生生物系统由分解者、生产者和消费者所组成。水生生物系统中的分解者主要是异养生物，通常指细菌、真菌、放线菌等微生物，它们将有机质经过自身分解之后转化为无机物，最终返还到水生环境中。水生生物系统中的生产者主要是水生植物，包括沉水植物、挺水植物、浮叶植物，以及一些浮游植物，这些水生植物能通过叶绿素的光合作用将微生物分解的无机物合成有机物供消费者食用。水生生物系统中的消费者主要包括浮游动物、大型无脊椎动物和鱼类等水生动物。除了水体中的动植物本身外，其他影响水生生物生存的环境条件、物质代谢原料等因素也构成了它们的生境。

6.6.2 常用的设计构成及措施

很多设计者在河道生态化治理设计中，对驳岸形式、植物配置等方面提出了若干实质性的建议，但是生态恢复是一个系统工程，河道的生态化治理措施应该是多方面、全方位的，而这些方面的措施围绕的核心就是如何进行生态系统的恢复，即每一个设计元素都应该为生态恢复创造有利条件。所以，设计者应该多利用自然的抗干扰、自修复能力，来处理人与自然的关系，而不是大量采用人工结构和形式来取代自然，这是生态设计与传统设计方法的区别。

（1）河道线型设计 河道线型设计即河道总体平面的设计。由于城市用地的紧缺，河道滨水地带不断被侵占，水面越来越少，河宽越修越窄，但是为了泄洪的需要，要保证过水断面，只好将河道取直、河床挖深，这样对驳坎的强度要求就逐步提高，建设费用逐渐加大，而生态功能逐渐衰退，河道基本成为了泄洪渠道，这与可持续发展的战略相悖。而生态化治理就需要退地还河，恢复滨水地带，拆除原先视觉单调、生硬、热岛效应明显的渠道护岸，尽量恢复河道的天然形态，宜弯则弯，宽窄结合，避免线型直线化。

自然蜿蜒的河道和滨水地带为各种生物创造了适宜的生境，是生命多样性的景观基础。河湾、凹岸处可以提供生物繁殖的场所，洪峰来临时还可以作为避难场所，为生物的生命延续创造条件，而丰富多样的水际边缘效应是其他生态环境所无法替代的，在有条件的河段，还可以增加一些湿地、河湾、浅滩、深潭、沙洲等半自然化的人工形态，既增添了自然美感，又利用河流形态的多样性来改善生境的多样性，从而改善生物群落的多样性。相对于直线化的渠道，自然曲折的河岸能够提高水中含氧量，增加曝气量，因此也有利于改善生物的生存环境。

从工程角度来看，自然曲折的河道线型能够缓解洪峰，消减流水能量，控制流速，所以也减少了对下游护岸的冲刷，对沿线护岸起到保护作用。退地还河、滨水地带的恢复，使得设计人员在河道断面设计上留有选择的余地，也不需要采用高强度的结构形式对河滨建筑进行保护，顺应河势，因河制宜，无疑在工程经济性方面也是有利的。

（2）河道断面设计 河道断面的设计除了要考虑河道的主导功能、土地利用情况之外，还应结合河岸生态景观，体现亲水性，尽量为水陆生态系统的连续性创造条件。

传统的矩形断面河道既要满足枯水期蓄水的要求，又要满足洪水期泄洪的要求，往往采用高驳坎的形式，这样就导致了水生态系统与陆生态系统隔离，两栖动物无法跃上高驳坎，生物群落的繁殖受到人为的阻隔。梯形断面的河道在断面形式上解决水陆生态系统的连续性问题，但是亲水性较差，陡坡断面对于生物的生长仍有一定的阻碍，而且不利于景观的布置，而缓坡断面又受到建设用地的限制。复式断面在常水位以下部分可以采用矩形或者梯形断面，在常水位以上部分可以设置缓坡或者二级护岸，这样在枯水期流量小的时候，水流归主河道，洪水期流量大，允许洪水漫滩，过水断面陡然变大，所以复式断面既解决了常水位时亲水性的问题，又满足了洪水位时泄洪的要求，为滨水区的景观设计提供了空间，而且由于大大降低了驳坎护岸高度，结构抗力减小，护岸结构不需采用浆砌块石、混凝土等刚性结构，可以采取一些低强度的柔性护岸形式，为生态护岸形式的选择提供了有利条件。人类活动较少的区域，在满足河道本身功能的前提下，应减少人工治理的痕迹，尽量保持天然河道面貌，使原有的生态系统不被破坏。所以在河道断面的选择上，应尽可能保持天然河道断面，在保持天然河道断面有困难时，按复式断面、梯形断面、矩形断面的顺序选择。

在河道治理的过程中，也应避免断面的单一化。不同的过水断面能使水流速度产生变化，增加曝气作用，从而加大水体中的含氧量。多样化的河道断面有利于产生多样化的生态景观，形成多样化的生物群落。例如在浅滩的生境中，光热条件优越，适于形成湿地，供鸟类、两栖动物和昆虫栖息；积水洼地中，鱼类和各类软体动物丰富，它们是肉食性候鸟的食物来源，鸟粪和鱼类肥土又促进水生植物生长，水生植物又是植食鸟类的食物，形成了有利于鸟类生长的食物链；深潭的生境中，由于水温、阳光辐射、食物和含氧量沿水深变化，所以容易形成水生物群落的分层现象。

（3）河道护岸形式　在建设生态河道的过程中，河道护岸是否符合生态的要求，是否能够提供动植物生长繁殖的场所，是否具有自我修复能力，是设计者应首先重点考虑的问题。生态护岸应该是通过使用植物或植物与土工材料的结合，具备一定的结构强度，能减轻坡面及坡脚的不稳定性和侵蚀，同时能够实现多种生物的共生与繁殖、具有自我修复能力、具有净化功能、可自由呼吸的水工结构。

目前很多设计者提出了一些有效的护岸设计方法，有土工格栅边坡加固技术、干砌护坡技术、利用植物根系加固边坡的技术、渗水混凝土技术、石笼、生态袋、生态砌块等方法。这些结构的共同点都是：①具有较大的孔隙率，护岸上能够生长植物，可以为生物提供栖息场所，并且可以借助植物的作用来增加堤岸结构的稳定性；②地下水与河水能够自由沟通，所以能够实现物质、养分、能量的交流，促进水汽的循环；③造价较低，也无需长期的维护管理，具有自我修复的能力；④护岸材料柔性化，适应曲折的河岸线型。但是生态护岸也有一些局限性，选用的材料及建造方法不同，堤岸的防护能力相差很大，所以要根据不同的坡面形式，选择不同的结构形式。坡面较缓的河段，可以选择生态砌块、土工格栅等柔性结构，而坡面较陡的河段，可以选择干砌块石、石笼、渗水混凝土等半柔性的结构。生态护岸建造初期强度普遍较低，需要有一定时间的养护，以便植物的生长，否则会影响到以后防护作用的发挥。施工有一定的季节限制，常限于植物休眠的季节。

（4）植物配置设计　根据生长条件的不同，河道植物分为常水位以下的水生植物、河坡植物、河滩植物和洪水位以上的河堤植物。在选择植物时，不仅要达到丰富多彩的景观效果，层次感分明，给人以赏心悦目的视觉享受，而且要具有良好的生态效果，根据水位和功能的不同，选择适宜该水位生长的植物，并能达到一定的功能。在常水位线以下且水流平缓的地方，应多种植生态美观的水生植物，其功能主要是净化水质，为水生动物提供栖食和活动场所，美化水面。根据河道特点选择合适的沉水植物、浮水植物、挺水植物，并按其生态习性科学地配置，实行混合种植和块状种植相结合。常水位至洪水位的区域是河道水土保持的重点，植物的功能有固堤、保土和美化河岸作用，河坡部分以湿生植物为主，河滩部分选择能耐短时间水淹的植物，河道植物的配种应考虑群落化，物种间应生态位互补，上下有层次，左右相连接，根系深浅相错落，以多年生草本和灌木为主体，在不影响行洪排涝的前提下，可种植少量乔木树种。洪水位以上是河道水土保持植物绿化的亮点，是河道景观营造的主要区段，群落的构建应选择以当地能自然形成片林景观的树种为主，物种应丰富多彩、类型多样，可适当增加常绿植物比例，以弥补洪水位以下植物群落景观在冬季萧条的缺陷，这样，水生植物与河边的灌乔木呼应配合，形成了有层次的植物生态景观。

第7章 交叉构筑物与防洪闸

7.1 概　述

在城市防洪工程措施中，交叉构筑物和防洪闸是相当重要的两个部分。

7.1.1 防洪闸

城市防洪工程中的挡洪闸、分洪闸、排洪闸和挡潮闸统称为防洪闸。

（1）挡洪闸　挡洪闸是指用来防止洪水倒灌的防洪建筑物，一般修建在江河的支流河口附近，当洪水水位上涨至控制水位时，关闭闸门防止洪水倒灌；洪水水位下降至开闸控制水位时，开启闸门排泄上游蓄水。若闸上游河道或调蓄建筑物的调蓄能力较小，容纳不了洪水持续时间内积蓄的水量时，需要设置提升泵站与挡洪闸联合运行提高调蓄能力。

（2）分洪闸　分洪闸是指用来将超过河道安全泄量的洪峰流量，分流入海或其他河流，或蓄洪区，或经过控制绕过被保护市区后，再排入原河道，以达到削减洪峰流量，降低洪水位，保障市区安全的目的。

（3）排洪闸　排洪闸是指用来排泄蓄洪区和湖泊的调节水量，或分洪洪道的分流流量的泄水建筑物。排洪闸是依据蓄洪区的调洪能力或分洪道分流流量，决定其排水能力和运行方式。

（4）挡潮闸　挡潮闸是用来防止潮水倒灌的防潮建筑物，一般修建在感潮河段的入海河口或者支流河口附近。当潮水水位上涨至关闸水位时，则关闭闸门挡潮；当潮水水位退至开闸水位时，则开闸排水。若挡潮闸上游河道或调蓄建筑物的调蓄能力较小，容纳不了涨潮时间内积蓄的水量时，需要设置提升泵站与挡潮闸联合运行提高调蓄能力。

防洪闸设计主要要求如下。

① 设计必须满足城市防洪规划对防洪闸的功能和运行方式的要求。

② 防洪闸的选址和布置，应根据其本身的特性和条件，多做比较论证，以便做出安全可靠、技术可行、经济合理的最优方案。

③ 因地制宜地修建防洪闸上、下游河道的整治工程，以稳定河槽，保证防洪闸宣泄洪水顺畅。

④ 具有综合功能的防洪闸，设计时应分清主次，在保证防洪闸防洪功能正常运作的前提下，最大限度地满足综合利用的要求。

⑤ 防洪闸设计，应采取必要的措施防止闸上、下游产生有危害性的淤积。

⑥ 工程应安全可靠，管理运行灵活方便。

7.1.2 交叉构筑物

城市防洪工程中堤防、渠道等难免与交通道路、桥梁、取水口、泵站等建筑物以及给排水管道、通信电力线路等存在交叉、连接问题。由于这些交叉、连接问题需要设置的跨越或穿越构筑物称为交叉构筑物。

交叉构筑物的交叉方式主要有穿越和跨越两种形式，从堤防的安全考虑，一般尽量避免穿越的连接方式，而优先选用跨越的方式。当确实有穿越堤防的需求时，应尽量减少穿堤构筑物的数量，有条件地进行合并、扩建，对影响防洪安全的则考虑废除重建。

穿堤构筑物应在设计洪水水位以上穿过，当在设计洪水以下穿过时，为避免洪水倒灌造成损失需要设置闸门或阀门。穿堤的管道等必须在设计水位以上穿过。穿堤构筑物设计时位置应选在水流流态平顺、岸坡稳定且不影响防洪安全的堤段，采用整体性强、刚度大的轻型结构，结构布置要对称，尽量减少过流引起的震动，进出口引水、消能结构合理可靠。

跨堤建筑物、构筑物的支墩不应布置在堤身设计断面以外，特别是堤顶和临水坡，不然会影响堤防的稳定和安全运用，并且对今后堤防的加固和扩建造成困难。当需要在背水坡布置时，必须满足堤身设计抗滑和渗流稳定要求。跨堤的构筑物与堤顶之间的净高高度应满足堤防交通、防汛抢险、管理维修等方面的要求。

常见的交叉构筑物有涵洞和小桥。

7.2　防洪闸布置

7.2.1　防洪闸闸址选择

防洪闸的闸址选择应根据其功能和运用要求，综合考虑地形、地质、水流、泥沙、潮汐、航运、交通、施工和管理等因素，经技术经济比较确定。选择在河道水流平顺、河槽稳定、河岸坚实的河段建闸，可减少建闸后对河道稳定性和闸室稳定性的不良影响；选择在土质密实、均匀、压缩性小，承载力大的地基上建闸，可避免防洪闸各部位产生较大的不均匀沉降和结构变形，也可避免采用人工基础，以减少工程造价；选择在渗透性小，抗渗稳定性好的地基上建闸，有利于采取较短的地下轮廓和较简单的防渗措施，以减少工程造价。不同功能的防洪闸在闸址选择上也各有特点。

（1）挡洪闸与泄洪闸宜选在河段顺直或截弯取直处，泄洪闸可选在蓄滞洪区的最低处，以便泄空，其尺寸大小决定于内外水头差及排泄流量，排泄流量又视需要排泄时间长短及错峰要求而定。

（2）分洪闸应选在被保护城市的上游，位于河岸稳定的弯道凹岸顶点稍偏下游处或直段。分洪闸的闸孔轴线与河道的水流流向应成锐角，以使水流顺畅，便利分洪，并防止闸前产生回流，影响分洪效果，减轻闸前水流对闸基的冲刷。

（3）挡潮闸宜选在海岸稳定地区，以接近海口为宜，并应避免海岸受冲刷。对于水流流态复杂的大型防洪闸闸址选择，应有模型试验验证。

7.2.2　防洪闸总体布置

防洪闸由进口段、闸室段和出口段三部分组成。如图 7-1 所示。

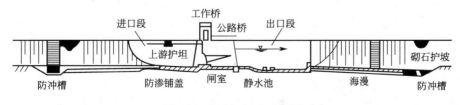

图 7-1　防洪闸组成示意图

（1）进口段包括铺盖、防冲槽、进口翼墙和上游护坡。铺盖的主要作用是防渗，同时可以提高上游防冲和闸室抗滑稳定能力。铺盖以一定坡度与上游防冲槽衔接，多采用黏土、重黏壤土、混凝土或钢筋混凝土等材料。

防冲槽是水流进入防洪闸的第一道防线，多用砌石或堆石作为材料。防冲槽深度一般不小于1m，底宽不小于2m，边坡不小于1∶1.5。砌石下面设粗砂、碎石作为垫层，各层厚度不小于0.1m。

进口翼墙能促进水流的良好收缩，引导水流平顺进入闸室，同时起挡土、防冲和防渗作用。常用的进口翼墙有直角式和八字式。直角翼墙由两端互成正交的翼墙组成，根据岸边的坡度及其顶端插入岸顶的深度决定翼墙在垂直流向方向插入河岸的直墙长度。八字形翼墙是顺水流方向的墙段向河岸偏转一个角度，偏转夹角视水流情况取小于或等于30°。八字形翼墙进水条件较直角翼墙有所改善，但水流进闸室仍有转折。除此之外还有圆弧形翼墙和扭曲面翼墙等形式。

由于闸室缩窄了河道的宽度，水流进入闸室后，流速加大，在闸室上游有可能产生冲刷，因此，除河底设有铺盖和防冲槽外，上游一般设置护坡防止岸坡被冲刷。

（2）闸室段由基础部分的闸底板以及上部的闸墩、闸门、岸墙、边墩、工作桥和交通桥组成。闸底板的高程应不低于闸下游出口段末端的河床高程，闸底板与闸上游河床高程之间的关系视防洪闸类型和建闸条件而定，对于挡洪闸、挡潮闸，为了避免汛期闸底板壅高上游水位，闸底板高程不应高于闸上游河床高程；对于分洪闸，由于抬高闸底板可以减少河流推移质的进入，降低闸门高度和造价，所以闸底板可以高于上游河床高程。闸底板长度与宽度主要根据水力计算、闸室在外力作用下的稳定要求以及机械设备布置等因素决定。闸底板常用平底板和倒拱底板，平底板的厚度，一般为1～2m，最薄不宜小于0.7m。倒拱底板的厚度通常为闸净宽的1/10～1/15，但不小于0.3～0.4m。闸底板在上、下游两端一般均设齿墙，齿墙混凝土等级强度应满足强度和抗渗要求。

闸墩的长度须满足布置闸门、检修门槽、工作桥和交通桥的需要。闸墩长度一般与闸底板等长或稍短于闸底板，一般根据闸门要求来确定。闸墩的厚度应满足强度、稳定和门槽布置的要求。工作桥和交通桥部分的闸墩顶标高，应在设计水位以上才能在泄流时不产生阻水现象，同时要考虑和两岸或堤岸地面的衔接。闸墩迎水面的外形应满足过水平顺的要求，一般可采用半圆形、斜角形和流线型三种形式。

边墩是用于布置闸门槽等并且和闸底板连成整体，岸墙用以挡土，不使两岸高填土直接作用在边墩上。岸墙与边墩的长度与闸底板长度相同，岸墙与边墩的顶面高程一般与闸墩顶面高程相同。

工作桥的宽度应满足启闭设备布置的要求和操作运行时所需的空间要求。当闸门高度不大时，工作桥可直接支承在闸墩上；若闸门高度较大时，可在闸墩上设支架结构支承工作桥，以减少工程量。工作桥的梁系布置应考虑启闭机的地脚螺栓和预留孔的位置。为了降低平面闸门工作桥的高度，并增加闸室的抗震能力，可采用升卧式平面闸门。

交通桥的宽度及其载重等级视交通要求而定，位置应尽可能地使合力接近底板中心以及便于两岸连接，通常设置在低水位的一侧。

（3）出口段由护坦、海漫、防冲槽、出口翼墙、下游护坡组成。护坦是为了在闸室以下消减水流动能及保护在水跃范围内河岸不受水流冲刷。

海漫是继续消减水流出消力池后的剩余能量，并进一步扩散和调整水流，减小水流速度。海漫具有柔韧性、透水性、粗糙性以充分发挥防冲的作用。

防冲槽是为了防止海漫末端受水流淘刷遭到破坏而设置的。当防冲槽下游河床形成最终冲刷状态时，防冲槽内的堆石将自动地铺护冲刷坑的边坡，使其保持稳定，从而保护海漫不遭破坏。

出口翼墙的作用是引导出闸水流均匀地扩散，以减小单宽流量，有利于消能，并防止水跃范围内尾水的压缩而恶化消能。因此，出口翼墙顺水流方向的长度至少应与消力池的长度相等。

下游护坡是指由于水流流出翼墙段后，其流速和水面波动较大，对岸边采取防护措施以防止冲刷。下游护坡的长度与水流流速、流态和岸边土质有关。对黏性土质的岸边，或者水流扩散分布均匀的，其防护长度比防冲槽稍长即可；对砂性土质的岸边，或者水流扩散不良容易发生偏折的，则护坡长度要适当加长。

7.3 防洪闸水力计算与设计

7.3.1 防洪闸设计洪水标准

平原区防洪闸的洪水标准应根据所在河流流域防洪规划规定的防洪任务，以近期防洪目标为主，并考虑远景发展要求，按表 7-1 所列标准综合分析确定。平原区水闸闸下消能防冲的洪水标准应与该水闸洪水标准一致，并应考虑泄放小于消能防冲设计洪水标准的流量时可能出现的不利情况。

表 7-1　平原区防洪闸的洪水标准

防洪闸级别		1	2	3	4	5
洪水重现期/年	设计	100～50	50～30	30～20	20～10	10
	校核	300～200	200～100	100～50	50～30	30～20

挡潮闸的设计潮水标准应按表 7-2 确定。若确定的设计潮水位低于当地历史最高潮水位时，应以当地历史最高潮水位作为校核潮水标准。

表 7-2　挡潮闸设计潮水标准

挡潮闸级别	1	2	3	4	5
设计潮水位重现期/年	≥100	100～50	50～20	20～10	10

山区、丘陵区的防洪闸，其洪水标准应与所属枢纽中永久性建筑物的洪水标准一致。山区、丘陵区水利水电枢纽中永久性建筑物的洪水标准应按国家现行的《水利水电工程等级划分及洪水标准（SL 252—2000)》的规定确定。山区、丘陵区防洪闸下消能防冲设计洪水标准，可按表 7-3 确定，并应考虑泄放小于消能防冲设计洪水标准的流量时可能出现的不利情况。当泄放超过消能防冲设计洪水标准的流量时，允许消能防冲设施出现局部破坏，但必须不危及水闸闸室安全，且易于修复，不致长期影响工程运行。

表 7-3　山区、丘陵区防洪闸下消能防冲设计洪水标准

防洪闸级别	1	2	3	4	5
闸下消能防冲设计洪水重现期/年	100	50	30	20	10

灌排渠系上的防洪闸，其洪水标准应按表 7-4 确定，校核洪水标准可视具体情况和需要研究确定。位于防洪（挡潮）堤上的水闸，其防洪（挡潮）标准不得低于防洪（挡潮）堤的防洪（挡潮）标准。

表 7-4　灌排渠系上的防洪闸设计洪水标准

灌排渠系上的防洪闸级别	1	2	3	4	5
设计洪水重现期/年	100～50	50～30	30～20	20～10	10

7.3.2　闸孔总净宽计算

确定闸孔尺寸时，其单宽流量在很大程度上决定防洪闸的安全与经济问题，应当根据水流流态和地基的特点，对闸孔尺寸做多方案比较，选择最优方案。砂质黏土地基，一般单宽流量取 $15\sim25\text{m}^3/\text{s}$；对于尾水较浅、河床土质抗冲能力较差的，单宽流量可取 $5\sim15\text{m}^3/\text{s}$。

闸孔总净宽应根据泄流特点，下游河床地质条件和安全泄流的要求，结合闸孔孔径和孔数的选用进行计算和经济比较后决定。闸孔孔径应根据闸的地基条件、运用要求、闸门结构型式、启闭机容量，以及闸门的制作、运输、安装等因素，进行综合分析确定。选用的闸孔孔径应符合国家现行的《水利水电工程钢闸门设计规范》（SL 74—95）所规定的闸门孔口尺寸系列标准。闸孔孔数少于 8 孔时，宜采用单数孔。对于平底闸，当为堰流时，闸孔总净宽可按公式(7-1)～(7-6) 计算（如图7-2所示）。

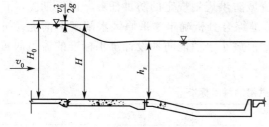

图 7-2　平底闸堰流计算示意图

$$B_0=\frac{Q}{\sigma\varepsilon m\sqrt{2}gH_0^{\frac{3}{2}}} \qquad (7\text{-}1)$$

为单孔闸时

$$\varepsilon=1-0.171\left(1-\frac{b_0}{b_s}\right)\sqrt[4]{\frac{b_0}{b_s}} \qquad (7\text{-}2)$$

为多孔闸，闸墩墩头为圆弧形时

$$\varepsilon=\frac{\varepsilon_z(N-1)+\varepsilon_b}{N} \qquad (7\text{-}3)$$

$$\varepsilon_x=1-0.171\left(1-\frac{b_0}{b_0+d_z}\right)\sqrt[4]{\frac{b_0}{b_0+d_z}} \qquad (7\text{-}4)$$

$$\varepsilon_b=1-0.171\left(1-\frac{b_0}{b_0+\dfrac{d_z}{2}+b_b}\right)\sqrt[4]{\frac{b_0}{b_0+\dfrac{d_z}{2}+b_b}} \qquad (7\text{-}5)$$

$$\sigma=2.31\frac{h_s}{H_0}\left(1-\frac{h_s}{H_0}\right)^{0.4} \qquad (7\text{-}6)$$

式中　B_0——闸孔总净宽，m；

　　　Q——过闸流量，m^3/s；

　　　H_0——计入行近流速水头的堰上水深，m；

　　　g——重力加速度，可采用 $9.81\text{m}/\text{s}^2$；

　　　m——堰流流量系数，可采用 0.385；

　　　ε——堰流侧收缩系数，对于单孔闸可按公式(7-2) 计算求得或由表 7-5 查得；对于多孔闸可按公式(7-3) 计算求得；

　　　b_0——闸孔净宽，m；

　　　b_s——上游河道一半水深处的宽度，m；

　　　N——闸孔数；

　　　ε_z——中闸孔侧收缩系数，可按公式(7-4) 计算求得或由表 7-5 查得，但表中 $b_s=b_0+d_z$；

　　　d_z——中闸墩厚度，m；

　　　ε_b——边闸孔侧收缩系数，可按公式(7-5) 计算求得或由表 7-5 查得，但表中 $b_s=b_0+\dfrac{b_0}{2}+b_b$；

b_b——边闸墩顺水流向边缘线至上游河道水边线之间的距离，m；

σ——堰流淹没系数，可按公式（7-6）计算求得或按表 7-6 查得；

h_s——由堰顶算起的下游水深，m。

表 7-5　ε 值

b_0/b_s	≤0.2	0.3	0.4	0.5	0.6	0.7	0.8	0.9	1.0
ε	0.909	0.911	0.918	0.928	0.940	0.953	0.968	0.983	1.000

表 7-6　宽顶堰 σ 值

H_s/H_0	≤0.72	0.75	0.78	0.80	0.82	0.84	0.86	0.88	0.90	0.91
σ	1.00	0.99	0.98	0.97	0.95	0.93	0.90	0.87	0.83	0.80
H_s/H_0	0.92	0.93	0.94	0.95	0.96	0.97	0.98	0.99	0.995	0.998
σ	0.77	0.74	0.70	0.66	0.61	0.55	0.47	0.36	0.28	0.19

对于平底闸，当堰流处于高淹没度（$h_s/H_0 \geqslant 0.9$）时，闸孔总净宽也可按公式（7-7）和公式（7-8）计算（计算示意图见图7-3）。

$$B_0 = \frac{Q}{\mu_0 h_s \sqrt{2g(H_0 - h_s)}} \qquad (7\text{-}7)$$

$$\mu_0 = 0.877 + \left(\frac{h_s}{H_0} - 0.65\right)^2 \qquad (7\text{-}8)$$

式中　μ_0——淹没堰流的综合流量系数，可按公式（7-8）计算求得或由表 7-7 查得。

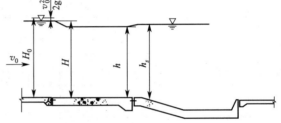

图 7-3　平底闸高淹没度堰流计算示意图

表 7-7　μ_0 值

H_s/H_0	0.90	0.91	0.92	0.93	0.94	0.95	0.96	0.97	0.98	0.99	0.995	0.998
μ_0	0.940	0.945	0.950	0.955	0.961	0.967	0.973	0.979	0.986	0.993	0.996	0.998

对于平底闸，当为孔流时，闸孔总净宽可按公式（7-9）～（7-12）计算（计算示意图见图7-4）。

$$B_0 = \frac{Q}{\sigma' \mu h_s \sqrt{2gH_0}} \qquad (7\text{-}9)$$

$$\mu = \varphi \varepsilon' \sqrt{1 - \frac{\varepsilon' h_e}{H}} \qquad (7\text{-}10)$$

$$\varepsilon' = \frac{1}{1 + \sqrt{\lambda\left[1 - \left(\frac{h_e}{H}\right)^2\right]}} \qquad (7\text{-}11)$$

$$\lambda = \frac{0.4}{2.718^{16\frac{r}{h_e}}} \qquad (7\text{-}12)$$

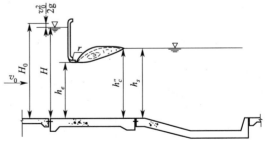

图 7-4　平底闸孔流计算示意图

式中　h_e——孔口高度，m；

μ——孔流流量系数，可按公式（7-10）计算求得或由表 7-8 查得；

φ——孔流流速系数，可查相应函数表；

ε'——孔流垂直收缩系数，可由公式(7-11)计算求得；

λ——计算系数，可由公式(7-12)计算求得，该公式适用于 $0 < \dfrac{r}{h_e} < 0.25$ 范围；

r——胸墙底圆弧半径，m；

σ'——孔流淹没系数，可由表7-9查得，表中 h_c'' 为跃后水深，m。

表 7-8 μ 值

$\dfrac{\gamma}{h_e}$ ＼ $\dfrac{h_e}{H}$	0	0.05	0.10	0.15	0.20	0.25	0.30	0.35	0.40	0.45	0.50	0.55	0.60	0.65
0	0.582	0.573	0.565	0.557	0.549	0.542	0.534	0.527	0.520	0.512	0.505	0.497	0.489	0.481
0.05	0.667	0.656	0.644	0.633	0.622	0.611	0.600	0.589	0.577	0.566	0.553	0.541	0.527	0.512
0.10	0.740	0.725	0.711	0.697	0.682	0.668	0.653	0.638	0.623	0.607	0.590	0.572	0.553	0.533
0.15	0.798	0.781	0.764	0.747	0.730	0.712	0.694	0.676	0.657	0.637	0.616	0.594	0.571	0.546
0.20	0.842	0.824	0.805	0.785	0.766	0.745	0.725	0.703	0.681	0.658	0.634	0.609	0.582	0.553
0.25	0.875	0.855	0.834	0.813	0.791	0.769	0.747	0.723	0.699	0.673	0.647	0.619	0.589	0.557

表 7-9 σ' 值

$\dfrac{h_s - h_c''}{H - h_c''}$	≤0	0.1	0.2	0.3	0.4	0.5	0.6	0.7	0.8	0.9	0.92	0.94	0.96	0.98	0.99	0.995
σ'	1.00	0.86	0.78	0.71	0.66	0.59	0.52	0.45	0.36	0.23	0.19	0.16	0.12	0.07	0.04	0.02

由于我国沿海地区潮型有一日潮和半日潮两种，为了退潮时排除闸内设计暴雨径流量，故在确定挡潮闸总净宽时，还应考虑在规定的时间内使闸内设计暴雨径流量排出的要求。

7.3.3 防洪闸高程确定

防洪闸高程的确定根据防洪闸形式的不同确定的方式也不同。挡洪闸、分洪闸的闸底高程应根据闸址的地形、地质、单宽流量和闸门高度确定。闸顶高程计算如式(7-13)所示：

$$Z_w = Z_p - H_0 \tag{7-13}$$

$$H_0 = \left(\frac{q}{M}\right)^{\frac{2}{3}}$$

$$q = \frac{Q}{b}$$

式中 Z_w——闸底高程，m；

Z_p——闸前河道设计洪水位，m；

H_0——闸前水头，m；

M——综合流量系数，一般采用 $M = 1.30$；

q——单宽流量，m³/(s·m)；

Q——分洪闸最大分洪流量，m³/s；

b——闸孔宽，m。

泄洪闸闸顶高程的确定，一方面要考虑滞洪区的设计最高水位，另一方面还要考虑承洪水体的最高水位，因此闸上游设计水位采用较高值，其余计算同式(7-13)。

挡潮闸的闸顶高程确定时还应考虑关闸时潮位壅高的问题，具体计算如式(7-14)所示。

$$H = h_1 + h_2 + h_e + \delta \tag{7-14}$$

式中　　H——挡潮闸闸顶高程，m；

$\quad\quad h_1$——建闸前设计最高潮水位，m；

$\quad\quad h_2$——建闸后关闸潮水壅高值，m；

$\quad\quad H_e$——波浪侵袭高度，m；

$\quad\quad \delta$——安全超高，大型 $\delta = 1.5\text{m}$，中型 $\delta = 1.0\text{m}$，小型 $\delta = 0.5\text{m}$。

7.3.4　消能防冲设计

(1) 护坦设计　护坦是闸身以下消减水流动能及保护在水跃范围内河床不受水流冲刷的主要结构，由于护坦表面受高速水流作用，因此护坦材料必须具有抗冲耐磨的性能，一般采用混凝土或钢筋混凝土结构。

① 水面连接的判别。由于防洪闸前后水流诸水力要素之间的关系不同，在闸下游可能发生各种不同的连接形式。防洪闸多系平底出流，因此只有底流式连接形式。假定防洪闸为定流量，下游河道水流状态为均匀流态，下游水深 h_t 为正常水深。一般建闸河道均系缓坡，水流是缓流状态，下游水深大于临界水深，在此情况下，当防洪闸泄流时，在距闸孔一定距离处形成收缩断面，水流在此处具有最小水深，该水深常小于临界水深，而呈急流状态。

由急流过渡到缓流状态，必须通过水跃，因此防洪闸出流常借水跃与下游连接。根据跃后水深 h_2 与下游水深 h_t 的关系，水面连接有 3 种形式：当 $h_2 > h_t$ 时，为远驱水跃式连接；当 $h_2 = h_t$ 时，为临界水跃式连接；当 $h_2 < h_t$ 时，为淹没水跃式连接。其中第三种连接对消能最有利，应设法达到这种连接形式。

② 构造设计。为了降低护坦下面的渗透压力，以减轻护坦的负荷，可在护坦上设置垂直排水孔，并在护坦下面设置反滤层，在水跃区域内不宜设置排水孔，因该区域流速很高，可能在局部产生真空，形成负压，致使排水孔渗流逸出的坡降增大，容易造成地基的局部破坏。排水孔常布置成梅花形，孔距一般取1.5~2.0m，孔径为 25~30mm，如图 7-5 所示。

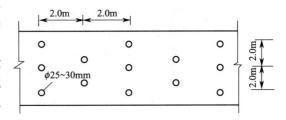

图 7-5　护坦排水孔布置示意图

护坦与闸室底板、翼墙之间均以变形缝分开，以适应不均匀的沉降和伸缩。顺水流方面的纵缝最好与闸室底板上的纵缝及闸孔中线错开，以减轻急流对纵缝的冲刷作用。缝距一般为 15~20m，缝宽为10~30mm。

③ 消力池。闸下消能防冲设计，应以闸门全开的泄流量或最大单宽流量为控制条件。

防洪闸泄流时，上下游水位差所形成的高速水流，将对下游河床和岸边产生冲刷作用，为了防止有害的冲刷，必须有效地消除由于高速水流所产生的巨大能量。水跃可以造成较大的能量损失，通过水跃，一般可使水流总能量损失 40%~60%，因此，水跃可作为消能的主要措施。一般在闸下游设置能促使形成水跃的消能设施，常用的消能设施有消力池、消力槛、综合式消力池以及消力墩、消力梁等一些辅助的消能工程。当下游水深不足时，为了获得淹没式水跃，可加深下游护坦做成消力池，以加大下游水深，使之产生淹没式水跃。消力池是一种最可靠的消能设施，构造简单，使用广泛，通常采用混凝土或钢筋混凝土结构，不宜采用浆砌石结构。消力池计算方法如下。

消力池深度可按公式(7-15)~(7-18)计算（计算示意图见图 7-6）。

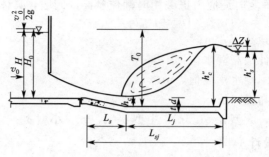

图 7-6　消力池深度计算示意图

$$d = \sigma_0 h_c'' - h_s' - \Delta z \tag{7-15}$$

$$h_c'' = \frac{h_c}{2}\left[\sqrt{1 + \frac{8\alpha q^2}{g h_c^3}} - 1\right]\left(\frac{b_1}{b_2}\right)^{0.25} \tag{7-16}$$

$$h_c^3 - T_0 h_c^2 + \frac{\alpha q^2}{2g\varphi^2} = 0 \tag{7-17}$$

$$\Delta z = \frac{\alpha q^2}{2g\varphi^2 h_s'^2} - \frac{\alpha q^2}{2g h_c''^2} \tag{7-18}$$

式中　d —— 消力池深度，m；

σ_0 —— 水跃淹没系数，可采用 $1.05 \sim 1.10$；

h_c'' —— 跃后水深，m；

h_c —— 收缩水深，m；

α —— 水流动能校正系数，可采用 $1.0 \sim 1.05$；

q —— 过闸单宽流量，$\mathrm{m^2/s}$；

b_1 —— 消力池首端宽度，m；

b_2 —— 消力池末端宽度，m；

T_0 —— 由消力池底板顶面算起的总势能，m；

Δz —— 出池落差，m；

h_s' —— 出池河床水深，m。

消力池长度可按公式(7-19) 和公式(7-20) 计算（计算示意图见图 7-6）。

$$L_{sj} = L_s + \beta L_j \tag{7-19}$$
$$L_j = 6.9(h_c'' - h_c) \tag{7-20}$$

式中　L_{sj} —— 消力池长度，m；

L_s —— 消力池斜坡段水平投影长度，m；

β —— 水跃长度校正系数，可采用 $0.7 \sim 0.8$；

L_j —— 水跃长度，m。

消力池底板厚度可根据抗冲和抗浮要求，分别按公式(7-21) 和公式(7-22) 计算，并取其大值。

抗冲　　　　　$$t = k_1 \sqrt{q\sqrt{\Delta H'}} \tag{7-21}$$

抗浮　　　　　$$t = k_2 \frac{U - W \pm P_m}{\gamma_b} \tag{7-22}$$

式中　t —— 消力池底板始端厚度，m；

$\Delta H'$ —— 闸孔泄水时的上、下游水位差，m；

k_1—— 消力池底板计算系数，可采用 $0.15\sim0.20$；

k_2—— 消力池底板安全系数，可采用 $1.1\sim1.3$；

U—— 作用在消力池底板底面的扬压力，kPa；

W—— 作用在消力池底板顶面的水重，kPa；

P_m—— 作用在消力池底板上的脉动压力，kPa，其值可取跃前收缩断面流速水头值的 5%；通常计算消力池底板前半部的脉动压力时取"＋"号，计算消力池底板后半部的脉动压力时取"－"号；

γ_b—— 消力池底板的饱和重度，kN/m^3。

消力池末端厚度，可采用 $\dfrac{t}{2}$ ，但不宜小于 0.5m。

（2）出口翼墙　出闸高速水流的平面扩散是消能的一个必要的步骤，平面扩散可以减小单宽流量，尤其是水位差较小的闸下消能，平面扩散更为重要。下游翼墙的扩散角度对出闸水流影响很大，下游翼墙的平均扩散角每侧宜采用 $7°\sim12°$，其顺水流向的投影长度应大于或等于消力池长度。在有侧向防渗要求的条件下，翼墙的墙顶高程应分别高于最不利的运用水位。翼墙分段长度应根据结构和地基条件确定，建筑在坚实或中等坚实地基上的翼墙分段长度可采用 $15\sim20m$；建筑在松软地基或回填土上的翼墙分段长度可适当减短。

（3）海漫　海漫的作用是保护护坦或消力池后面的河床免受高速水流的冲刷，杀减护坦消能后所剩下的能量，并进一步扩散与调整水流，减小流速，防止对河床有害的冲刷。海漫本身的材料，必须能长期经受高速水流的冲刷，并能适应河床的变形而不致破坏，其表面尽可能有一定的糙率，以减小水流速度。为了减少闸室地板和护坦下面的渗透压力，海漫应设计成透水的。在其下面设反滤层，以防止渗透水流把地基土粒带出。海漫的结构有堆石海漫、干砌石海漫和混凝土预制板海漫，海漫的结构根据海漫上水流流速大小来选择。

海漫长度计算方法如下。

当 $\sqrt{q_s\sqrt{\Delta H'}}=1\sim9$，且消能扩散良好时，海漫长度可按公式（7-23）计算：

$$L_p=K_s\sqrt{q_s\sqrt{\Delta H'}} \tag{7-23}$$

式中　L_p—— 海漫长度 m；

q_s—— 消力池末端单宽流量，m^2/s；

K_s—— 海漫长度计算系数，可由表 7-10 查得。

表 7-10　K_s 值

河床土质	粉砂、细砂	中砂、粗砂、粉质壤土	粉质黏土	坚硬黏土
K_s	$14\sim13$	$12\sim11$	$10\sim9$	$8\sim7$

（4）防冲槽　防冲槽通常采用抛砌石结构，其表面的水流流速应接近河床的容许流速，才能避免河床产生有害的冲刷。海漫末端的河床经水流长期冲刷，必然将河床冲深，形成冲刷坑，这是防冲槽内的部分石块将自动填充被冲深的部位，以减轻水流对河床的进一步破坏。防冲槽的砌置深度，应根据海漫末端冲刷深度计算，海漫末端的河床冲刷深度可按公式（7-24）计算：

$$d_m=1.1\frac{q_m}{v_m}-h_m \tag{7-24}$$

式中　d_m—— 海漫末端河床冲刷深度，m；

q_m—— 海漫末端单宽流量，m^2/s；

v_m—— 河床土质容许不冲流速，m/s；

h_m—— 海漫末端河床水深，m。

（5）下游岸边防护　为了保护翼墙以外的岸边不受水流冲刷，在一定长度内，需要进行防护。翼墙下游护坡可结合河道的防护型式，采取坡式护岸或者重力式护岸。

7.4　涵洞水力计算与设计

7.4.1　涵洞设计

涵洞由进口段、洞身、出口段三部分组成，如图7-7所示。

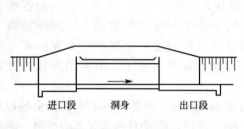

图 7-7　涵洞组成示意图

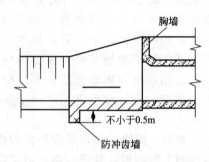

图 7-8　防冲齿墙示意图

（1）进口段

① 涵洞进口段主要起导流作用，为使水流从渠道中平顺通畅地流进洞身，一般设置导流翼墙，导流翼墙有喇叭口形状或八字墙形状，以便水流逐渐缩窄，平顺而均匀地流入洞身，并保护渠岸不受水流冲刷。

② 为防止洞口前产生冲刷，除在进口段进行护底外，还要根据水流速度的大小，向上游护砌一段距离。

③ 若流速较大时，在导流翼墙起点设置一道垂直渠道断面的防冲齿墙，其最小埋深为0.5m，如图7-8所示。

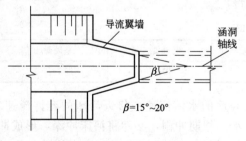

图 7-9　导流翼墙角度示意图

④ 导流翼墙的扩散角 β（导流翼墙和涵洞轴线的夹角），一般为15°～20°，如图7-9所示。

⑤ 导流翼墙长度不宜小于洞高的3倍。

⑥ 为挡住洞口顶部的土壤，在洞身进口处设置胸墙，与洞口相连的迎水面做成圆弧形，如图7-8所示。

（2）洞身

① 洞身中轴线要与上下游排洪渠道中轴线在一条直线上，以避免产生偏流，造成洞口处冲刷、淤积和壅水等现象。

② 在排洪渠道穿越公路、铁路和堤防等构筑物时，为了便于涵洞的平面布置和缩短长度尽量选择正交。如果上游流速较大，或水流含沙量很大时，宜顺原渠道水流方向设置涵洞，不宜强求正交。

③ 为防止洞内产生淤积，洞身的纵向坡度一般均比排洪渠道稍陡。在地形较平坦处，洞底纵坡不应小于 0.4％；但在地形较陡的山坡上涵洞底纵坡应根据地形确定。

④ 若洞身纵坡大于 5％时，洞底基础可作成齿坎形状，如图 7-10 所示，以增加抗滑力。

⑤ 山坡很陡时，应在出口处设置支撑墩，以防止涵洞下滑，如图 7-11 所示。

⑥ 无压涵洞内顶面至设计洪水位净空值，可按表 7-11 采用。

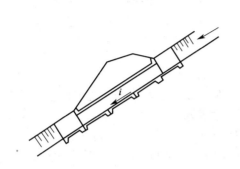 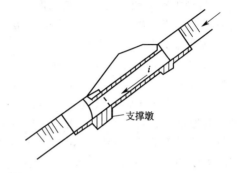

图 7-10　齿坎示意图　　　　　　　　　　　　图 7-11　支撑墩示意图

表 7-11　无压涵洞净空值　　　　　　　　　　　　　　　单位：m

涵洞类型 进口净高或内径/m	圆管型	拱型	箱型
$h \leqslant 3$	$>h/4$	$>h/4$	$\geqslant h/6$
$h > 3$	>0.75	$\geqslant 0.75$	$\geqslant 0.5$

⑦ 当涵洞长度为 15～30m 时，其内径不宜小于 1m；当大于 30m 时，其内径不宜小于 1.25m。

⑧ 洞身与进口处导流翼墙和闸室连接处应设变形缝。设在软土地基上的涵洞，洞身较长时，应考虑纵向变形的影响。

⑨ 建在季节冻土地区的涵洞，进出口和洞身两端基地的埋深，应考虑地基冻胀的影响。

（3）出口段

① 出口段主要是使水流出涵洞后，尽可能地在全部宽度上均匀分布，故在出口处一般要设置导流翼墙，使水流逐渐扩散。

② 导流翼墙扩散角度一般采用 10°～15°。

③ 为防止水流冲刷渠底，应根据出口流速大小及扩散后的流速来确定护砌长度，但至少要护砌到导流翼墙末端。

④ 当出口流速较大时，除加长护砌外，在导流翼墙末端设置齿墙，深度不小于 0.5m。

⑤ 若出口流速很大，护砌已不能保证下游不发生冲刷或护砌长度过长，可在出口段设置消力池，消除多余能量，如图 7-12 所示。

7.4.2　涵洞水力计算

（1）涵洞水流状态判别　判别水流通过涵洞的状态，可以正确选用各种水流状态的计算公式，但由于影响涵洞水流状态的因素比较复杂，要做到精确地确定各种水流状态之间的界限是比较困难的。一般是根据实验按近似的经验数值来判别。

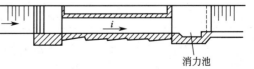

消力池

图 7-12　消力池位置示意图

水流状态的判别，可根据涵洞进水水头 H 和洞身净高 h_T 的比值来确定，其判别条件如下。

① 具有各式翼墙的进口

a. 洞身为矩形或接近矩形断面时：当 $H/h_T \leqslant 1.2$ 时，为无压流；当 $1.5 > H/h_T > 1.2$ 时，为半有压流；当 $H/h_T \geqslant 1.5$ 时，为有压流。

b. 洞身为圆形或接近圆形断面时：当 $H/h_T \leqslant 1.1$ 时，为无压流；当 $1.5 > H/h_T > 1.1$ 时，为半有压流；当 $H/h_T \geqslant 1.5$ 时，为有压流。

② 无翼墙进口

当 $H/h_T \leqslant 1.25$ 时，为无压流；当 $1.5 > H/h_T > 1.25$ 时，为半有压流；当 $H/h_T \geqslant 1.5$ 时，为有压流。

当涵洞坡度大于临界坡度 i_c 时，出口水流形成均匀流动的正常水深；当涵洞坡度小于或等于临界坡度时，且洞身又较长，则出口的水流形成临界水深 h_c。

（2）涵洞出流状态判别　涵洞出流分为自由出流和淹没出流，当下游水深 h_t 对设计流量下泄无影响时，为自由出流；当下游水深 h_t 对设计流量下泄产生影响时，为淹没出流，其判别条件为：

对无压涵洞：$h_t/H < 0.75$；或对有压涵洞：$h_t/h_T > 0.75$ 时，为淹没出流。

（3）自由出流时排洪能力计算

① 无压涵洞的排洪能力计算。排洪流量公式为

$$Q = \varphi \omega_1 \sqrt{2g(H_0 - h_1)}$$

$$H_0 = H + \frac{v_0^2}{2g} \tag{7-25}$$

式中　Q——涵洞排洪流量 $m^3 h$；

　　　ω_1——收缩水深断面处的过流面积 m^2；

　　　φ——流速系数；

　　　H——洞前水深，m；

　　　H_0——洞前总水深，m；

　　　v_0——洞前行进流速，m/s；

　　　h_1——收缩水深，m。

当为淹没出流时，排洪能力应乘以淹没系数 σ，可由表（7-12）查得。

表 7-12　无压涵洞的淹没系数 σ

h_t/H	σ	h_t/H	σ	h_t/H	σ
<0.750	1.000	0.900	0.739	0.980	0.360
0.750	0.974	0.920	0.676	0.990	0.257
0.800	0.928	0.940	0.598	0.995	0.183
0.830	0.889	0.950	0.552	0.997	0.142
0.850	0.855	0.960	0.499	0.998	0.116
0.870	0.815	0.970	0.436	0.999	0.082

② 水力特征计算。在设计流量 Q 及涵洞底坡为已知的条件下，无论箱形或圆形涵洞的计算，都应当先从临界水深开始计算。

a. 箱型涵洞。

临界水深

$$h_c = \sqrt[3]{\frac{aQ^2}{gB^2}} = \sqrt[3]{\frac{aq^2}{g}} \tag{7-26}$$

式中　a——流速修正系数，$a=1.0\sim1.1$；

　　　q——单宽流量，$m^3/(s\cdot m)$；

　　　B——涵洞宽度，m；

　　　Q——设计流量，m^3/s；

　　　g——重力加速度，m/s^2。

在求得临界水深 h_c 值后，即可计算下列各值：

收缩水深　　　　　　　　　　　$h_1=0.9h_c$　　　　　　　　　　　　(7-27)

临界水深时的过水断面面积　　　$\omega_c=Bh_c$　　　　　　　　　　　(7-28)

临界流速　　　　　　　　　　　$v_c=\dfrac{Q}{\omega_c}$　　　　　　　　　　(7-29)

收缩水深处的过水断面面积　　　$\omega_1=\dfrac{Q}{v_1}$　　　　　　　　　　(7-30)

涵洞前水深　　　　　　　　　　$H=h_c+\dfrac{v_c^2}{2g\varphi}$　　　　　　　　(7-31)

式中　　φ——流速系数。

涵洞临界坡度　　　　　　　　　$i_c=\dfrac{v_c^2}{C_c^2R_c}$　　　　　　　　　(7-32)

式中　R_c——临界水深处的水力半径，m；

　　　C_c——临界水深处流量系数。

收缩断面处的坡度　　　　　　　$i_1=\dfrac{v_1^2}{C_1^2R_1}$　　　　　　　　　(7-33)

b. 圆形涵洞。

圆形涵洞的临界水深 h_c 可通过表格法求得，根据已知设计流量 Q 和涵洞直径 d，由 $\dfrac{Q^2}{gd^5}$ 值从表 7-13 中可求得 h_c 值。

表 7-13　圆形涵洞水力特征值

充满度	水力特征值			
$\dfrac{h_0}{d}$ 或 $\dfrac{h_c}{d}$	$\dfrac{\omega^3}{B_cd^5}=\dfrac{Q^2}{gd^5}$	比值 $\dfrac{K_0}{K_d}$	比值 $\dfrac{\omega_0}{\omega_d}$	总比值 $\dfrac{K_0}{K_d}<\dfrac{\omega_0}{\omega_d}$
0.00	0.00	0.000	0.000	0.000
0.05	0.00	0.004	0.184	0.022
0.10	0.00	0.017	0.333	0.051
0.15	0.00	0.043	0.457	0.094
0.20	0.00	0.084	0.565	0.141
0.25	0.005	0.129	0.661	0.195
0.30	0.009	0.188	0.748	0.251
0.35	0.016	0.256	0.821	0.312
0.40	0.025	0.332	0.889	0.374
0.45	0.040	0.414	0.948	0.436
0.55	0.088	0.589	1.045	0.564
0.60	0.121	0.678	1.083	0.626
0.65	0.166	0.765	1.113	0.680
0.70	0.220	0.850	1.137	0.748
0.75	0.294	0.927	1.152	0.805
0.80	0.382	0.994	1.159	0.857
0.85	0.500	1.048	1.157	0.905
0.90	0.685	1.082	1.142	0.948
0.95	1.035	1.089	1.103	0.980
1.00	1.00	1.000	1.000	1.000

求得临界水深 h_c 值后，就可计算其他各值。

收缩断面水深 $\qquad\qquad\qquad\qquad h_1=0.9h_c$ (7-34)

临界水深的过水断面面积 $\qquad\qquad \omega_c=X_cd^2$ (7-35)

收缩断面水深的过水断面面积 $\qquad \omega_1=X_1d^2$ (7-36)

式中 X 可分别根据 $\frac{h_c}{d}$ 及 $\frac{h_1}{d}$ 的比值，从表 7-14 中查出相应的值。

另外临界流速、收缩断面流速、涵洞前水深 H 和临界坡度 i_c 的计算与箱形涵洞相同。但水力半径 $R=\frac{Y}{d}$，Y 的值可查表 7-14 得。

表 7-14　X、Y 的值

$\frac{h_1}{d}$ 或 $\frac{h_c}{d}$	$X(X=\frac{\omega}{d_2})$	$Y(Y=\frac{R}{d})$	$\frac{h_1}{d}$ 或 $\frac{h_c}{d}$	$X(X=\frac{\omega}{d^2})$	$Y(Y=\frac{R}{d})$
0.30	0.19817	0.1712	0.40	0.29337	0.2143
0.35	0.24498	0.1951	0.45	0.34278	0.2338
0.50	0.39270	0.2500	0.75	0.63155	0.3016
0.55	0.44262	0.2642	0.80	0.67357	0.3031
0.60	0.49243	0.2775	0.86	0.71152	0.3022
0.65	0.54042	0.2867	0.90	0.74452	0.2977
0.70	0.58723	0.2957	0.95	0.77072	0.2861

c. 出口流速计算。

当涵洞底坡大于临界坡度时，出口水深等于该坡度下的正常水深 h_0，此时 $h_0<h_c$，$v_0>v_c$。

出口流速计算公式 $\qquad\qquad\qquad v_0=\frac{Q}{\omega_0}$ (7-37)

式中 ω_0——正常水深，h_0 下的过流断面面积，m^2。

对于矩形涵洞 $\qquad\qquad\qquad\qquad \omega_0=Bh_0$ (7-38)

对于圆形涵洞 $\qquad\qquad\qquad\qquad \omega_0=Xd^2$ (7-39)

式中 X 根据 $\frac{h_0}{d}$ 的值从表 7-14 中查出。

当涵洞底坡等于或小于临界坡度，出口处的水深形成临界水深或接近临界水深，流速大约等于临界水深，即当采取比临界坡度更小的坡度时，也不会使出口流速降低很多。当涵洞底坡坡度等于临界坡度 i_c 时，出口水深可按临界水深 h_c 计算，相应 h_c 的流速就是临界流速 v_c。

为了让涵洞出口处水深能达到 h_c 的值，则需要涵洞有个最小的长度，这个长度就是从水深 h_1 增大到 h_c 时所需要的距离，取涵洞坡度等于 i_c，自 h_0 以后的自由水面就是水平线，则

$$L_{min}=\frac{h_c-h_1}{i_c}=\frac{0.1h_c}{i_c}$$ (7-40)

若涵洞实际长度 $L<L_{min}$ 时，则出口水深将小于 h_c，出口流速大于临界流速 v_c，小于收缩断面的流速 v_1。出口流速的分布状况，如表 7-15 和图 7-13 所示。

表 7-15　涵洞出口流速　　　　　　　　　　　　　　　　单位：m/s

涵洞坡度 涵洞长度	$i \leqslant i_c$	$i_c < i < i_1$	$i = i_1$	$i_1 < i < i_{max}$	$i = i_{max}$
$L < L_{min}$	$v_c < v_0 < v_1$	$v_c < v_0 < v_1$	$v_0 = v_1$	$v_1 < v_0 < 4.5 \sim 6$	$v_0 = 4.5 \sim 6$
$L \geqslant L_{min}$	$v_0 = v_c$	$v_c < v_0 < v_1$	$v_0 = v_1$	$v_1 < v_0 < 4.5 \sim 6$	$v_0 = 4.5 \sim 6$

注：i_{max} 为出口流速达 4～6m/s 时的涵洞坡度。

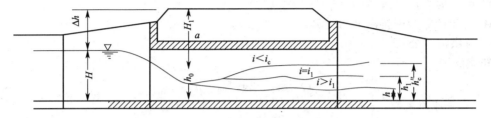

图 7-13　涵洞出口水深计算示意图

d. 最小路堤高度计算。

无压涵洞处的路堤最小高度

$$H_{min} = h_T + a + H_1 \tag{7-41}$$

或

$$H_{min} = H + \delta \tag{7-42}$$

式中　H_{min}——最小路堤高度，即从涵洞进口处洞底与路肩的高度，m；

　　　h_T——涵洞净高，m；

　　　a——洞身顶板厚度，m；

　　　H_1——涵洞洞身顶板外皮至路肩高度，m；

　　　H——涵洞前水深，m。

　　　δ——安全超高，一般为涵洞前水位以上加 0.2～0.5m。

③ 半有压流涵洞的排洪流量计算。

a. 排洪流量公式。

$$Q = \varphi \omega_1 \sqrt{2g(H_0 - h_1)} \tag{7-43}$$

$$H_0 = H + \frac{v_0^2}{2g} \tag{7-44}$$

对于箱形涵洞

$$h_1 = \varepsilon h_T \tag{7-45}$$

对于圆形涵洞

$$h_1 = \varepsilon d \tag{7-46}$$

式中　ε——挤压系数，可由表 7-16 查得；

　　　φ——流速系数，可由表 7-16 查得。

表 7-16　ε、φ 值

进口类型	挤压系数 ε		流速系数 φ
	箱形断面	圆形断面	
喇叭口式端墙（翼墙高程两端相等者）	0.67	0.60	0.90
喇叭口式端墙（翼墙高程靠近建筑物一端较高，另一端较低者）	0.64	0.60	0.85
端墙式	0.60	0.60	0.80

b. 水力特征计算。

临界水深

$$h_c = \sqrt{\frac{Q^2}{gB^2}} \tag{7-47}$$

临界流速和临界坡度计算方法与无压涵洞相同。圆形涵洞计算与箱形涵洞相同，只是将箱形涵洞净高 h_T 换成圆形涵洞直径 d。

c. 出口流速 v。

当 $i \leqslant i_c$ 时，$v = v_c$；当 $i > i_c$ 时，$v = v_0$。

④ 有压流涵洞的排洪能力计算。

a. 排洪流量公式。

箱型涵洞

$$Q = \varphi \omega \sqrt{2g(H_0 - h_T)} \tag{7-48}$$

式中　φ——流速系数，$\varphi = 0.95$。

圆形涵洞将矩形涵洞净高 h_T 换成圆形涵洞内径 d。

b. 水力特征计算。

涵洞出口流速：

$$v_0 = \frac{Q}{\omega} \tag{7-49}$$

式中　ω——过流断面面积，m^2。

涵洞坡度不应大于摩阻力坡度 i_f：

$$i_f = \frac{Q}{\omega^2 C^2 R^2} \tag{7-50}$$

式中　R——水力半径；

　　　C——谢才系数。

（4）淹没出流排洪能力计算

$$Q = \varphi \omega \sqrt{2g(H_0 + iL) - h_t} \tag{7-51}$$

$$\varphi = \sqrt{\frac{1}{\xi_1 + \xi_2 + \xi_3}}$$

式中　ξ_1——入口损失系数，取 0.5；

　　　ξ_2——沿程损失系数，$\xi_2 = \dfrac{2gL}{C^2 R}$；

　　　ξ_3——出口损失系数，取 1.0；

　　　L——涵洞水平长度，m；

　　　h_t——出口下游水深，m。

7.5　小桥水力计算与设计

城市防洪工程中，当河道和排洪沟渠的流量大、漂浮物多时，常在其与堤防、公路和城市道路的交叉处设置小桥。

7.5.1　小桥的分类及选型

按桥梁结构形式分为梁式桥、钢构桥、拱桥、吊桥和组合体系桥等。按建筑材料分有：石桥、混凝土桥、钢筋混凝土桥、木桥等。

按断面形状分有：矩形桥和梯形桥两种。矩形桥孔可缩短桥的跨度，其特点为上部结构较简单，所以较广泛采用。缺点是往往需要改变渠道的断面，而引起上游淤积、下游冲刷。梯形断面的小桥可不改变渠道断面，水流通畅，但桥的跨度较大，构造复杂、造价高，所以多不采用。

在进行小桥类型选择时，必须考虑以下因素。

（1）小桥所在的公路等级，例如，公路技术等级为Ⅱ级时，小桥防洪标准应为 50 年一遇。

（2）要考虑使用年限和安全可靠性，如使用年限短，且靠近森林地区，可考虑使用木桥；但对使用年限要求长时不宜使用木桥，而宜采用石桥或钢筋混凝土桥。

（3）小桥类型对造价有影响，地区性很强，要结合具体情况选择，综合分析技术经济进行选用。

（4）拟建小桥地点的路基高程及填土高度，均直接与桥墩桥台高度有关，而墩台基础设计则随工程地质和水文地质情况而异。

此外，还应考虑施工速度、材料供应、设计流量大小、地质条件等。

7.5.2 小桥的计算

（1）小桥孔径计算 桥下水流的几种状态如下。

① 急流状态。当排洪渠道坡道较大，水流急湍的时候，因流速较大，不宜压缩桥孔，此种情况属于急流状态，其条件为：

$$h_0 < h_\kappa$$
$$v_0 > v_\kappa$$

式中　h_0——渠道水深，m；

　　　h_κ——临界水深，m；

　　　v_0——渠道流速，m/s；

　　　v_κ——临界水深的流速，m/s。

当渠道不易加固，又不容许桥下流速超过渠道流速时，则桥孔应按通过设计流量的水面宽设计，不应压缩桥孔。此种情况桥孔计算与急流状态相同，用渠道流速进行计算。

② 自由出流状态。桥下游的渠道水位对桥下过水流量不起影响作用的出流称自由出流，即桥下游水面不影响桥孔内的水面高低，此时条件为：

$$h_0 \leqslant 1.3 h_\kappa$$

③ 非自由出流（淹没流）状态。当桥下过水流量与下游水位有直接影响时，则通过桥的出口流量被下游水面淹没，条件为：

$$h_0 > 1.3 h_\kappa$$

（2）桥下临界水深计算

① 矩形桥孔断面。对于矩形桥孔断面最大临界深度等于平均临界深度，即

$$h_\kappa = \overline{h}_\kappa$$
$$\overline{h}_\kappa = \frac{v_\kappa^2}{g} = 0.102 v_\kappa^2 \tag{7-52}$$

式中　v_κ——计算桥下临界水深时，相应的临界流速，m/s。

计算桥孔净宽时，v_κ 一般取最大允许不冲流速。

② 梯形桥孔断面。对于宽的梯形桥孔断面，计算临界水深的方法与矩形桥孔断面相同；对于狭而深的梯形桥孔断面，h_κ 按下式计算：

$$h_\kappa = \frac{B_\kappa - \sqrt{B_\kappa^2 - 4mB_\kappa \overline{h_\kappa}}}{2m} \tag{7-53}$$

式中　m——边坡系数；

　　　B_κ——通过设计流量的水面宽度，m。

由于水流通过小桥时多为临界流状态，所以 B_κ 值一般为临界出流时的净跨，可按下面桥孔宽度计算部分内容中临界流的公式求出该值。

（3）桥孔宽度计算

① 当桥下水流为自由出流状态时。

a. 矩形单孔断面

$$B_\kappa = \frac{Qg}{\varepsilon v_\kappa^3} \tag{7-54}$$

式中　B_κ——临界出流的净跨，m；

　　　Q——设计流量，m^3/d；

　　　v_κ——临界流速，m/s；

　　　ε——桥梁挤压系数。

b. 矩形多孔断面

$$B_\kappa = \frac{Qg}{\varepsilon v_\kappa^3} + nd \tag{7-55}$$

式中　n——桥墩个数；

　　　d——桥墩在水平线上顺桥跨方向的宽度，m。

c. 梯形单孔断面

$$B_\kappa = \frac{\sqrt{Q^2 g^2 - 4\varepsilon m v_\kappa^5 Q}}{\varepsilon v_\kappa^3} \tag{7-56}$$

d. 梯形多孔断面

$$B_\kappa = \frac{\sqrt{Q^2 g^2 - 4\varepsilon m v_\kappa^5 Q}}{\varepsilon v_\kappa^3} + nd \tag{7-57}$$

② 当桥下水流为淹没出流状态时。

a. 矩形单孔断面

$$\overline{B} = \frac{Q}{\varepsilon v_{\max} h_0} \tag{7-58}$$

式中　$\overline{B}$——水流断面平均宽度，即在深度为 $\frac{h_0}{2}$ 时的断面宽度，m；

　　　$v_{\max}$——最大不允许冲刷流速，m/s。

b. 矩形多孔断面

$$\overline{B} = \frac{Q}{\varepsilon v_{\max} h_0} + nd \tag{7-59}$$

c. 梯形单孔断面

$$\overline{B} = \frac{\sqrt{Q^2 g^2 - 4\varepsilon m v_0^5 Q}}{\varepsilon v_0^3} \tag{7-60}$$

d. 梯形多孔断面

$$\overline{B} = \frac{\sqrt{Q^2 g^2 - 4\varepsilon m v_0^5 Q}}{\varepsilon v_0^3} + nd \tag{7-61}$$

（4）桥长度计算

① 当 $h_0 \leqslant 1.3 h_\kappa$

矩形断面桥孔长度 $\qquad\qquad l = B_\kappa$ （7-62）

梯形断面（如图 7-14 所示）的桥长

$$l = B_\kappa + 2m \Delta h \qquad\qquad (7\text{-}63)$$

式中　Δh——上部构造的地面高出水面的距离。

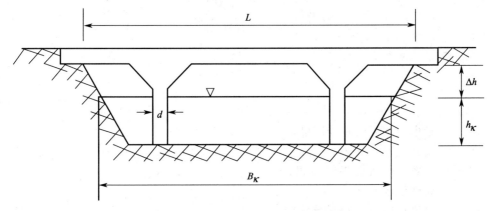

图 7-14　梯形断面桥孔（自由式出流）

渠底宽度 $\qquad\qquad b = B_\kappa - 2m h_\kappa$ （7-64）

② 当 $h_0 > 1.3 h_\kappa$

矩形断面 $\qquad\qquad l = \overline{B}$ （7-65）

梯形断面（如图 7-15 所示）的桥长

$$l = \overline{B} + 2m \left(\frac{1}{2} h_0 + \Delta h \right) \qquad\qquad (7\text{-}66)$$

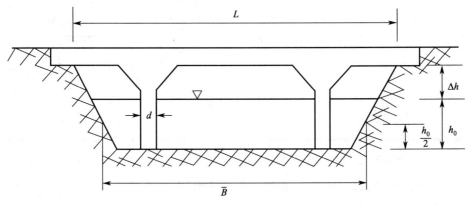

图 7-15　梯形断面桥孔（淹没式出流）

求得桥孔净跨和孔数后，还需根据标准净跨 B 取为整数，如二者差值超过 10%，还需要重新调整。

（5）桥前壅水高度计算。

① 当 $h_0 \leqslant 1.3 h_\kappa$

$$H = h_\kappa + \frac{v_\kappa^2}{2g\varphi^2} - \frac{v_0'^2}{2g} \qquad\qquad (7\text{-}67)$$

式中 φ —— 流速系数，可由表查得；

v_0' —— 桥前壅水高度为 H 时的相应流速，m/s。

② 当 $h_0 > 1.3 h_\kappa$

$$H = h_0 + \frac{v_{\max}^2}{2g\varphi^2} - \frac{v_{\max}^2}{2g} \tag{7-68}$$

（6）积水计算。

$$Q' = Q(1 - \lambda\eta) \tag{7-69}$$

$$\eta = K^3 - \frac{K-1}{(\xi-1)^2}(\xi-K)(K\xi+\xi-2K) - 1 \tag{7-70}$$

$$K = \frac{H'}{h^0} \tag{7-71}$$

$$\xi = \frac{Li}{h_0} \tag{7-72}$$

式中 Q' —— 考虑积水后的减少流量，$\mathrm{m^3/s}$；

Q —— 设计流量，$\mathrm{m^3/s}$；

λ —— 参数，可由表 7-17 查得；

H' —— 允许积水高度，m；

h_0 —— 渠道相应流量 Q 的水深，m；

L —— 渠道的长度，m；

i —— 渠底坡度。

表 7-17　λ 值

河 道 状 况	λ
山区水流河道狭窄而边坡陡，水流急，河蓄水量很少	0.05
山陵区及山区水流，两岸部分平坦，有浅滩，河蓄水量不太多	0.10
丘陵区水流，两岸大部平坦，水流不急，有浅滩或水田蓄水，河蓄水量颇大	0.15
两岸平坦，水流缓慢，有浅滩及两岸水田蓄水，河蓄水量很大	0.20

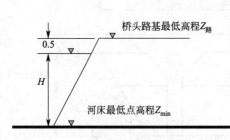

图 7-16　桥头路基最低高程计算示意图

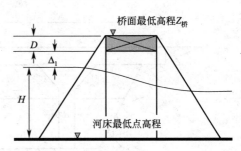

图 7-17　桥面最低高程计算示意图

桥头路基和桥面最低高程计算示意如图 7-16 和图 7-17 所示。

桥头路堤最低标高：

$$Z_{路} = Z_{\min} + H + 0.5 \tag{7-73}$$

桥面最低标高：

$$Z_{桥} = Z_{\min} + H + \Delta_1 + D \tag{7-74}$$

式中 H —— 桥前壅水高度，m；

$Z_{\min}$ —— 河底最低高程，m；

Δ_1 —— 自 H 顶到上部构造地面的净高，m；

D —— 桥面本身板厚度，m。

第8章 防洪组织与应急措施

8.1 防洪组织构成

洪水灾害给国民的经济建设和人民的生命财产造成了损失，因此国家历来都把防汛工作作为维护社会稳定和促进国民经济发展的一件大事来抓。为加强防洪工作，国务院颁发的《中华人民共和国防汛条例》对防洪的组织、任务、职责等都做了具体规定。实践证明，健全和合理的防洪组织结构和严格的责任制度，是做好城市防洪工作的有力保障。

8.1.1 管理机构和体制

防洪排涝体系建成后，大量的工程设施及固定资产在保障市区居民安全和社会经济发展中具有举足轻重的作用。必须有健全的管理机构和高素质的管理队伍，才能保证防洪排涝调度工作的科学、合理、高效，充分发挥这些工程的巨大防洪效益。管理体制的建立原则如下。

(1) 贯彻高效、统一、专业和精简的管理方针；

(2) 顺应城乡水务一体化管理方向；

(3) 体现现代化管理水平；

(4) 防洪排涝实行统一领导、统一调度；

(5) 实行首长负责制。

城市防洪排涝工程实行统一管理与分级管理相结合的管理制度。市区设施由市水行政主管部门主管，对流域工程设立直属管理单位，对各区域性工程由市水行政主管部门委托所在地的区水行政主管部门管理。对规划范围内的河、库、闸坝、泵站设置管理所（处），实行统一管理，以保证工程效益的充分发挥。

8.1.2 管理机构及职责

(1) **市区防汛指挥管理调度中心** 市区防汛指挥管理调度中心为市区防汛指挥部的执行机构，全面负责市区防汛抗旱各项日常事务。其职责如下。

① 执行上一级指挥调度中心指令；

② 具体执行市区防汛指挥部的防汛决策，并负责市区范围内各防洪、除涝、调水工程的运行调度；

③ 负责市区各防汛工程维修，急办项目的审查、报批和督办；

④ 负责下属各分区或流域管理所和各单项工程管理所的业务指导、培训管理（人事管理由主管部门市水利局承担）；

⑤ 雨情、水情、工情、灾情信息收集、整理、上报；

⑥ 负责本调度中心系统的运行、管理和维护。

(2) **各分区管理所** 各分区管理所为各分区联防指挥部的执行机构，同时又是市区防汛指挥管理调度中心的派出机构，全面负责分区内防汛抗旱的各项日常事务。其职责如下。

① 负责本分区内外河道、防洪墙、排涝泵站及其他附属设施的管理、运行、维修、

保养；

②负责本分区内各防汛工程的汛前、汛后检查，岁修、急办项目的方案制定，概预算编制、上报及具体实施；

③执行上级防汛指挥调度中心指令；

④具体执行本分区联防指挥部的各项防汛决策；

⑤及时收集上报本分区内的雨情、水情、险情和灾情。

（3）重点单项工程管理所　重点单项工程管理所为市区防汛指挥管理调度中心的派出机构。其职责如下。

①负责本单项工程及附属设施的管理、运行、维修、养护；

②负责所管工程的汛前、汛后检查，岁修、急办项目方案制定，概预算编制、上报及具体实施；

③执行市区防汛指挥管理调度中心的各项调度指令；

④积极参与所在分区的防汛抗旱工作；

⑤及时上报所管工程的水情、工情和灾情。

上述中心及管理所为常设管理机构，应按照国家水利工程定员定编规定，结合市区防洪排涝实际情况，核定并给足相应的管理人员，以保证城市各项防洪排涝管理和调度工作落到实处。

管理机构和人员编制以及隶属关系的确定，是一项政策性很强的工作，一般应按照国家有关规定予以确定。在工程管理设置中管理机构和人员编制应确定以下内容。

①按照工程隶属关系，确定工作任务和管理职能；

②确定管理机构建制和级别；

③确定各级管理的单位的职能机构；

④确定管理人员编制人数。

按照堤防、水库、排涝泵站等主体工程设置相应的主体工程管理单位。管理单位按照工程特点设置相应职能机构，如工程管理、计划财务、行政人事、水情调度、综合经营等科室，以及各主体工程管理单位。管理机构应以精简高效为原则，遵照国家有关规定，合理设置职能机构或管理岗位，尽量减少机构层次和非生产人员。

一般江河堤防工程按照水系、行政区和地方级别和堤防级别和规模组建重点管理、分片管理或条块结合的管理机构，按三级设置管理单位。第一级为管理局，第二级为管理总段，第三级为管理分段。

水库工程按照水库等级规定，先确定水库主管部门，据此确定与主管部门级别相适应的水管理单位的机构规格。管理单位级别要低于主管部门级别的原则设置。依据水库管理单位的规格、工程特点和有关部门现行的有关规定，设置水库管理单位机构，并按精简的原则确定人员编制。

8.2　防洪技术组织

防洪技术和措施是对城市防洪的重要保障，必须有一个合理的技术组织，尤其是在应急方案的实施过程中。因此，防洪技术人员对防洪应急方案的实施起到至关重要的作用。

防洪工程技术主要包括：防洪排涝预案的制定，水情测报与洪水预报，防洪工程的检查观测、养护维修和调度运用以及政策法规措施。为了保证防洪工程安全有序的运营，对防洪工程的技术人员的组织作如下划分，其组织机构如图 8-1 所示。

图 8-1　防洪技术组织机构

（1）负责人　包括总负责人和各工程项目负责人。其职责主要是负责防洪工程的正常运营调度和防洪决策，应急方案中各工程项目的审查、报批和督办，对各分组工作的指导和管理。

（2）综合组　包括组长和相应编制的组员。其职责是收发信息、综合文字、水情和灾情统计上报，组织会商会议等。

（3）宣传组　包括组长和相应编制的组员。其职责是宣传防汛动态，播报天气和洪水信息，宣传好人好事，接待记者。

（4）巡查组　包括组长和各工程的巡查人员。其职责是对各防洪工程进行定期检查、特别检查和安全鉴定。

（5）保障组　包括组长和各工程的保障人员。其职责是对防洪工程进行维修和抢修，保证防洪工程的安全运营，调配物品物资车具。

（6）抢险组　巡防队全体人员和预备役民兵。其职责是出现险情时，立即组织抢险，并执行紧急转移受灾人员。

8.3　重点防御对象

城市防洪是保护工农业正常生产、保障人民生命财产安全的重要措施，城市防洪工程中重点防护地域或单位附近防洪的规划是城市规划和建设的一个重要组成部分。

城市防洪中，重点防御地域或单位是指与市民的生产生活密切相关，且一旦发生洪灾，直接威胁人民的生命和财产安全，对经济和基础设施影响最大或破坏力最强的地域。如市县党政机关所在地、部队驻地、电力部门、通信部门、学校、医院、电视台等重点部门和单位，供水、供电、供气、供热、通信等生命线工程设施，以及地下商场、人防工程等重要地下设施，重要有毒有害污染物生产和仓储地，城区易积水交通干道和稠密居民区。

在确定防洪工程中重点防御地域或单位时，需要收集总体规划所需的基础资料，包括自然、社会、经济及历次发生洪水的资料等；分析被保护对象在城市总体规划与国民经济中的地位，以及洪灾可能会对其造成的影响。《中华人民共和国防洪法》规定，重要的铁路、公路干线，大型骨干企业，应当列为防洪重点，确保安全；受洪水威胁的城市、经济开发区、工矿区和国家重要的农业生产基地等，应当重点保护，建设必要的防洪工程设施。

在城市防洪规划中，重点防御地域意义重大。防洪工作需遵循的重要的原则即局部利益服从全局利益，其中包括蓄滞洪区的规定。我国一方面地域辽阔，洪涝灾害频繁，同时由于经济发展水平所限，全社会用于修建水利工程设施的投入难以满足抵御各种洪水侵袭的要求，防洪能力十分有限。在这种情况下，为了将洪水损失减少到最低，不得已时只能牺牲局部利益以保大局。根据这一实际情况，国家在长江、黄河、淮河、海河等流域开辟了 98 处蓄滞洪区，在遇到较大洪水时，动用蓄滞洪区分蓄洪水，以确保重点地区的防洪安全。强调局部利益服从全局利益就是强调从大局出发，从全国人民的整体利益出发，从某一地区的大多数人的利益出发来处理防汛抗洪事务，用尽量少的牺牲换取尽量多的人员生命和财产的安全。

8.4　超标洪水的防治措施

超标洪水是指超过防洪系统或防洪工程设计标准的洪水。洪水由于受自然因素及人类活动等影响，如山洪、湖洪、河流、水库等，具有很大的随机性，对其所采取的应急对策是在发生超标准洪水时，研究制订重点保护对象和重大工程的紧急保护措施，并事先作好安排，必要时实施，以避免发生毁灭性灾害。

（1）山洪的防治　山洪灾害是指山丘区由于降雨引发的山洪和由山洪引发的泥石流、滑坡等对人民生命和财产造成损失的自然灾害。山洪具有突发性、水量集中、破坏力大等特点。其诱发的泥石流、滑坡，常造成人员伤亡，毁坏房屋、田地、道路、桥梁等，甚至可能导致水坝、山塘溃堤。通过经济技术比较，规划适当并采取必要的工程措施，保障重要防护对象的安全。工程措施对策主要包括山洪沟、泥石流沟及滑坡治理、病险水库除险加固、水土保持等。

① 山洪沟治理。对严重威胁村镇、县城、大型工矿企业、重要基础设施、大面积农田的山洪沟采取工程措施治理。山洪沟治理措施主要有护岸及堤防工程、沟道疏浚工程、排洪渠等。

② 泥石流沟治理。对保护对象重要、危害严重的泥石流沟采取工程治理措施。泥石流沟治理措施主要包括排导工程、拦挡工程、沟道治理工程和蓄水工程等。

③ 滑坡治理。根据滑坡危险性分类，对威胁到集镇、大型工矿企业、重要基础设施安全，对经济社会发展造成严重影响的不稳定滑坡，考虑治理的技术可行性和经济合理性，采取必要的工程措施进行治理。滑坡治理的措施主要要有：排水、削坡、减重反压、抗滑挡墙、抗滑桩、锚固、抗滑键等。

④ 病险水库除险加固。对一旦溃坝将造成山洪灾害防治区大量人员伤亡和财产损失的病险水库。在原有工程基础上，通过采取综合加固措施，消除病险，确保工程安全和正常使用；恢复和完善水库应有的防洪减灾功能，消除防洪隐患。

⑤ 水土保持。根据山洪灾害防治区内水土流失特征、分布规律、成因，结合山洪灾害防治要求，采取工程措施、生物措施和水土保持耕作措施相结合，进行综合治理。

（2）湖洪的防治措施　湖洪是指河流或湖泊不能容纳特大径流而形成的灾害。一般是指来水量大，造成了河流或湖泊的水位不断上升，达到或超过相应的警戒水位，甚至是溢出河堤或湖体坝顶，对周围的环境造成危害。

① 分洪。即从河流或湖泊的上游进行分流，将来水引导至相邻的湖泊、河流、海洋等；

② 泄洪。即利用湖泊、河流下游的输水能力，将来水的部分超标水，输送至下游相邻的水体中，直到海洋；

③ 蓄洪。即人为增加河流后湖泊堤坝的高度，在一定程度上将来水暂时存蓄在河流或湖泊内，待洪峰过去后，再慢慢地下泄洪水，最大程度上保护下游人民财产的安全，同样也保护了环境。

（3）河洪防治措施　在大江大河重要堤段，应预筹临时分洪区，或利用堤防的超高、抢修子堤等适当超泄。江河洪水超过堤坝防洪水位，有漫堤溃破的危险，重要的防洪工程在洪峰到来前，要及时抢做堤顶，加高加固堤坝，抬高洪水位，加大江河泄洪能力，防止漫决。

（4）水库防治措施　水库特别是大型水库一定要严格按照设计规范的校核洪水进行校核，并预先备有非常泄洪设施和措施。对于重要中小型水库亦应分析研究可能发生的超标准洪水，要设置非常溢洪道或其他泄流设备，或采取临时加高加固大坝或破副坝以保主坝等紧急措施，防止洪水漫坝造成溃决。

8.5　应急方案设计

防洪应急方案主要是针对自然或人为因素导致的城市市区内洪水（含江河及山洪等）、暴雨渍涝、台风暴潮等灾害事件的防御和应急处置。应急方案的处理措施包括非工程性措施和工程性措施。超标准洪水减灾措施及其内容主要包括以下几个方面。

8.5.1　预报与预警信息

进入汛期后，相关部门应加强对气象水文、水情以及灾情险情的预报预警工作。气象部门应加强对当地灾害性天气的监测和预报，对重大气象、水文灾害做出分析和评估，并将结果及时报送防汛抗旱指挥部。特别是超标洪水发生时，各防洪区应加密监测和预报的时段，及时上报气象信息。

江河或水库出现超警戒水位洪水时，各工程管理部门应加强对防洪工程（堤防、护岸、水库、排水等）的检查和监测，并将各工程措施的运行情况上报所在地的防汛抗旱指挥机构。

当洪灾发生后，有关部门应及时向防汛抗旱指挥机构报告受灾情况，洪涝灾情的信息包括：洪灾发生的时间、地点、范围、受灾人口以及群众财产、农林牧渔、交通运输、邮电通信、水电设施等方面的损失。地区政府及上级防汛指挥机构对灾情核实并作为抗灾救灾的依据。

国家防总应急预案规定，预警级别依据突发公共事件可能造成的危害程度、紧急程度和发展势态，一般划分为四级：Ⅰ级（特别严重）、Ⅱ级（严重）、Ⅲ级（较重）和Ⅳ级（一般），依次用红色、橙色、黄色和蓝色表示。分级类型可以根据实际情况确定，如河流水文、降雨量等。

如柳州市预警分别以河流水位和降雨量进行预警分级。

（1）河流水位预警分级

Ⅰ级预警（红色）：柳州水文分局预报柳江将发生特大洪水（超 50 年一遇，即柳州水文站水位≥91.46m）时；

Ⅱ级预警（橙色）：柳州水文分局预报柳江发生大洪水（20～50 年一遇，即柳州水文站水位 89.34～91.46m）时；

Ⅲ级预警（黄色）：柳州水文分局预报柳江发生较大洪水（10～20 年一遇，即柳州水文站水位 87.28～89.34m）时；

Ⅳ级预警（蓝色）：柳州水文分局预报柳江发生一般洪水（5～10 年一遇，即柳州水文站水位 85.89～87.28m）时；

（2）降雨量预警分级

Ⅱ级预警（橙色）：市气象局发布暴雨红色预警信号，即 3h 降雨量将达 100mm 以上，或者已达 100mm 以上且降雨可能持续时；

Ⅲ级预警（黄色）：市气象局发布暴雨橙色预警信号，即 3h 降雨量将达 50mm 以上，或者已达 50mm 以上且降雨可能持续时；

Ⅳ级预警（蓝色）：市气象局发布暴雨黄色预警信号，即 6h 降雨量将达 50mm 以上，或者已达 50mm 以上且降雨可能持续时。

上海市以降雨量进行预警分级，设定为暴雨蓝色预警、暴雨黄色预警、暴雨橙色预警、暴雨红色预警四级，并给出了相应防御指引措施。具体分级如下：

① 暴雨蓝色预警信号　含义：12h 降雨量将达 50mm 以上，或者已达 50mm 以上且降雨可能持续。

防御指引如下：

a. 市民要关注天气变化，采取防御措施；

b. 收盖露天晾晒物品，做好防潮工作；

c. 驾驶人员应注意道路积水和交通阻塞，确保安全；

d. 检查农田、鱼塘排水系统，做好排涝准备。

② 暴雨黄色预警信号　含义：6h 降雨量将达 5mm 以上，或者已达 50mm 以上且降雨可能持续；或者 1h 降雨量将达 20mm 以上。

防御指引如下：

a. 家长、学生、学校要特别关注天气变化，采取防御措施；

b. 相关单位做好低洼、易受淹地区的排水防涝工作；

c. 检查农田、鱼塘情况，降低易淹鱼塘水位。

其他同暴雨蓝色预警信号。

③ 暴雨橙色预警信号　含义：3h 降雨量将达 50mm 以上，或者已达 50mm 以上且降雨可能持续；或者 1h 降雨量将达 30mm 以上。

防御指引如下：

a. 暂停在空旷地方的户外作业，尽可能停留在室内或者安全场所避雨；

b. 相关应急处置部门和抢险单位须加强值班，密切监视灾情，切断低洼地带有危险的室外电源，落实应对措施；

c. 交通管理部门应对积水地区实行交通引导或管制；

d. 转移危险地带以及居住在危房内的居民到安全场所避雨。

其他同暴雨黄色预警信号。

④ 暴雨红色预警信号　含义：3h 降雨量将达 100mm 以上，或者已达 100mm 以上且降雨可能持续；或者 1h 降雨量将达 60mm 以上

防御指引如下：

a. 人员应留在安全处所，户外人员应立即到安全的地方暂避；

b. 相关应急处置部门和抢险单位随时准备启动抢险应急方案；

c. 已有到校学生和上班人员的学校、幼儿园以及其他有关单位应采取专门的保护措施，处于危险地带的单位应停课、停业，人员立即转移到安全的地方暂避。

其他同暴雨橙色预警信号。

2008 年 8 月 25 日清晨 6 时许，暴雨突袭上海市中心城区，上海中心气象台 5 时 54 分和 6 时 25 分先后发布雷电和暴雨黄色预警信号，7 时 31 分更新暴雨黄色预警信号为暴雨橙色预警信号。全市最高的小时降雨量超过 117mm。上海市防汛指挥部也在 6 时 30 分发布防汛防台黄色预警信号，启动Ⅲ级应急响应。

8.5.2　预防预警行动

进入汛期后，不仅需要做好预报预警信息工作，还要做好预报预警准备工作，即各相关部门在接到预报预警信息后，做好相关准备工作。具体预报预警准备工作包括以下几点。

(1) 思想准备　加强宣传，增强全民预防洪水灾害和自我保护的意识，做好防大汛的思想准备。

(2) 组织准备　建立健全防汛抗旱组织指挥机构，落实防汛抗旱责任人、防汛抗旱队伍和山洪易发重点区域的监测网络及预警措施，加强防汛专业机动抢险队和抗旱服务组织的建设。

(3) 工程准备　按时完成水毁工程修复和水源工程建设任务，对存在病险的堤防、水

库、涵闸、泵站等各类水利工程设施实行应急除险加固；对跨汛期施工的水利工程和病险工程，要落实安全度汛方案。

（4）**预案准备**　修订完善城市防洪预案、台风暴潮防御预案、洪水预报方案、防洪工程调度规程、堤防决口和水库垮坝应急方案、蓄滞洪区安全转移预案、山区防御山洪灾害预案和抗旱预案、城市抗旱预案。研究制订防御超标准洪水的应急方案，主动应对大洪水。针对江河堤防险工险段，还要制订工程抢险方案。

（5）**物料准备**　按照分级负责的原则，储备必需的防汛物料，合理配置。在防汛重点部位应储备一定数量的抢险物料，以应急需。

（6）**通信准备**　充分利用社会通信公网，确保防汛通信专网、蓄滞洪区的预警反馈系统完好和畅通。健全水文、气象测报站网，确保雨情、水情、工情、灾情信息和指挥调度指令的及时传递。

（7）**防汛检查**　实行以查组织、查工程、查预案、查物资、查通信为主要内容的分级检查制度，发现薄弱环节，要明确责任、限时整改。

（8）**防汛日常管理工作**　加强防汛日常管理工作，对在江河内建设的非防洪建设项目应当编制洪水影响评价报告，对未经审批并严重影响防洪的项目，依法强行拆除。

第 9 章　防洪技术与措施

9.1　防洪措施与发展

9.1.1　防洪措施

防洪措施是指为了减轻洪水灾害损失而采用的各种对策和措施。目前，防洪措施主要有工程和非工程措施。在工程措施方面，对应用新材料、新结构、新工艺，缩短工期，提高质量等仍需继续研究。如在堤防、大坝等水工建筑物设计中，应用土力学、岩石力学、水文学、地质学、河流动力学的新成就；应用在土石、混凝土、合成高分子材料、建筑材料试验等方面的新成果；在施工技术中，应用系统工程、自动化技术，安排施工进度、选择设备，提高施工效率和质量。在非工程措施研究方面，如应用防汛调度系统、洪水预报和警报、水文预报以及优化防洪调度制定科学的防洪法规等都是防洪研究的重要内容课题。

9.1.2　防洪减灾措施

从广义的角度讲，对洪水的调控可以分为工程性和非工程性的。工程措施和方法是基于消除洪水、防止或减轻洪水给人类带来损害，而非工程措施和方法则是通过调整人类活动以缓解洪水灾害。具体分类见图 9-1。

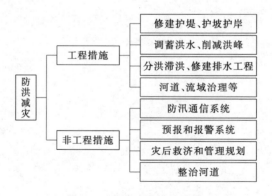

图 9-1　防洪减灾措施分类

9.1.3　防洪发展趋势

为提高城市道桥投资效率，更有效地改善城市交通，提出了城市道桥建设重点是"加快完善城市道路网络系统，提升道路网络密度"。

一方面，通过改造道路网络结构，处理好道路的功能分级，在城市外围地区加强各功能区快速通道建设，在中心城区严格控制快速路和立交桥建设，要按照"小街坊、高密度"的要求，加强次干路和支路建设，加密路网，完善微循环系统，提升道路网络的连通性和可达性。另一方面加大道路交通管理系统建设，引导交通流量合理分布，通过精细化的交通工程设计，提高新建和改建道路的使用效率和安全保障水平，缓解交通拥堵。主要表现在以下几个方面。

（1）加强城市供水、污水、雨水、燃气、供热、通信等各类地下管网建设和改造。开展城市地下综合管廊试点。

（2）加强城市排水防涝防洪设施建设，解决城市积水内涝问题。

（3）加强城市污水和生活垃圾处理设施建设。

（4）加强城市道路交通基础设施建设，尽快完成城市桥梁安全检测和危桥加固改造。加强行人过街、自行车停车等设施建设。

（5）加强城市电网建设。推进城市电网智能化，提高电力系统利用率、安全可靠水平和电能质量。

（6）加强生态园林建设。提升城市绿地蓄洪排涝、补充地下水等功能。

9.2　防洪工程措施

9.2.1　修筑防护堤和防护墙

（1）沿河修建防护堤　沿河修建防护堤（见图 9-2），提高河道的行洪能力，防止汛期洪水浸溢，引起水灾，这是我国大小江河防洪工程中常用的一种措施。

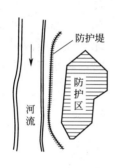

图 9-2　沿防护区河段
修建防护堤

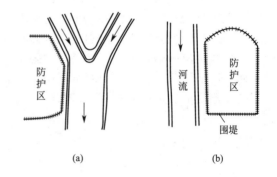

图 9-3　沿防护区河段围堤

（2）沿防护区围堤　当防护区位于地势比较低洼平坦的地区时，为了缩短防护堤的长度，有效地保护防护区免遭洪水的侵袭，可以在防护区的四周修筑围堤（见图 9-3），以保证防护区的安全。

（3）谷坊工程　谷坊是在山溪沟道上游较陡的地方，修建的一种低坝，高度一般为 1～5m，其主要作用有以下几点。

① 防止沟床下切，使沟床逐渐淤高，以加强山坡坡脚的稳定性，并使沟底纵坡趋向平缓，防止沟岸崩塌。

② 拦截泥砂，减少汇入河流的泥石量，防止抬高河床，加速沟底川台化，改善植物在沟底的生长条件，使荒沟变成良田。

③ 使沟道中的水流流通大大减缓，削减洪峰，减轻山洪对下游城镇的威胁。

9.2.2　护坡工程

为防止崩塌，在坡面修筑护坡工程进行加固则称为护坡工程，比削坡节省投工，速度快。常见的护坡工程有：干砌片石和混凝土砌块护坡、浆砌片石和混凝土护坡、格状框条护坡、喷浆和混凝土护坡、铺固法护坡等。

9.2.3 护岸工程

当桥引起河水流向变化，冲刷河岸而危及农田和村镇时，也须在河岸修建防护建筑物。这种建筑物通常又称为护岸。护岸工程常有三种形式：平顺护岸、丁坝护岸及守点顾线式护岸。护岸工程应按河道整治线布置，布置的长度应大于受冲刷或要保护的河岸长度。

9.2.4 调蓄洪水，削减洪峰

（1）修建水库调节洪水　在被保护城镇的河流上游适当地点修建水库可调蓄洪水，削减洪峰，保护城镇的安全。同时还可利用水库拦蓄的水量满足灌溉、发电、供水等发展经济的需要，达到兴利除害的目的。

（2）利用已建水库调节洪水　利用河道上游已建水库调节洪水，削减洪峰，保护城镇安全。

（3）利用相邻水库调蓄洪水　利用相邻两河流 A 和 B 各有一座水库Ⅰ和Ⅱ，位置相距不远，高程相差也不大的特性，在两水库之间修筑渠道或隧洞，将两座水库相互连通，从而确保水库下游河道的洪水在河道安全泄洪范围之内，以保证防护区的安全。

（4）利用流域内干、支流上的水库群联合调蓄洪水　利用流域内干、支流上已建的水库群对洪水进行联合调蓄，以削减洪峰和洪量，保证下游防护区的安全；同时利用水库群的联合调度，合理利用流域内的水资源。

（5）利用湖泊滞蓄洪水　如果防护区上游河道附近有天然湖泊，则可利用天然湖泊调蓄洪水，削减洪峰，延缓洪水通过的时间，等河道洪峰通过后，再逐渐地将湖泊中滞蓄的洪水排入河流中。如长江中游的洞庭湖对长江的洪水起着调蓄作用，保证长江中下游的防洪安全。

（6）利用河槽调蓄洪水　如果防护区上游河道有宽阔的滩地，或河槽两侧岸坡较高，则可在防护区上游河道修建节制闸。汛期当河道发生超标准洪水时，利用节制闸将超过防护区河段安全泄量的洪水临时拦蓄在河槽内，利用河槽的容积滞蓄洪水，延缓洪水通过的时间，等到洪峰通过后，再陆续将滞蓄的洪水排入下游河道。

9.2.5 分洪

（1）向下游河道分洪　在防护区上游河道适当地点修建分洪口和分洪道，从防护区上游将河道中超过防护区河段安全泄量的部分洪水通过分洪道直接输送到下游河道，以减轻防护区河段的行洪压力，保证防护区汛期的安全，如图 9-4 所示。

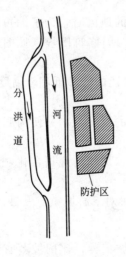

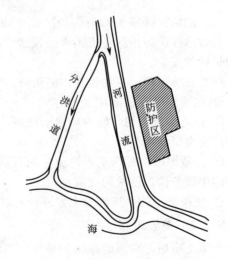

图 9-4　利用分洪道向下游河道分洪　　　　图 9-5　利用分洪道向海洋分洪

（2）向海洋分洪　对位于滨海地区的防护区，可在防护区上游河道适当地点修建分洪口和开挖分洪道（减河）直达大海，将河道中超过防护区河段安全泄运的部分洪水（超标准洪水）排入大海（见图 9-5），以保证防护区的安全。

（3）跨流域分洪　如果流域 A 内河道 A 的行洪能力较低，无法容纳超标准洪水，而相邻流域 B 内河道 B 的行洪能力较强，两河相距又不远，则可在河道 A 的防护区上游适当地点开挖分洪道（或泄洪洞），将河道 A 和河道 B 连通，洪水时将河道 A 超过防护区河段安全泄量的部分洪水泄入河道 B，以减轻河道 A 的防洪压力，保证防护区的安全，如图 9-6 所示。

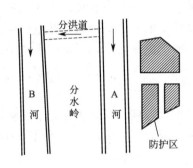

图 9-6　跨流域分洪

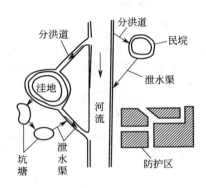

图 9-7　利用洼地、民垸和坑塘分洪

（4）利用洼地、民垸、坑塘分洪　如果防护区附近有洼地、民垸、坑塘等，可以作为临时蓄水滞洪区，可在防护区上游河道适当地点修建分洪口和分洪道，并从洼地、民垸和坑塘的适当地点修建泄水渠，直达下游河道。汛期将超过防护区河段安全泄量的洪水通过分洪道泄入洼地、民垸和坑塘滞蓄，等洪峰过后，再将洼地、民垸和坑塘中的洪水排入下游河道（见图 9-7）。

9.2.6　修建防洪构筑物

防护区内需要修建分洪闸、泄洪闸和挡潮闸等防洪构筑物，以进行分滞洪工程。

9.2.7　修建排水工程

在平原或低洼地区，汛期由于连续降雨或降暴雨，排水不畅，地面积水，地下水位升高，将会出现涝渍灾害、土地盐碱化和沼泽化，致使农作物减产、树木枯萎、建筑物沉陷开裂、地下水质恶化、蚊蝇孳生、地面湿陷坍塌等。防治浸没和涝渍的措施，就是修建排水工程。

（1）修建排水沟（渠）　如果涝渍区附近有排水出路，如附近有河道、湖泊、天然洼地、坑塘等滞洪区，则可修建排水沟（渠）进行排水，排除渍水和降低地下水位，这是防治涝渍和浸没的重要措施。根据排水沟（渠）位置的不同又可分为地面排水沟（渠）和地下排水沟（渠）。

（2）地面排水沟（渠）　排水沟（渠）敷设在地面，用以排除地表水。根据排水沟（渠）结构的不同，这种排水沟（渠）又可分为：① 排水明沟（渠），即排水沟（渠）表面无遮盖，是开敞的；② 排水暗沟（渠），即排水沟（渠）是封闭的，表面有盖板遮盖。

（3）地下排水沟（渠）　排水沟（渠）设在地面以下，做成暗沟（渠）的形式。

（4）修建排水井　如果地下水位较高，为了除涝和防止发生浸没，降低地下水位，可以修建排水井进行排水。根据排水方式的不同，排水井又可分为自流排水井和非自流排水井。当地下水位高于地面高程，或地下水为承压水时，地下水可通过排水井自流排出地面，再结合地面排水沟（渠）将地下水排入承泄区，称为自流排水；当地下水为非承压水，地下水位低于地面高程时，地下水不可能通过排水井自流排出地面，此时，必须通过从井内抽水来降低地下水位，称为非自流排水。

9.2.8 修建抽水站

对于低洼池区的积水，滞洪区内的水和通过防护区河沟中的水无法自流排出防护区，应选择适当地点修建抽水站，将水抽出防护区。

9.2.9 挖高填低

如果防护区为一坡地或地形起伏较大、高低不平的场地，此时可在坡地一侧地势较高处挖土将低处填高；或者采用水力冲填的方法，用水将高坡上的土冲成泥浆，然后用渠道或管道引到低处或低洼处，进行淤填，使防护区的地面高于河道洪水位，以保证防护区不致被洪水淹没。

9.2.10 河道整治

整治河道，提高局部河段的泄洪能力，使上下河段行洪顺畅，可以避免因下游河段行洪不畅，上游河段产生壅水，而对上游河段造成洪水威胁。因此，整治河道是河道防洪的重要措施之一。

9.2.11 小流域综合治理

在小流域内植树种草，封山育林，进行沟壑治理，在山沟上修筑谷坊、节制坝，拦截泥沙，保持水土，防止汛期暴雨时山洪暴发，引起山坡崩塌和坍塌，形成泥石流。

9.2.12 防止河道上形成冰坝和冰塞

在北方地区，河道在冬季常常封冻，春季解冻后则产生流冰，流冰受阻，极易产生冰坝和冰塞，堵塞河水，造成水位上涨，引起河岸漫溢，泛滥成灾。为了防止冰坝和冰寒引起水灾，应在形成冰坝和冰塞的河段，及时进行爆破，炸开冰坝和冰塞，使水流顺畅。爆破时应从下游向上游分段进行，以便使炸开的冰块随水流及时下排。

9.2.13 谷坊和跌水

谷坊是山区沟道内拦截泥沙的小坝。水土流失地区的崩岗、沟壑、山沟治理工程之一。其作用是：①抬高沟底侵蚀基点，防止沟底下切和沟岸扩张，并使沟道坡度变缓；②拦蓄泥沙，减少输入河川的固体径流量；③减缓沟道水流速度，减轻下游山洪危害；④坚固的永久性谷坊群有防治泥石流的作用；⑤使沟道逐段淤平，形成可利用的坝阶地。

跌水是使上游渠道或水域的水安全地自由跌落入下游渠道或水域的落差建筑物。用于调整引水渠道的底坡，克服过大的地面高差而引起的大量挖方或填方，将天然地形的落差适当集中所修筑的阶式建筑物称为跌水。多用于落差集中处，也用于渠道的泄洪、排水和退水。

9.3　防洪非工程措施

通过法令、政策、经济和防洪工程以外的技术手段，以减轻洪水灾害损失的措施，统称为防洪非工程措施。

9.3.1 非工程措施发展

防洪非工程措施的发展主要由于以下几点。

（1）仅靠工程措施既不能解决全部防洪问题，又费用高昂，必须考虑非工程措施的结合。

（2）洪泛区的开发利用不尽合理，人口和财富迅速增长，以致虽建设了大量的防洪工程，但洪水所造成的损失仍然有增无减。

（3）现有防洪工程多数防御标准不高，提高标准在经济上又不合理，而超标准的洪水又有可能发生。

（4）大型防洪工程投资大，占地多，移民问题突出，开发条件越来越差，可兴建的工程越来越少。因此，以非工程措施与工程措施相结合来减少洪灾损失的途径，日益为人们重视。防洪非工程措施的理论与方法日益得到发展。

9.3.2　国内主要非工程措施

（1）防汛指挥调度通信系统

现代技术中基于 PDA（personal digital assistant，即个人数字助理）的防洪综合应用系统在防汛调度中应用，在 PDA 上能实现对防汛信息的查询、分析、统计、预警、通信，以及防汛指挥移动办公等。早在 2008 年，河南省防汛办就已经建设了基于桌面应用的防汛决策支持系统，利用 GPRS 无线网络数据传输渠道，及时获取汛期信息和预警信息，使防汛工作实时高效，最大限度避免和减少灾情损失。目前，针对防汛工作中存在着信息时效性低以及信息获取受办公条件限制等问题，许多公司已经设计开发了基于无线应用（WAP）的防汛信息系统，并且该系统支持 WAP 手机、PDA 等。

（2）水文网站和预报系统　　水文预报特别是对灾害性水文现象做出预报，是水文学在经济和社会服务的重要方面。水文网站是水文预报的关键平台，通过水文网站对大型水利枢纽做出短期、中期和长期的预报。自 2008 年 3 月开始，柳州市完成了 72 个水文遥测站的升级换代工作，全部采用 GPRS 平台替代卫星遥感监测洪水平台，这标志着柳州市洪水预警预报系统进入新的里程碑。

（3）洪水预报预警系统　　为防御洪水灾害和有效利用水资源而采用的对气象、水文要素进行观测、传输和处理，并具有发布预报、警报功能的信息系统，主要包括数据采集子系统。1997～1999 年洪水期间，黄山市洪水预报预警系统做到了预报准确、传输及时，为防汛抢险提供了科学的决策依据，取得了较佳的社会经济效益。美国在防御洪涝灾害的手段方面较为先进，突发洪水研究、雷达预警、洪水预报、洪水量化预报、面向流域可能的河流洪水预报及洪水预警系统是美国在洪水预报领域的研究成果。通过对美国洪水预报研究的了解，可以确定洪水预报研究今后发展趋势。

（4）洪水保险和灾后救济　　依靠社会筹措资金、国家拨款和国际援助对灾民进行救济，凡是参加洪水保险的要定期缴纳保险费，在遭受洪水灾害后按规定得到赔偿，以迅速恢复生产，保障正常生活，是具有政策性和非盈利性的保险形式。位于广东省南部的深圳市，属台风、洪涝灾害多发地区，经常面临着极大的洪水计损和保险问题，因此，政府和保险公司提出了两种洪水保险模式，即洪水保险的市场化模式和政府洪水的保险计划模式。最后在政府洪水保险计划下，各保险公司与深圳市政府洪水保险计划管理局组成雇佣关系，政府洪水保险计划管理局代理洪水保险销售和代理洪灾损失评价与赔付，并从中获得佣金。

（5）蓄滞洪区建设与管理规划　　2009 年《全国蓄滞洪区建设与管理规划》（简称《规划》）明确指示，利用 10 年左右的时间，基本完成使用频繁、洪水风险较高、防洪作用突出的蓄滞洪区建设任务，使重度风险区内的居民得到妥善安置，安全基本有保障、生产条件得到改善，并初步建立较为完善的蓄滞洪区管理体制、制度和运行机制，实现洪水"分得进、蓄得住、退得出"。用 20 年左右的时间，建成较为完备的蓄滞洪区防洪工程和安全设施体系，建立较为完善的蓄滞洪区管理体制、制度和运行机制。

（6）普及全民防洪知识，提高防汛意识　提高全民防洪意识普及全民防洪避灾知识，增强抗灾自救能力。进行防汛安全知识宣传，向市民发放《防汛安全应急手册》和汛情四色预警宣传品。增加咨询过程中必要的洪水信息，以提高居民洪灾意识。2013年东北发生严重灾情，8月15日松花江流域出现了1998年来最大洪水，造成辽宁、吉林、黑龙江三省111个县区市373.3万人受灾，直接经济损失7800万元。如果许多人提前具有良好的防洪意识，有可能减少损失和死亡。

在欧洲，几乎所有采取的防洪减灾措施都不仅包含了工程措施，而且更注重非工程措施，有的甚至还有超工程的倾向。美国到了20世纪70年代，从几乎完全的工程措施转移到将工程措施与非工程措施结合起来，进行洪泛区的管理。因此，现代社会中更应注重工程与非工程措施的结合。

9.4　分洪工程

9.4.1　分洪定义

分洪工程是在河流的适当地点，修建引洪道或分洪闸，分泄部分洪水，将超过河道安全泄量的洪峰流量分泄出去，减少下游河道的洪水负担，从而减缓或避免灾情和损失。

9.4.2　分洪方式选择

根据当地的地形、水文、经济等条件，本着安全可靠、经济合理、技术可行的原则，因地制宜地来选取和确定分洪方式。分洪方式的选择一般应考虑以下几种方案。

（1）如防护区的下游地区无防护要求，下游河道的泄洪能力较强，而且在防护区段内有条件修建分洪道，可采用分洪道，绕过防护区将超过防护标准的部分洪水泄入下游河道。

（2）如防护区临近大海，防护区下游河道的行洪能力不高，则可采用分洪道，将超过防护标准的部分洪水直接泄入海洋。

（3）如防护区附近除原河道外，尚有相邻河流，而且两河相隔的距离不大，则可采用分洪道将原河道的部分洪水排入相邻河道。

（4）如防护区附近有低洼地、坑塘、民垸、湖泊等临时承泄区，而且短期淹没的损失不大，则可考虑采用滞蓄分洪方案。

（5）如承泄区（分洪区）位于防护区下游不远处，则可考虑采用分洪和滞蓄区综合防洪的方案。

9.4.3　分洪工程分类

根据分洪方式的不同，分洪工程可分为滞蓄式、分洪道式和综合式三类。

（1）滞蓄式分洪工程　分洪首先利用"就近原则"，当附近的洼地、坑塘、废墟、民垸、湖泊等具有一定的洪水容纳能力时，可以作为承泄区（分洪区）。洪水到来时，可利用上述承泄区临时滞蓄洪水，在河道洪水消退后或在汛末，再将承泄区中的部分洪水排入原河道。图9-8所示为荆江分洪工程，它是利用被保护区的右侧，荆江与虎渡河之间的低洼地带作为分洪区，在分洪区的上游处设置洪闸，将荆江洪水分流入分洪区（承泄区），同时还在分洪区下游（防护区下游）处设置泄洪闸和临时扒口泄洪设施，当荆江洪水消退后，再将分洪区洪水排入荆江原河道。分洪区中还设有安全岛（安全台）或安全区，以作为分洪区人、物的临时安全撤离地带。

（2）分洪道式分洪工程　当附近没有大的承洪区时，可在临近防护区的河道上游适当地点修建分洪道，将超过河道（下游防洪标准）安全泄量的部分洪水通过分洪道排泄到防护区的下游，以保证防护区的安全。

根据分洪道末端承泄区的不同，分洪道式的分洪工程又可分为以下几种。

① 承泄区为下游河道。利用分洪道，绕过防护区将超过防护标准的部分洪水泄入防护区下游河道，如图 9-9（a）所示。

② 承泄区为相邻河流。利用分洪道，将超过防护标准的部分洪水泄入相邻河流，如 9-9（b）所示。

③ 承泄区为海洋。利用分洪道，将超过防护标准的部分洪水直接泄入海洋，如图 9-9（c）所示。

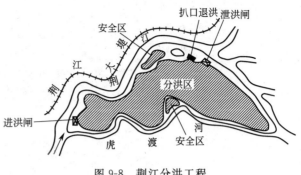

图 9-8　荆江分洪工程

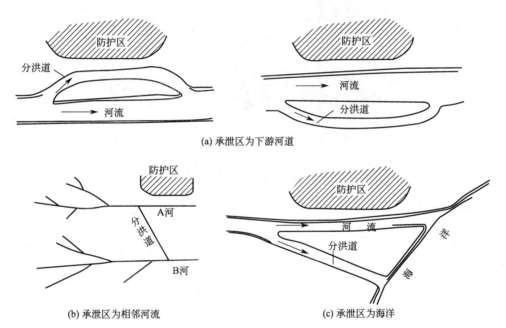

图 9-9　分洪道式分洪工程

（3）综合式分洪工程　如果防护区附近无洼地、民垸、坑塘、湖泊等分洪区，但在防护区下游不远处有适合的分洪区，则可在防护区上游的适当地点修建分洪道，直达上述分洪区，将超标准的部分洪水泄入防护区下游的分洪区。济南市腊山分洪工程位于城区西部，市中、槐荫和长清三区交界处，东起兴济河京沪铁路桥，西至北店子入黄口，工程需开挖砌筑河道 16.85km。腊山分洪工程就是通过拦截小清河上游兴济河、大涧沟、陡沟三大支流，分别导入玉符河，再入黄河。分洪流域面积占小清河洪园桥以上流域面积的 36%，防洪标准为百年一遇。其规划结构图如图 9-10。

9.4.4　分洪区规划

在排洪河道和蓄水工程运作的情况下，规划分析遇超量洪水时的分洪量，根据可能分洪的需要划出分洪区，提出分洪区的位置和范围。分洪区原则上应选在城市河道上游地势低洼、受淹损失小、易于转移人口的非建设区，规划确定的分洪区将严格控制建设和人口迁

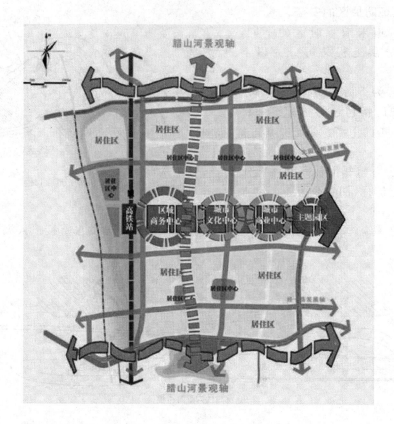

图 9-10　腊山分洪工程规划结构示意图

入。城市防洪工程设计所依据的各种标准设计洪水，包括洪峰流量、洪水位、时段洪量、洪水过程线等，可根据工程设计要求计算其全部或部分内容。

分洪工程的水利计算，应根据分洪任务和要求，拟定分洪原则和运用方式，分析确定各种设计水位、分洪水位、分洪流量和分洪量，并验算分洪工程的效能。

9.5　分洪工程设计

9.5.1　分洪流量确定

（1）分洪流量设计要求

① 设计分洪流量应根据防洪整体要求，按照设计洪水和分洪工程运用方式进行演算确定。

② 河段单一蓄滞洪区的设计分洪流量，在流域防洪规划中，按规划防洪标准或典型年洪水进行洪水演算至分洪口控制断面，以河段允许泄量切平头方法，求出蓄滞洪量的同时，将设计洪水过程的峰值减去允许泄量即为设计分洪流量。

③ 在湖泊、洼地有多个蓄滞洪区，设计洪水过程及允许泄量难以计算的情况下，可按规划分摊的蓄滞洪量除以蓄满历时，求得设计分洪流量。

（2）分洪流量过程线确定　根据上游水文测站确定的设计洪水过程线，用洪水演算方法（即河槽洪水方法），推算出分洪闸前的洪水过程线，扣除分洪闸下游河段的安全泄量，得闸前分洪流量过程线，其中的峰值就是最大分洪流量，如图 9-11 所示。

9.5.2　河槽洪水演算

根据河道上断面的洪水过程，推求河道下端面的洪水过程，主要研究对象为进入河段上下游两端面间的水体（洪水波），洪水波即流域内发生降雨，产生的净雨（径流成分）沿坡地先后迅速汇入河槽后，使得河槽水面在洪水期间发生高低起伏的波动，称为洪水波。

河槽演算涉及的核心内容是两个断面间蓄水量的变化，以满足下游断面修建工程的要求，河槽演算在水文预报、水利工程防洪控制等方面有重要应用。河槽洪水演算方法有很多种，但在河道地形资料及实测水文资料较少的条件下，一般使用马斯京干法。

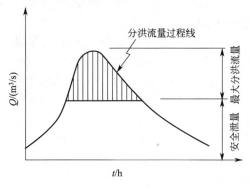

图 9-11　分洪流量过程线

（1）洪水流量演算方程

$$Q_2'' = C_0 Q_1'' + C_1 Q_1' + C_2 Q_2' \tag{9-1}$$

$$C_0 = \frac{\Delta t - 2KX}{2K(1-X) + \Delta t} \tag{9-2}$$

$$C_1 = \frac{\Delta t + 2KX}{2K(1-X) + \Delta t} \tag{9-3}$$

$$C_2 = \frac{2K(1-X) - \Delta t}{2K(1-X) + \Delta t} \tag{9-4}$$

$$C_0 + C_1 + C_2 = 1 \tag{9-5}$$

式中　Q_1'——上游断面时段始端流量，$\mathrm{m^3/s}$；

$\quad\quad Q_1''$——上游断面时段末端流量，$\mathrm{m^3/s}$；

$\quad\quad Q_2'$——下游断面时段始端流量，$\mathrm{m^3/s}$；

$\quad\quad Q_2''$——下游断面时段末端流量，$\mathrm{m^3/s}$；

$\quad\quad K$——具体时间因次的系数；

$\quad\quad X$——体现楔形调蓄的无因次参数，其范围为 $0\sim0.5$；

$\quad\quad \Delta t$——计算时段，h。

上述方程中，下游断面时段始端流量 Q_2' 可采用上游断面时段时段流量 Q_1'，因在洪峰过程起峰前，上、下游断面的流量是相等的。

（2）参数确定　在洪水演算方程中，有关参数 Δt、K、X 的选用是相互影响的，因此在选用时，可先假定计算时段 Δt，以计算 K 及 X 值，然后检验 Δt 是否满足要求。

①K、X 值的确定。在计算河段中，上、下游断面同时对某一次洪水进行观测，根据实测的上、下游洪水过程，推求 K、X 值，具体步骤如下。

a. 根据两断面的距离、河槽的纵坡等因素假定办法，常采用 $\Delta t = 6\mathrm{h}$、$12\mathrm{h}$、$18\mathrm{h}$、$24\mathrm{h}$。

b. 对区间入流量，可先计算区间入流总量，再按入流过程的比值分配到各时段中去。

c. 由各时段槽蓄变量 ΔS 顺时段累加，求得各时段的槽蓄量 S 值。各时段槽蓄变量按式（9-6）计算：

$$\Delta S = \frac{1}{2}(Q_1' + Q_1'')\Delta t - \frac{1}{2}(Q_1' + Q_1'')\Delta t \tag{9-6}$$

式中　ΔS——各时段槽蓄变量，$\Delta S = S_2 - S_1$；

$\quad\quad S_1$，S_2——时段始末河段蓄水量。

d. 假定 X 值，按 $Q'=XQ_1+(1-X)Q_2$ 计算不同 X 的 Q' 值。Q_1 和 Q_2 为同一时间上、下游断面的流量。

e. 图解试算 K、X 值，以 Q' 值为纵坐标，S 值为横坐标，根据各 X 值作 S-Q' 关系曲线。当涨、落洪段的 S-Q' 关系基本合拢成为单一直线时，则该关系线的 X 值即为所求值；其坡度 $K'=\Delta S/\Delta Q$、$\Delta t(h)$ 亦为所求值。

按上述计算步骤，求出多次洪水的 K、X 值，如各次洪水的 K、X 值比较接近，则取其平均值，若出现个别特大值或特小值，应分析其原因，决定取舍。

② 计算时段 Δt 的选用。计算时段 Δt 按传播距离、河槽的纵坡等因素选用。计算时段 Δt 选用越长，流量及槽蓄量在 Δt 内成直线变化的假定与实际相距越近；Δt 选用过短，计算河段内的槽蓄量将出现不连续现象。一般 Δt 选用的范围是 $K\geqslant\Delta t>2KX$。

（3）河槽洪水演算注意事项

① 水位变幅不大时，用一个固定的 X 值和 K 值；水位变幅较大时，高、中、低水位可用相同的 X 值及不同的 K 值；水位变幅甚大时，高、中、低水位可用不同的 X 值及不同的 K 值。

② 计算河段内有支流汇入时，常采用近似法来处理。靠近上游断面的支流，入流过程加在干流入流过程线上，并和下游断面的出流过程作洪水演算；靠近下游断面的支流入流过程在出流过程线上减去，并和上游断面的入流过程作洪水演算。

③ 对于江、湖连通河段，串联湖泊河段等复杂情况，其洪水演算按有关方法另行计算。

9.5.3 设计分洪水位

（1）设计分洪水位（外江、湖防洪控制水位）应依据流域防洪规划的要求、河段洪水特性、河道断面变化情况，以上下游河段的允许泄量和控制水位作为控制条件分析拟定。

（2）当洪水超过河道允许泄量并继续上涨时，预警决策动用单一蓄滞洪区分蓄洪水的起始水位，可用以下方法确定。

① 在有水文测站的河段，由实测水位流量关系曲线，以河段允许泄量控制，按典型年洪水比降或通过推算水面线确定。

② 在中下游河道，应对设计依据的水位流量关系充分论证，并以近期发生的大洪水实测资料为主，参照近百年发生过的历史洪水资料，综合定线，合理取值。

（3）计算的设计分洪水位一般不应低于河段防汛的保证水位；还应由各级政府权属范围内批准、认定。

（4）分洪闸的设计洪水位，参照《水利工程水利计算规范》（SL 104—95），根据外江、湖上下游控制站的设计洪水位及不利的来水组合，按照未分洪情况所推算的水面线确定。

9.5.4 分洪后原河道水面线的改变

河道分洪后，根据分泄洪水出路的不同，对原河道水面的影响也不同，常遇有以下几种情况。

（1）分洪道将分泄洪水直接排入其他河流或湖、海。这时分洪口以下河流均按安全泄量形成新的水面线；

（2）分洪道将分泄洪水在城市下游流回原河流。

① 分洪口和泄洪口距离较近，泄洪口上游河段受泄洪回水的影响。泄洪流量较小，影响较小；泄洪流量较大，则影响也较大。回水对上游河段的影响，可按有关天然河道水面曲线计算的方法，推求河段水面线。

② 泄洪口远离分洪口，泄洪回水影响可忽略不计。

③ 滞洪区的容积较大，分洪水量可全部储蓄其中，待河道洪峰过后，再行泄洪，这时可按汇入其他河流情况考虑。

9.5.5　分洪道路线

分洪道线路选择时，应考虑以下几点。

（1）分洪道的线路应根据地形、地质、水文条件来确定，尽可能利用原有的沟河拓宽加深，少占耕地，减小土挖工程量。

（2）分洪道应距防护区和防护堤有一定距离，以保证安全。

（3）分洪道的进口应选择在靠近防护区上游的河道一侧。

（4）对于直接分洪入下游河道和相邻河道的分洪道，分洪道的出口位置除应考虑到河岸稳定，无回流和泥沙淤积等影响外，还应考虑到出口处河道水位的变化、分洪的效果和工程量等的影响。

（5）分洪道的纵坡应根据分洪道进、出口高程及沿线地形情况来确定，在地形及土质条件允许的情况下，应选择适宜的纵坡，以减小分洪道的开挖量。

9.6　滞　洪　工　程

滞洪设施作为城市雨洪径流管理系统组成部分，早在 20 世纪 70 年代初，就得到广泛认同。美国、加拿大、瑞典、澳大利亚以及世界上很多国家都有使用，在很多实际设计中，往往会使用就地滞洪设计，因为地方政府对于各个新的土地开发地区，要求建设就地滞洪设施。

9.6.1　滞洪工程概念

分洪工程与滞洪工程在城市防洪中的作用基本一致，是将超过下游河道（或河段）安全泄量部分的洪水，导入其他河流或原河下游，或分流入滞洪区蓄存，以减轻下游河道（或河段）的负担。因此，蓄洪区是滞蓄洪工程中的重要部分。

滞洪区（也称蓄洪区）的作用是将超标洪水通过分洪道引入滞洪区以调蓄分洪流量，待条件许可时再向外排泄，以削减洪峰、减低洪水对河道两岸堤防的压力。滞洪区可以是洼地、坑塘、废墟、湖泊等，也可以在支沟或沟壑上修建堤坝形成平原水库，将超标准洪水通过分洪道引入水库，并在堤坝内设置泄水涵管，在河道洪水通过后或汛末再从水库中将滞蓄洪水排放到河道。

滞洪区的调洪能力可按一般常用的调洪计算方法确定，即把滞洪区水面看成水平的来考虑，其调蓄能力只与水位成函数关系，忽略动力方程对调蓄的影响。滞洪区只有暂时储蓄洪水的作用，因此，对峰型尖瘦、洪水陡涨陡落的河流，比洪峰历时长而洪水总量很大的河流，削减洪峰效果显著。

9.6.2　滞洪区规划

（1）流域蓄滞洪区规划应遵循"因地制宜、突出重点、平战结合、分期实施"的原则。

（2）滞洪区分蓄洪量的确定，应在研究流域洪水特性，特别是近百年来发生过的大洪水的实际过程的基础上，分析现有工程的防洪标准、河段现状泄洪能力，根据流域防洪标准的设计洪水进行洪水演算，按超过控制断面允许泄量计算确定超额洪量作为分蓄洪量。

（3）分洪量的确定宜根据流域大小和重点保护区的分布，分段计算、分段控制；其区间洪水应考虑区间防洪工程的作用和可能发生的洪水组合。上、下游河段的蓄滞洪量，由洪水演算和河道泄洪能力分析计算确定。

（4）同一河段由于地形地势、行政区划、社会经济等多种因素，要求分多个蓄滞洪区时，根据实际情况，河段蓄滞洪总量不变，各滞洪区合理分摊。河道的允许泄量，可根据控制站的设计洪水位，该断面的水位-流量关系曲线，考虑壅水顶托、分流降落、断面冲淤，以及河道演变等因素分析确定。

（5）滞洪区选址应遵循以下原则。

① 能有效控制防洪重点保护对象的洪水位，使分洪效果最佳。

② 控制洪水淹没范围，满足规划分洪量要求。在水文、地势、地形、地质等方面有利于进洪、泄洪。

③ 有多个蓄洪区的河段时，应做到上下游协调，左右岸兼顾。

④ 充分考虑地方经济社会发展规划，使分洪后损失最小，居民安置难度小。

9.6.3　滞洪容积设计

（1）设计原则

① 滞洪区的有效容量，应考虑该分洪口的位置，河道水位比降、区内河湖在分洪前期的蓄水量及分洪期间的降水量。

② 设计洪容积宜按理想分洪量的 1.1 倍确定。

③ 滞洪区高程-面积、容积曲线，应采用实测地形图量算，要求地形图的比例尺不小于1：10000。

④ 各滞洪区的设计蓄洪容积和设计蓄洪水位可根据防洪规划确定的总分洪量和各蓄滞洪区的高程-容积曲线，考虑各蓄滞洪区底水（前期蓄水量和区内降水量）以后，通过查高程-容积曲线求得。

⑤ 当划定的蓄滞洪区的蓄洪容积不能满足规划设计分蓄洪量时，应增设蓄滞洪区，或采取措施扩大蓄滞洪区范围；当划定的蓄滞洪区的蓄洪容积大于规划设计分蓄洪量较多时，可采用修筑隔堤方式，缩小蓄滞洪区范围。

（2）滞洪容量设计计算　滞洪区曲面积 A、容积 V 和滞蓄深度 H 可以根据地形图来计算，以作为分洪区规划设计的依据。

当利用河沟筑坝形成水库作为滞洪区时，水库的库容可按下式计算：

$$V = K\frac{BH^2}{I} \tag{9-7}$$

式中　V——水库的容积，m^3；

　　　　K——库容系数，与水库的形状有关，对于棱柱体水库，库容系数 $K = \frac{1}{3}$；

　　　　B——坝长，m；

　　　　H——水库的有效蓄水深度，可近似地按平均水深计算，m；

　　　　I——库区的纵向坡度。

当以其他非水库形式进行蓄洪时，蓄洪容积计算详见本书其他章节相关内容。

（3）滞洪区最高水位的确定　滞洪区的最高水位根据分洪与泄洪情况，分为两种类型：不能同时分洪、泄洪的滞洪区；边分洪、边泄洪的滞洪区。前者适用于承洪水体在分洪时段内，水位高于或接近滞洪区的水位，当时不能开闸泄洪，需等待承洪水体水位下降后才能开闸泄洪；后者适用于承洪水体在分洪时段内的水位低于滞洪区的最高水位，可开闸泄洪。这两种情况下，确定滞洪区最高水位的方法也不同。

① 不能同时分洪、泄洪的滞洪区。根据分洪过程线决定分洪总量，根据分洪总量查滞洪区水位-容积曲线，即得滞洪区的最高水位。如滞洪区为长年积水的洼地或湖泊时，还需

考虑原有积水容量。

②边分洪、边泄洪的滞洪区。边分洪、边泄洪的滞洪区的最高水位，需根据分洪流量和泄洪流量，按调蓄容积计算确定。水库蓄泄容积方程式，以及建立的滞洪区下泄流量与蓄水量的关系式如下。

$$\frac{Q_1+Q_2}{2}\Delta t-\frac{q_1+q_2}{2}\Delta t=V_2-V_1=\Delta V \tag{9-8}$$

$$q=f(V) \tag{9-9}$$

式中　Q_1、Q_2——计算时段初、末的入库流量，m^3/s；

　　　q_1、q_2——计算时段初、末的水库的下泄流量，m^3/s；

　　　V_1、V_2——计算时段初、末的水库库容，m^3；

　　　　ΔV——计算时段水库蓄水量的变化值，m^3；

　　　　　V——水库蓄水量，m^3；

　　　　Δt——计算时段，s。

通过联立分解式(9-8) 和式(9-9)，可求出泄洪过程线，从而可计算得出滞洪区的最高水位。常用的求解方法有列表试算法、半图解法、简化三角形法。

①列表试算法。列表试算法是将公式(9-8) 水量平衡方程中各项，按表 9-1 列出，逐时段试算出滞洪区的最高水位。具体计算如下。

a. 根据滞洪区的水位-蓄量曲线、泄洪闸的 $q\sim V$ 曲线，从第一时段开始进行逐时段水量平衡计算。

b. 已知第一时段初的泄流量 $q_1=0$，假定第一时段末的泄量为 q_2，因本时段 Q_1，Q 及 V_1 均为已知，解得

$$\Delta V=\frac{Q_1+Q_2}{2}\Delta t-\frac{q_1+q_2}{2}\Delta t \tag{9-10}$$

$$V_2=\Delta V+V_1 \tag{9-11}$$

再由 V_2 查 $q\sim V$ 曲线得 q_2'，如果 $q_2'=q_2$ 说明假定正确；若 $q_2'\neq q_2$，重新计算至相等为止。

表 9-1　滞洪区蓄调计算（试算法）

时间 /h	时段	Q /(m³/s)	$\frac{Q_1+Q_2}{2}$ /(m³/s)	$\frac{Q_1+Q_2}{2}\Delta t$ /(m³/s)	q /(m³/s)	$\frac{q_1+q_2}{2}$ /(m³/s)	$\frac{q_1+q_2}{2}\Delta t$ /(m³/s)	ΔV /m³	V /m³	Z /m
(1)	(2)	(3)	(4)	(5)	(6)	(7)	(8)	(9)	(10)	(11)

c. 第一时段末的泄流量 q_2 确定后，将此值作为第二时段初的泄流量，再计算第二时段末的泄流量，依次类推，计算以下各时段始、末的泄流量，直至时段末的泄流量为零。

d. 根据各 V 值，查水位-蓄量曲线，得对应的水位 Z，其中最大的 Z 值即为滞洪区的最高水位。

②半图解法。半图解法的依据是将式(9-8) 中的未知项和已知项，分别列于等号左右两端：

$$\frac{V_2}{\Delta t} + \frac{q_2}{2} = \frac{Q_1 + Q_2}{2} + \frac{V_1}{\Delta t} - \frac{q_1}{2} \tag{9-12}$$

式(9-12)中左端是未知项，右端是已知项。未知项 $\frac{V_2}{\Delta t} + \frac{q_2}{2}$ 是 q 的函数，可绘制 $q \sim (\frac{V_2}{\Delta t} + \frac{q_2}{2})$ 的关系曲线（见图9-12）。按已知各数求出右端项；再根据 $\frac{V_2}{\Delta t} + \frac{q_2}{2}$ 从 $q \sim (\frac{V}{\Delta t} + \frac{q}{2})$ 关系曲线上查得 q_2，然后依次类推，求出泄流过程线，找出最大泄量及对应的滞洪区最高水位。

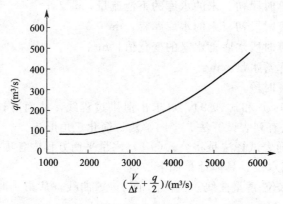

图 9-12　$q \sim (\frac{V}{\Delta t} + \frac{q}{2})$ 关系曲线

半图解法计算步骤如下。

a. 按表9-2的格式，计算滞洪区 $q \sim (\frac{V}{\Delta t} + \frac{q}{2})$ 关系曲线。

表 9-2　$q \sim (\frac{V}{\Delta t} + \frac{q}{2})$ 关系曲线计算

Z /m	V /m³	$\frac{V}{\Delta t}$ /(m³/s)	Q /(m³/s)	$\frac{q}{2}$ /(m³/s)	$\frac{V}{\Delta t} + \frac{q}{2}$ /(m³/s)

b. 按第一时段已知 Q_1、Q_2、q_1、V_1 和 Δt，求得 $\frac{V_2}{\Delta t} + \frac{q_2}{2} = \frac{Q_1 + Q_2}{2} + \frac{V_1}{\Delta t} - \frac{q_1}{2}$。

c. 由 $\frac{V_2}{\Delta t} + \frac{q_2}{2}$ 值在 $q \sim (\frac{V}{\Delta t} + \frac{q}{2})$ 关系曲线上查得的相应的 q_2 值，用同样的方法逐时段进行计算，见表9-3。

表 9-3　滞洪区调蓄计算（半图解法）

时间 t /h	时段	Q /(m³/s)	$\frac{Q_1 + Q_2}{2}$ /(m³/s)	q /(m³/s)	$\frac{V}{\Delta t} + \frac{q}{2}$ /(m³/s)	备注
(1)	(2)	(3)	(4)	(5)	(6)	(7)

d. 在表9-2中，选取对应的 q 和 Z 值，绘制 $q \sim Z$ 曲线，见图9-13。

e. 在表 9-3 中找出泄流量 q 的最大值 q_m。

f. 根据 q_m 查 $q \sim Z$ 曲线，即得滞洪区最高水位。

半图解法只适用于闸门完全开放或无闸门及时段 Δt 固定的情况。当有闸门控制及 Δt 变化时仍需采用试算法。

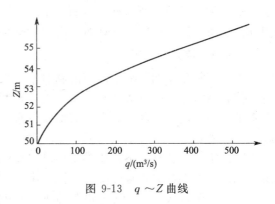

图 9-13　$q \sim Z$ 曲线

9.6.4　蓄滞洪区风险分区

(1) 蓄滞洪区的规划设计应根据区内地形、洪水特性，堤顶高程和安全因素等，将蓄滞洪区灾情等级划分为：安全区、轻灾区、重灾区、危险区和极危险区。明确风险程度，绘制蓄滞洪区风险图。

(2) 蓄滞洪区风险分区

① 安全区。区内地势较高，蓄滞洪时，在洪水演进过程中，洪水位始终达不到此高程，人民生命财产安全。

② 轻灾区。区内水深 0.5m 以内，可使农作物减产；如长时间浸泡也可能造成绝收；其他工农业设施也可能遭受一定程度损失。对群众生命安全不构成致命威胁。

③ 重灾区。区内水深 0.5~1.5m，区内作物绝收，损失严重，对群众生命安全有一定威胁，需要有安全设施。

④ 危险区。区内水深 1.5~3.0m，洪水已淹没房檐，构成对人畜生命的严重威胁，需要有安全设施和救护设备。

⑤ 极危险区。主流区或水深在 3.0m 以上，对人民生命威胁极为严重，需要撤离设施、安全建设和脱险的舟船、救生器材设备。

9.6.5　滞洪区设施位置的选择

(1) 通常，要求开发商建造就地滞洪建筑物，将开发后的洪峰流量限制在开发前的水平上。过去的标准只要单一重现期的洪水达到要求，如重现期为 5 年、10 年或 100 年的洪水，但最近要求能控制多重标准的洪水。尽管控制多重标准洪水的概念是简明的，但在实际上未必能有效地控制天然河道洪水泛滥或能控制河道冲刷。

(2) 在个别开发区，限制某种（或两种、三种）设计标准的洪峰流量并不能解决洪量增加的问题。就地滞洪设施对于个别开发区才会发挥作用，但对于众多随机分布的就地滞洪设施的大范围城市集水区，其作用就可能发挥得不好。尽管如此，就地滞洪设施仍将被继续采用。

就地滞洪设施只要使用得当，的确能减轻城市化所带来的负面影响。由于就地滞洪设施是土地开发商投资修建的，因此地方政府为新开发区实施防洪方案时，采用这种设施最为容易。从政治角度看，当局可以用就地滞洪设施来说明政府要求开发利用新土地时要控制径流的增加。这样可以防止因下游洪灾及环境灾害的增加而引起的索赔，当然，这种做法并不很理想。在控制行洪水道沿程洪峰的作用上，在相同容积和泄水量条件下，统一设计的滞洪水库系统，要比由随机布置的滞洪设施所组成的系统更为有效。在采用美国土壤保持局的 TR—20 方法进行模型研究之后，Lakatos 认为，将就地滞洪水库设置在集水区的中心地带，其效率是最高的，而将其布置于集水区的下游地带实际上将会导致下游洪峰流量的增大，这是因为等上游洪峰到来时，下游滞洪设施只能拦蓄洪峰尾部了。

在很多情况下，部分新建道路并未作为开发商土地的一个组成部分，因此所产生的径流也不可能被滞洪设施所拦截。然而，来自道路的径流在城市区域总径流中所占比重很大，所以在进行就地滞洪设施的设计时应考虑到这部分径流的影响。

9.6.6　滞洪区布置

滞洪区是用来调蓄分洪流量的临时平原水库。调洪能力可按一般常用的调洪计算方法确定，即把滞洪区水面看成水平的来考虑，其调蓄能力只与水位成函数关系，忽略动力方程对调蓄的影响。由于滞洪区只有暂时储蓄洪水的作用，因此对峰型尖瘦、洪水陡涨陡落的河流比洪峰历时长、洪水总量很大的河流，削减洪峰效果显著。

在选定滞洪区时，不仅要满足分洪、滞洪的要求，还要从经济、政治等多方面进行分析研究确定。滞洪区的布置主要是按照滞洪区的地形，确定安全台或安全区。

（1）安全台或安全区是分洪与滞洪工程中的重要组成部分，它关系到滞洪区人民的切身利益，因此必须做到确保安全，便于生产。

（2）安全台及安全区一般布置在地势比较高、围堤工程量小、原有堤防工程比较好的顺堤之处。安全台可以是土台，也可以是楼房。对于人口比较稠密的居民点、农村贸易集镇以及工厂、企业等较集中的地点，可根据实际情况设立安全区。安全区的大小，以适当分散为宜。安全区的围堤标准，应分情况按江河水位或滞洪区的最高水位确定。围堤安全超高一般取 1.0m。

（3）滞洪区的报警措施、分洪讯号以及安全区的其他问题，如区内排渍、交通等，均应全面规划、妥善解决。

（4）滞洪区在分洪年份，除了本区内涝积水量要排除外，还有大量洪水进入，而且使内涝水位较不分洪的年份大为增加。如滞洪区为了农田，为了汛后恢复和发展农业生产及满足其他有关要求，滞洪区内的水应适时排出。因此，除了在适当位置建泄洪闸外，还需要布置排水系统或其他排涝措施。

9.7　分滞洪构筑物

分洪与滞洪区的水工建筑物一般包括：进洪闸、分洪道、泄洪闸、分洪区围堤工程及主河道堤防加固等。这些建筑物的布置，应视不同地区的具体情况而定。

9.7.1　进洪闸

进洪闸的位置一般应在被保护堤段上游一些，并尽量靠近分蓄洪区。口闸的尺寸由分洪标准而定，但需要考虑工程造价及经济情况。因为该闸并不经常使用，如果修建的规模太大，势必造成浪费。此时，可按一定标准修建进洪闸，若遇特大洪水，临时挖开围堤，增加进洪量。扒堤位置应事先勘查选定，必要时，可预先做好裹头、护底工程，以免临时仓促失措和口闸无法控制。分洪闸可以是用机械或人力自由启闭；也可以是当洪水位达到一定高程超过下游安全泄量时自行溢流的溢洪堰。

9.7.2　分洪道

分洪是利用天然河道或人工开辟的新河道处理超过河道安全泄量的分泄洪水工程，分洪道又称为疏洪道，是指人工设计的宣泄洪水的通道。

（1）分洪道布置类型　根据城市地形、河道特性和下游承洪条件，分洪道布置一般分为以下几种类型。

① 河道中、下游的城市河段，由于河道过洪能力较小，来水量超过河道的安全泄量，在采用其他措施不经济或不安全的情况下，有条件时可考虑开挖分洪道，分泄一部分洪水流

入附近其他河流或直接入海。

② 如没有合适的水体承洪，而附近有低洼地带可供调蓄，可开辟低洼地带为滞洪区，使洪水通过分洪道，引入滞洪区。

③ 当河道各河段的安全泄量不平衡时，对于安全泄量较小的卡口河段，如有合适的条件，可采用开挖分洪道，绕过卡口河段，以平衡各河段的安全泄量。

（2）分洪道的规划设计原则　分洪道规划设计应遵循以下原则。

① 分洪道的规划设计，必须符合分洪与滞洪工程的总体布置。

② 分洪道的线路选择，要根据淹没损失大小、土方量多少、分洪道进口距滞洪区或承洪水体的远近等条件，经方案比较确定。

③ 分洪道采用的横断面形式、尺寸和纵坡，要根据进、出口水位，经推算水面线后确定。

④ 分洪道的起点位置选择，必须和分洪闸闸址要求一并考虑。出口位置可根据承洪水体的可能性、分洪效果和工程量等，进行比较确定。

9.7.3　分洪闸

分洪闸是指用来将超过河道安全泄量的洪峰流量，分流入海或其他河流，或蓄洪区，或经过控制绕过被保护市区后，再排入原河道，以达到削减洪峰流量，降低洪水位，保障市区安全的目的。

9.7.4　分洪区围堤工程及主河道堤防加固

分洪区围堤的作用是把滞蓄洪水约束在一定的范围内，在分洪区范围已决定的情况下，围堤高度由最大贮水量相应的水位及风浪作用下的安全超高而定，断面设计要求类似于堤防工程。

在进洪闸上游河段，因分洪时水面降落，比降变陡，流速增大，有可能引起河床及河岸冲刷。所以必须加固附近的堤岸，同时要注意进口河势的变化，必要时，应辅以控导工程。

在进洪闸下游河段，因大量分洪，同时含沙量较小的表面水流进入蓄滞洪区，而含沙量较大的底部水流进入下游河段，致使河道水流挟沙能力降低，造成河床淤积，航深减小，同时也使上游河段逐渐发生淤积，这种伴随分洪工程而产生的新的河床演变问题，在蓄滞洪区规划设计中应予以注意。

另外，由于蓄滞洪区的使用概率有限，故在一般年份，进洪闸上段和泄洪闸下段多呈盲肠河段，易造成泥沙淤积，严重时可直接影响蓄滞洪区的运用。目前，国内常用的办法是闸前修筑子堤，分洪时临时扒开，水力机械清淤，汛前人工开挖，以及利用分洪区内渍水冲刷闸后淤积等。

9.7.5　泄洪闸

泄洪闸可选在蓄滞洪区的最低处，以便泄空，其尺寸大小决定于内外水头差及排泄流量，排泄流量又视需要排泄时间长短及错峰要求而定。

（1）泄洪闸上游设计水位的确定　泄洪闸上游设计水位和分洪与滞洪工程的总体布置有关，一般分为有滞洪区和无滞洪区两种情况。

① 有滞洪区的泄洪闸。位于滞洪区下游的泄洪闸，闸上游设计水位可按滞洪区的水位过程线求得。如滞洪区与泄洪闸之间还有一段距离，此时还必须考虑其间连接渠道的水面。

② 无滞洪区的泄洪闸。在分洪道下游无滞洪区时，洪水直接由泄洪闸外泄，这时泄洪闸上游设计水位可按分洪道排泄最大分洪流量时的水面线确定。

（2）泄洪闸下游设计水位的确定　泄洪闸下游设计水位，主要决定于泄洪时段承洪水体的设计水位或水位过程线，可按历史上的大洪水年份在泄洪期间相应的承洪水体的水位分析确定。对于分洪入海的泄洪闸，除了出口高程不受潮位影响的情况外，一般均须有滞洪区调蓄，以便在高潮位时关闸蓄洪；低潮位时开闸泄洪。这时泄洪闸设计水位，可按最高、最低潮位的平均值计算。

（3）泄洪闸闸底、闸顶高程的确定　泄洪闸闸底高程，应根据滞洪区的地形及泄洪要求、承洪水体的底高程和水位，经方案比较，综合分析后确定。有条件时应采用较高的闸底高程。泄洪闸闸顶高程的确定，一方面要考虑滞洪区的设计最高水位，另一方面还要考虑承洪水体的最高水位，因此闸上游设计水位采用较高值。

9.8　防洪工程管理

（1）水质方面的附加考虑　当设计滞水设施的目的是为了改善城市的雨洪水质条件时，则设计者必须改变常规的思维习惯，这时工程的重点是拦截常遇的小暴雨洪水。滞水设施的作用是妥善解决城市洪水径流中很小的泥沙颗粒问题。这些粒径不到 $60\mu m$ 的小颗粒约占单位水柱中颗粒总量的 80%。这些很小的悬浮泥沙一般需要在滞水池中驻留 12h 以上，以得到足够大的迁移速度。因此，水质控制情况下的出流流量远小于排水及防洪情况下的洪峰出流流量。所以，在设计一个承担着经常性的蓄水及沉淀泥沙任务的滞水设施中，设计者将面临着如美观、维护、调度及娱乐用水等诸多问题。

（2）入流口建筑物　冲刷和淤积往往发生在滞洪设施的入流口处。当水流从高处流入滞洪池或滞洪水库时，就必须修建导流建筑物，将水流导入滞洪区以控制水流的冲刷，这种建筑物可采用跌水检修井结构或采用表面跌水结构。对跌落若干米的大流量情况，要采用更为有效的消能结构。

（3）出水口建筑物　相比于其他建筑物，出水口设施经常需要维护，尤其是那些易被堵塞的较小出水口。这在实际操作中是件很棘手的事。出水被堵塞或由于其他原因如被恶意破坏、维护不当等，都会使滞洪系统无法发挥其滞洪功能，而不管其起初的水文设计是多么仔细、多么合理，垃圾、碎片、恶意破坏以及很多其他因素都无时无刻地在改变着滞洪设施的出水特性。

每个出水口唯一的功能是控制出流，因此在设计时必须对其堵塞、维护、美观和安全性等因素有所考虑。三角堰虽然可在大范围内控制水流，但其底部易截留垃圾和碎物。若条件允许，应采用矩形堰、虹吸式溢流堰或垂直狭缝出口以减少运行的问题。目前在小范围内设置滞洪设施（具有很小出流量），正常出流口的设计方法（如美国垦务局推荐使用的方法）一般都没有考虑使用有效的减速设施。在这种情况下，设计人员可采用小孔门、多孔竖管及大型号拦污栅等设施来减轻出流的堵塞程度。

（4）美观性

尽管有很多不雅观的"水坑"实例，但大多数新建的滞洪设施都造型美观，与其所在城市的建筑风格协调一致。美观性虽然不是水文学所研究的范围，但公众往往就是以此来评价这些设施的优劣。建成设施的美观性十分重要，设计时可以请景观建筑师帮助完成。

（5）安全性　虽然只是水文设计主题的一个组成部分，但它同样包括了蓄水堤坝结构上的完整性及承受超常洪水的能力问题。在滞洪设施的运行期间以及在两次洪水的间隙期间，对公众来说，这时安全性是特别重要的。设计人员应考虑到流速、水深等因素，以及如何防止及警示公众在暴雨洪水期进入高危险区域内。另外，设计者还应设计溢洪道或堤坝以防在大暴雨期间发生灾难性的后果。

由于大部分时间中设施都处于闲置状态，所以设施的布置应尽量减小垂直落差，避免在近岸出现深水以及尽量避免在长期性蓄水位上下采用过陡的边坡。同样，对出流口及入流口部位的建筑物设计应加倍关注。采用平坦边坡、在长期性蓄水位上下建成平坦的阶地、在入流口及出流口附近种植荆棘灌木，以及在所有出流口和管口处设置排污栅、安全栅栏等，所有这些措施都有助于提高滞洪设施的安全性。

9.9 防洪与生态

目前，由于我国城市防洪和城市建设大多分属不同部门管理，防洪与生态设计、用地规划也分别由不同专业的人员担任，在城市河道规划设计中经常存在着顾此失彼的现象。为了充分发挥城市河道的双重功能，城市防洪工程建设必须与相关的景观设计、用地规划紧密结合，统一规划。城市防洪与生态设计的结合应该根据河道、湖泊和城市情况具体问题具体分析。

9.9.1 防洪与生态景观

城市建设的不同方面对河道有着不同的要求。这些要求在许多方面存在着矛盾，特别是防洪与生态、景观、用地的矛盾尤为突出，如防洪需拓宽河道与城市其他用地的矛盾，填筑防洪堤与视觉景观的矛盾，修筑河道护岸与自然景观美的矛盾等。下面结合具体的情况进行分析。

（1）选择合理的河流及堤防走向 在城市防洪规划设计中，最常见的工程措施是将河道拓宽，清淤整治，裁弯取直，修筑堤防，以便减少河道糙率，增加河道泄洪能力，减少水流对凹岸的冲刷，从而达到抵御洪水的目的。从防洪方面看，综合采取以上措施，可以达到减少防洪工程占地，减少工程投资等目的。然而，从景观方面看，以上措施的采用或多或少都会损害河道的景观价值。曲折、自然的河道代表着富有生命和变化，给人以良好的视觉感受。为了保留河道的景观价值，在河道防洪规划时，除了解除河道瓶颈外，河道走向应尽量保持河道的自然弯曲，不必强求平直；沿河应尽可能布置一些蓄水湖、池，在河道拐弯急剧的河段，将凸岸段堤防后移，洪水期形成湖泊，不强求等宽；或利用水流的分与合，形成河心小岛，做到河流水系曲折变化，有聚有散；堤防的布置也应灵活多样，在保证城市主要地段的防洪安全前提下，允许局部淹没，做到有防有放。考虑河道景观后，河道的占地可能增加，但河道的占地综合利用价值提高，并不会造成土地资源浪费；而且，避免了河道大面积的土方开挖，减少了对环境的破坏，降低了工程投资。

（2）选择合适的河道断面 由于雨量在时空上的不均匀分布，同一河道在设计洪水标准下的洪水流量可能是枯水期流量的几十或几百倍。从景观方面看，在枯水期河道应有一定的水面宽度和水流深度。为了满足洪水期泄洪要求，河道必须有较大的行洪断面；而为了保持河道景观，河道断面不宜太大。解决该矛盾的最好方法是河道采用复式断面。主河槽采用较小的宽度，保证枯水期有一定的水深，能够为鱼类、昆虫、两栖动物的生存提供基本条件，同时又能满足 3～5 年一遇的防洪要求。主河槽两岸的滩地在洪水期间行洪，平时则成为城市中理想的开敞空间，具有很好的亲水性和临水性，适合居民自由的休闲游憩。

复式断面由直立式挡墙、水平平台和斜坡组合而成。根据河道的地形地质情况及景观规划要求，可以采用不同的组合。最底层河岸型式主要考虑河岸冲刷及亲水性要求，为了使游人能到达水池，在沙质河床可采用斜坡，土质河床可采用砌石挡墙，每隔一定长度设台阶至水边。平台及上层河岸型式主要考虑视觉及休闲要求，在满足行洪要求和用地许可的情况下，应尽可能采用宽平台和缓坡，便于河道景观布置，减少视觉障碍。同时，采用缓边坡可降低波浪爬高，从而降低堤顶高程。

（3）河道护岸及河床护底规划设计　为了防止洪水对河岸的冲刷，保证岸坡及防洪堤脚的稳定，最常见的方法是对河道的岸坡采用护岸工程保护。对水流湍急易于冲刷的河岸为防止水流对河床及岸坡坡脚的冲刷，还需设置护底工程。从景观方面，护岸是城市上一种独特的线形景观，是形成城市印象的主要构成元素之一，在自然界中极具景观美学价值，护岸景观建设有助于城市形象的改变与提升，强化地区和城市的识别性。另外，护岸作为滨水空间，是城市休闲、游憩最频繁的区域之一。从生态方面看，护岸作为水体和陆地的交界区域，在生态系统中具有多种功能。主要表面在以下几个方面：护岸是水陆生态系统和水陆景观单元相互流动的通道；在水陆生态系统的流动中，护岸起着过渡作用，护岸的地被植物可吸收和拦阻地表径流及其中杂质，降低地表径流速度，并沉积来自高地的侵蚀物；护岸有自己特有的生物和环境特征，是水生、陆生、水陆共生等各种生态物种的栖息地。河道护岸型式的选用应综合考虑防洪要求和景观生态要求，做到既能保证河道防洪安全，又能促使景观生态可持续发展。河道的护岸可分为非结构性护岸和结构性护岸。非结构性护岸包括河道自然护岸和生物护岸。结构性护岸根据结构形式可分为坡式护岸、墙式护岸、坝式护岸和桩式护岸等，根据护岸采用的材料不同，结构性护岸又可分为柔性护岸和刚性护岸。

自然护岸是河岸按土壤的休止角进行放坡，面层种植植被或铺设细砂、卵石形成草坡、砂滩、或卵石滩。生物工程护岸是护岸植被形成之前，运用自然可降解的材料，如稻草、大米草、黄麻等制作成垫子或纤维织物，铺于岸坡表面来阻止边坡土粒的流失，并在岸坡上种植植被和树木，当纤维织物和垫子降解时，依靠岸坡植被发达的根系保护岸坡。自然护岸和生物护岸具有景观好、生态干扰小、工程量小等优点，应是城市河道的首选护岸，但这两种护岸的抗冲流速较小，因此在有条件的河段，应尽可能扩大河道断面，减小流速，采用这两种护岸型式。

在城市河道中，最常用的结构性护岸是坡式护岸和墙式护岸，坝式护岸主要用于河宽较大的河流或河段，桩式护岸主要用于受强烈水流冲刷的河段。坡式护岸以多年平均最低水位为界，可分为上部和下部两部分。上部分可采用浆砌石、混凝土或土工织物，模袋混凝土、水泥土等多种护坡型式，下部可采用抛石、石笼柴排、土工织物、模袋混凝土块体、钢筋混凝土块体等护坡型式。墙式护岸可采用钢筋混凝土、混凝土、浆砌石和干砌石等材料。以干砌石、水泥土、抛石、石笼、柴排为材料的护岸为柔性护岸。柔性护岸能够适应岸坡的变形，并且干砌块石、抛石、石笼柴排之间的空隙为鱼类、两栖动物、无脊椎动物的生存提供了良好的空间，水泥土的表面也较适宜植被的生长。在景观方面属于软硬景观结合，具有较强的层次感。因此，柔性护岸对生态系统的干扰较小，在景观上也接近于自然，且施工方法较简单。在流速小于 3m/s，岸坡高度小于 3m 时应优先采用。以混凝土、浆砌石、模袋混凝土、钢筋混凝土为材料的护岸称为刚性护岸。刚性护岸整体性好，能够有效地抵抗高速水流的冲刷。但是，刚性护岸割断了水陆生态系统之间的联系，对生态系统干扰较大；景观属于硬质景观、效果差，且工程量大，工程施工较为复杂，工程投入较大。刚性护岸适宜水流流速大，岸坡陡的河岸。对于一般河岸，尽可能少用或不用刚性护岸。

（4）充分利用滩地，做好防洪与生态景观的结合　河道采用了复式断面后，河道中的滩地既扩大了行洪断面，又为鸟类、两栖动物的生存提供了生存空间，也为人类的休闲、游憩提供了条件。在河滩地种植草皮、树木等植被，既可以使河滩免受水流冲刷，又可以美化河道。另一方面，将休闲地、绿地设置于河滩地，增强了休闲时暇的亲水性，扩大了视觉空间。因此，在河滩地，防洪、生态、景观三者可以有机结合，相得益彰。滩地的高程应在满足 3～5 年一遇防洪要求的前提下，尽可能降低滩地高程，以加大行洪断面，增强亲水性。

滩地布置应以平地或缓坡为主，便于游人散步、放风筝等游憩活动。在滩地宽度足够时，可以设置露天球场等活动设施。在园林景观设计方面，河滩地应设计成草坪、草地等开敞空间，适当布置树丛、灌木，可以根据需要布置一些亲水的平台和台阶。不宜布置假山、雕塑、亭台等阻水的园林建筑。

（5）堤顶和堤背的处理　防洪堤的设置使城市免遭洪水的侵害。然而，防洪堤也挡住了城市居民的视线，若处理不好，将对城市及城市景观造成很大的影响。为了解决这一矛盾，较好的方法是将堤顶加宽成城市道路，路堤结合，既便于城市交通，又利于汛期防汛。堤背坡采用缓于 1∶5 的坡道与原地面相连，背面种植草皮。也可将堤背地面填高至堤顶，或堤背土地填成台阶式开发。另外，将堤顶路面采用混凝土路面并作好排水设施后，堤顶高程可以按允许越浪的标准设计，以降低防洪堤顶高程，从而降低防洪堤对城市景观的影响。

9.9.2　防洪与生态护坡

生态护坡是综合工程力学、土壤学、生态学和植物学等学科的基本知识对斜坡或边坡进行支护，形成由植物或工程和植物组成的综合护坡系统的护坡技术，其途径与手段是利用植被进行坡面保护和侵蚀控制。生态护坡也是城市防洪中的重要部分，目前，工程界更直观地把它称为"边坡绿化"。生态型护坡是以保护、创造生物良好的生存环境和自然景观为前提，在保证护坡具有一定强度、安全性和耐久性的同时，兼顾工程的环境效应和生物效应，以达到一种土体和生物相互涵养，适合生物生长的仿自然状态。

随着生态环境的恶化，各地已经将防洪工程作为河流综合防治的重要措施，在防洪工程中生态护坡是一种重要措施，也是防洪固堤的有效手段，相对传统的防洪措施，生态护坡是一种依托自然植被防护能力的护坡技术，在满足河流防洪需要的基础上，有效地保护了河流的生态环境。

生态护坡工程中应注意两项基本要求：要重视护坡工程中的生态与环境评估，这是因为并非任何护坡工程都适合生态护坡形式，如一些河流冲刷比较严重，防洪要求相对较高的护坡工程并不适合生态护坡这种形式。此外，在生态护坡施工过程中，主要施工技术措施应该符合当地生态环境的特点和生物多样性的发展需要，如在该河流周边主要是湿地环境，在护坡工程中也应该营造出一种良好的湿地环境，以达到与周围环境相协调的目的。要想达到这一目的，在施工前施工人员必须对当地生态环境进行调查，在调查的基础上进行科学的评估。

在生态护坡工程中应该使用天然、环保、无污染的材料，应该尽量减少混凝土的使用，优先选择天然石材，这既能达到节约资源的目的，又能保持河流的自然属性。在施工过程中，可以多使用石英砂岩、片麻岩、正长岩等耐腐蚀、抗冲刷性能强的石料。

9.9.3　防洪与生态护岸

生态护岸是利用植物或者植物与土木工程相结合，对河道坡面进行防护的一种新型护岸形式。生态护岸集防洪效应、生态效应、景观效应和自净效应于一体，代表着护岸技术的发展方向，目前，越来越受到人们的关注。

生态护岸技术的发展经历了一个从模糊到清晰、从单一到多样化的过程。生态护岸是融现代水利工程学、生物科学、环境科学、生态学、美学等学科于一体的水利工程，十分有助于生物多样性、河流水质的改善，提供给人们一个见水、近水、亲水的美好环境，重现大自然的勃勃生机。因此，生态护岸是现代河流治理的发展趋势，是水利建设发展到一种相对高级形态的必然结果。各地应根据当地实际，因地制宜地选择合适的河道治理方案。根据护岸所采用材料的不同，一般生态护岸有以下几种方式。

（1）自然原型护岸　自然原型护岸采用种植植被保护河岸、保持自然堤岸特性的护岸。主要采用乔灌混交，发挥乔木与灌木的自身生长特性，充分利用高低错落的空间和光照条件，以达到最佳郁闭效果。同时利用植物舒展而发达的根系稳固堤岸，增强其抵抗洪水、保护河堤的能力。其优点是纯天然，无任何污染，投资较省，且施工方便。缺点是抵抗洪水的能力较差，抗冲刷能力不足。在日常水位线以下种植植物难度较大，品种的选择亦较关键，否则很难保证植物的存活。因此，适用于流速不快、流量较小、冲刷能力较弱的乡镇级河道。

（2）自然型护岸　自然型护岸不仅种植植被，还采用石材、木材等天然材料，以增强堤岸的抗冲刷能力。如在日常水位线以下采用石笼、木桩或干砌块石，筑一定坡度的土堤，斜坡上乔灌草相结合，固堤护岸。采用木桩、块石等具有一定强度的材料保护坡脚，使整个护岸的抗冲刷能力大大提高。木桩、块石间的缝隙为水草留下了生长的空间，同时也为鱼、虾等水生生物提供了栖息的场所。与自然原型护岸相比，自然型护岸投资较高，工程量加大，且干砌块石与土体的结合并非十分紧密，整体稳定性能较差，适用于各种有较大流速的区县及乡镇级河道、都市景观河道。

（3）复合型护岸　复合型护岸是在自然型护岸的基础上采用混凝土、钢筋混凝土等材料加强抗冲能力的一种新型生态护岸型式。复合型护岸常用的技术方法有以下几种。

① 纤维织物袋装土法。由岩石坡脚基础、砾石反滤层排水和编织袋装土的坡面组成。如由可降解生物（椰皮）纤维编织物（椰皮织物）装土，形成一系列不同土层或台阶岸坡，然后栽上植被。

② 面坡箱状石笼护岸法。将钢筋混凝土柱或耐水圆木制成梯形箱状框架，并向其中投入一些大的石块，形成很深的鱼巢。再在箱状框架内埋入柳枝、水杨枝等，并于邻水侧种芦苇、菖蒲等水生植物，使其在缝中生长出繁茂、葱绿的草木。

③ 高效三维网液压喷播植草法。迎水坡面采用新型土工合成材料三维植被网垫植草护坡，利用液态播种原理，将植物种子或植物营养体经前期处理后，与专用配料和水按比例拌和后，通过喷播机高压泵的作用形成植被覆盖。

④ 骨架内植草法。通过混凝土框架对土质进行边坡稳定防护后，边坡被分为若干块状结构，在每一框架结构中种植不同品种的草种和灌木，进行边坡美化。

⑤ 植被型生态混凝土法。主要由多孔混凝土、保水材料、难溶性肥料和表层土组成。表层土铺设在多孔混凝土表面，形成植被发芽空间，同时提供植被发芽初期的养分。

⑥ 土壤固化剂法。固化剂是以水泥为主体掺入特殊的激发元素后制成的，其作用机理是固化剂中的水分子调节剂与土壤中的水分子形成化学键，对水分子有很强的吸附作用，利用土壤稳定固化，填充土体孔隙，形成骨架结构，从而提高土壤的抗压、抗渗等性能指标。

在城市防洪规划设计中，应充分认识城市河道具有自然功能和社会功能两重属性。在选择防洪工程措施时，应充分考虑河道景观、生态的要求，在河道走向、河道断面、护岸工程、河滩地利用、堤顶处理等多方面采取措施。在城市河道防洪规划和城市用地规划中，应尽可能将河道设计成宽浅式断面，减少河道流速，采用自然生态的工程措施加强河道的绿化、休闲、游憩功能，减少防洪工程投资，增加土地综合利用。做到既满足防洪要求，又保持景观生态的可持续发展。

第 10 章　雨洪水利用

我国是一个水资源严重短缺的国家，人均水资源总量约为世界人均水量的 1/4。目前，城市化水平的提高和环境生态水量偏低，以及我国目前水环境污染严重，进一步加剧了水资源的危机。同时我国城市暴雨积水严重，城市防洪的任务繁重，设计标准偏低的城市排水体系难以满足城市发展需要。我国大部分城市又面临水少、水脏和水多的矛盾，即水资源短缺、水污染严重和洪涝灾害性事件频繁发生。因此，如何缓解城市干旱缺水，充分利用雨洪资源、变害为利、改善水环境是城市发展中急需解决的关键问题之一。

10.1　屋面雨水的收集和利用

城市的雨水收集和利用系统主要是在居民生活小区构筑物中，根据生态学、工程学、经济学原理进行设计，依赖水生植物系统或土壤的自然净化作用，将雨水利用与景观设计相结合，从而实现环境、经济、社会效益的和谐统一。雨水系统作为生态小区若干系统中的一个重要组成部分，在小区中发挥作用。从区域尺度上讲，城市生态小区雨水利用是增加雨水就地资源化，减少雨水异地资源化的最佳方法。

10.1.1　屋顶花园雨水利用系统

屋顶花园雨水利用系统是削减城市暴雨径流量，控制非点源污染和美化城市的重要途径之一，也可作为雨水积蓄利用的预处理措施。为了确保屋顶花园不漏水和屋顶下水道通畅，可以考虑在屋顶花园的种植区和水体中增加一道防水和排水措施。屋顶材料中，关键是植物和上层土壤的选择，植物应根据当地气候条件来确定，还应与土壤类型、厚度相匹配。上层土壤应选择空隙率高、密度小、耐冲刷、可供植物生长的洁净天然或人工材料。屋顶花园系统可使屋面径流系数减少到 0.3，有效地削减了雨水流失量，同时改善生态小区的生态环境。

10.1.2　屋面雨水积蓄利用系统

生态小区屋面雨水积蓄利用系统以瓦质屋面和水泥混凝土屋面为主，以金属、黏土和混凝土材料为最佳屋顶材料，不能采用含铅材料。屋面雨水积蓄利用系统由集雨区、输水系统、截污净化系统、储存系统以及配水系统等几部分组成，有时还设有渗透系统，并与贮水池溢流管相连，当集雨量较多或降雨频繁时，部分雨水可进行渗透。初期雨水由于含有较多的污染物应予以排放，排放量需根据生态小区当地的大气质量等因素，通过采样试验确定。根据初期弃流后的屋面雨水水质的情况和试验结果，相关雨水处理流程，其出水水质可满足《生活杂用水水质标准》要求。屋面雨水水质的可生化性较差，处理不宜采用生化方法，宜采用物化方法。

经初期弃流后的雨水通过贮水池收集，贮水池容积大小根据当地的暴雨强度公式，绘出不同历时的雨量曲线来确定。屋面雨水积蓄利用系统主要用于生态小区内家庭、公共场所等非饮用水，如浇灌、冲刷、洗车等。

以武汉市某住宅小区雨水利用工程为例，该小区利用雨水补充景观和绿化用水，减低排水系统费用，削减雨水径流量和污染负荷，保护小区和附近湖泊的水环境与生态环境。小区工程用地约 8.3hm²，绿化面积 3.35hm²，景观水面 0.5hm²，平均水深 1m，可储蓄水量 5000m³，年平均汇集雨水径流量 80012m³。按重现期一年计算，产生约 1.5m³/s 的雨水径流量。小区雨水的汇集与储存根据当地地下水位和地质条件，利用内部绿地下的回填土层来储存和净化雨水，同时利用景观水体的部分调蓄空间贮存雨水。屋面雨水和路面雨水先引入附近的下凹式绿地或浅沟截污、下渗净化。对超过绿地储存容量和下渗量而形成的地表降雨径流则利用地表坡度、边沟或明渠向景观湖汇集。分散的绿地储水区或跨越路面处，用地下碎石沟连通，使净化储存的雨水在雨后不断地向湖内渗流补水。与传统雨水排放方案相比，该小区雨水利用基本可保持汇集雨水与用水的平衡，节约水资源，减少水净化和管理费用。按当地多年月平均降雨量平衡分析 7～10 月中总计约 24004m³ 的雨水排出小区，年均排除雨水总量占全区雨水汇集量的 30%，每年可利用 80012×70%＝56008m³ 的雨水，可节约自来水水费 7.28 万元，经济效益可观。

10.1.3 地面雨水截污渗透系统

地面雨水可与屋面雨水收集结合起来，如我国一家房地产公司开发的某山庄就采用了屋面-地面雨水综合利用系统。需特别注意的是：由于地表雨水在径流途中携带污染物，其在进入储水池前应设置截污装置。

生态小区内道路雨水主要渗透补充地下水和排入雨水管道。研究表明，绿地一般具有良好的入渗性。为了加大雨水渗透量，生态小区在规划时，其绿地覆盖面积应大于建设用地的 30%。此外，还可以采取如下措施：①应将小区内的公园、苗圃、草坪等绿地建设为良好的入渗场地，用于接纳道路上的雨水径流；②合理降低绿地高程，将生态小区内的绿地建造成凹式绿地；③加大坎高，选种较耐淹的草种，使其蓄渗效果达到最好。

为减少生态小区内的径流，可大量使用可渗透的铺装材料，将不透水地面改换成透水地面。具体方法和技术有：①在小区内人行道上铺设透水性方砖，步道以下设置回填砂土、砾料的渗沟、渗井；②采用透水性路面技术，在生态小区内修建透水性沥青路面或混凝土透水路面；③沿着小区排水道修建渗透浅沟等。生态小区内超过渗透能力的雨水可进入小区内的雨水储存池或人工湿地，亦可作为水井或继续下渗。在生态小区建设时，还可适当考虑建立小区雨水调蓄池。

雨水资源与生态小区内地表示和地下水联合使用，可以提高水资源利用率，缓解区域用水压力，并可促进和改善小区和区域的生态环境，生态小区雨水资源就地利用，可减少暴雨径流，降低径流中携带的大量污染物排入水系统所造成的污染，削减洪峰流量，减轻防洪压力。

(1) 渗透设施计算

① 渗透能力计算。根据渗透计算原理，可以用达西定律来描述雨水渗透。

$$W_s = \alpha k J A_s T_s \tag{10-1}$$

式中 W_s——渗透量，m³；

α——综合安全系数，一般可取 0.5～0.8；

k——土壤渗透系数，m/s；

J——水力坡降，一般可取 $J=1.0$；

A_s——有效渗透面积，m²；

t_s——渗透时间，s。

k 表示土壤透水物理性质。土壤渗透系数应以实测资料为准，在无实测资料时，可参见表 2-4；水平渗透面按投影面积计算，竖直渗透面按有效水位高度的 $\frac{1}{2}$ 计算，斜渗透面按有效水

位高度的 $\frac{1}{2}$ 所对应的斜面实际面积计算，地下渗透设施的顶面积不计。

② 产流历时内的蓄积雨水量计算。渗透设施产流历时内的蓄积雨水量应按式（10-2）计算。

$$W_p = \max(W_c - W_s) \tag{10-2}$$

式中　W_p——产流历时内的蓄积水量，m^3，产流历时经计算确定，宜小于 120min；

　　　　W_s——渗透量，m^3，按式（10-1）计算；

　　　　W_c——渗透设施进水量，m^3，按式（10-1）计算，并不宜大于按式（10-3）计算的日雨水设计径流总量。

$$W = 10\psi_c h_y F \tag{10-3}$$

式中　W——降雨径流总量，m^3；

　　　　ψ_c——暴雨径流系数，参见表 10-1。

　　　　h_y——设计日降雨量，mm；

　　　　F——汇水面积，hm^2。

表 10-1　暴雨径流系数 ψ_c

下垫面种类	暴雨径流系数 ψ_c	下垫面种类	暴雨径流系数 ψ_c
硬屋面、未铺石子的平屋面、沥青屋面	0.8～0.9	非铺砌的土路面	0.3
铺石子的平屋面	0.6～0.7	绿地	0.15
绿化屋面	0.3～0.4	水面	1
混凝土和沥青路面	0.8～0.9	地下建筑覆土绿地(覆土厚度≥500mm)	0.15
块石等铺砌路面	0.5～0.6	地下建筑覆土绿地(覆土厚度<500mm)	0.8～0.9
干砌砖、石及碎石路面	0.4		

（2）技术与布置　雨水渗透设施宜优先采用绿地、透水铺装地面、渗透管沟、入渗井等入渗方式，渗透设施应保证其周围建筑物及构筑物的正常使用，不应对居民的生活造成不便，地面入渗场地上的植物配置应与入渗系统相协调。

非自重湿陷性黄土场所，渗透设施必须设置于建筑物防护距离之外，并不应影响小区道路路基。地下建筑顶面与覆土之间设有渗排设施时，地下建筑顶面覆土可作为渗透层。除地面渗透外，雨水渗透设施距建筑物基础边缘不应小于 3m，并对其他构筑物、管道基础不产生影响。

雨水入渗系统宜设置溢流设施，小区内路面宜高于路边绿地 50～100mm，并应确保雨水顺畅流入绿地。

【实例10-1】　北京某小区有 $1000m^2$（$0.1hm^2$）的屋面雨水需要采用地下渗透，土壤为黄土，试计算所需的渗透面积。

解：（1）日雨水径流量　设计降雨重现期取 2 年，北京市最大日降雨厚度为 86mm，根据表 10-1，屋面雨量径流系数 ψ_c 取 0.9，则屋面雨水日径流总量为：

$$W = 10\psi_c h_y F = 10 \times 0.9 \times 86 \times 0.1 = 77.4 m^3$$

（2）渗透面积　设计雨水入渗量取日雨水径流量，渗透时间取 24h，查表 2-4 确定渗透系数，取 5×10^{-6}m/s；综合安全系数 $\alpha = 0.6$，则渗透面积为

$$A_s = \frac{W_s}{\alpha K J t_s} = \frac{77.4}{0.6 \times 5 \times 10^{-6} \times 1 \times 24 \times 3600} = 298.6 m^2$$

10.2 水 库 调 度

修建水库，拦洪调洪，也是行之有效的城市防洪措施之一。修建大型水库涉及国家计划，城市建设部门难以单独胜任，但可以修建小型水库，开挖水塘，既起到防洪的作用，又可以起到蓄洪的作用。

10.2.1 水库与蓄洪

水库是指在河流的干流或支流上，用人工方法修建挡水坝，将坝上游的河水、雨水或泉水等地面径流，绝大部分或一部分拦截在坝内，成为储蓄大量水体的天然仓库。水库可以起防洪、灌溉、发电、发展水产养殖等多种作用。在防洪规划中，可根据城市上游河流的地形、地质和水文等条件，选择适宜建库的河沟地段，修建拦洪调洪水库。

山区小城镇如有条件可结合城镇园林绿化，开辟水塘，修建水库，疏通城市原有窄小河沟，把死水变成活水，改善城镇小气候，将城市防洪、排水和园林绿化有机地结合起来。

10.2.2 水库调度与蓄洪

水库允许最高水位是汛期控制运用的上线水位，根据设计资料和工程管理运用期间对工程质量的鉴定结果来确定。如工程达到验收标准，则校核洪水位就是允许最高洪水位，这是最好的运用情况，水库可以充分发挥设计效益。但是对于病库险库，允许最高洪水位必须依据具体情况降低标准。为了使库水位在汛期不超过允许最高水位，必须预留一定防洪库存，即在洪水到来之前，应将库水位限制在某一水位高程，这一水位高程至允许最高水位之间所腾空的库容，即为防洪库容，防洪库容的下限水位，为防洪限制水位。

（1）预蓄预泄调度方式 利用准确及时的水文、气象预报，从防洪安全与合理利用洪水资源两个基本目标出发，科学合理地使用预报和水库水情自动测报系统，提高洪水预见期，以便抓住时机，精心组织，可在汛期和非汛期实施水库的"抢蓄巧泄"，合理地减轻防洪与兴利要求两者之间的矛盾，发挥最佳的综合经济效益。我国北方的水库大部分都担负着农业灌溉任务，水库可以在汛前结合农田灌溉用水与水库电站放水发电的补给方式。这种调度方式使水资源得到了重复利用，既提高了农田灌溉用水的保证率又为水库防洪腾空了有效的防洪库容。

（2）分期防洪限制水位调度方式 汛期分期限制水位调度是指在设计的汛限水位允许控制的上下限范围内，根据水库流域的各种可利用信息，在满足水库蓄水、水库泄洪能力和防洪兴利要求的前提下，结合洪水预报和短期降雨预报信息，确定预见期内动态控制汛限水位的方法。如：柴河流域洪水与降雨一致，75%出现在7、8月份，特别是7月下旬至8月中旬，与暴雨历时短，雨量集中的降雨特点一致，由于流域山丘地区占较大比例，所以柴河流域洪水汇流速度快，陡涨陡落。1次洪水过程一般为5～7d，主峰多集中在1～3d。针对流域降雨和洪水的特性，结合水库工程的实际情况制定了水库分期防洪限制水位的调度方式，并在近些年来的应用中取得了较好的效果。

（3）流域内水库联合调度方式 辽河上石佛寺水库的建成对辽河流域内的水库联合调度运用提供了有利条件，在流域内发生大洪水时可以采用柴河水库、清河水库、石佛寺水库三库联合调度分期泄洪的方式错开洪峰的叠加组合。在灌溉时采用三库分开补给农业供水，既保障了下游农业用水的要求又保证了下游的防洪安全。

10.3　河道蓄水与景观

　　河道的自然功能是通过河道不断的水循环以及水循环强度和时空变化，对地区内生物有机体活动的状况、生态环境的平衡、小气候的变化、水资源的再生性和永续利用产生影响，同时也对地区洪、涝、旱等自然灾害的形成产生重大影响。河流是天然的生态廊道，河流与河滩、河岸植被一起，控制着水和矿物质养分的流动，可减少洪水泛滥、杂物淤积和土壤肥力的损失；河流也是动植物在景观中重要的迁移路径，为鱼类、鸟类、昆虫、小型哺乳动物以及各种植物提供了良好的生存环境和迁徙廊道。由于河道流经不同区域，生存于其中的物种也呈现出多样性。

　　由于城市河道具有特殊的功能，城市建设对城市河道提出了一些不同于郊区河道的特殊要求。从生态方面看，城市河道必须控制上游水土流失，合理调配水资源的使用，对重大水利工程设施进行环境评价。必须保护河道中生物多样性，为鱼类、鸟类、昆虫、小型哺乳动物及各种植物提供良好的生活及生长空间，改善水域生态环境。

　　从景观方面看，城市河道具有临水性、亲水性和可及性，崇尚自然美；尽可能采用植物造景，保持河道自然成型，运用天然材料；同时又强调景观个性和景观异质性，促进自然循环，实现景观的可持续发展。从防洪方面看，城市河道应有足够的行洪断面，安全行洪，河道护岸及堤防结构必须安全。应避免水流对河道及河道上的桥梁等建构筑物的冲刷，并应避免上游泥沙在城市河道中淤积。

　　由于雨量在时空上的不均匀分布，同一河道在设计洪水标准下的洪水流量可能是枯水期的几十或几百倍。从景观方面看，在枯水期河道应有一定的水面宽度和水流深度。为了满足洪水期泄洪要求，河道必须有较大的行洪断面；而为了保持河道景观，河道断面不宜太大。解决该矛盾的最好方法是河道采用复式断面。河道采用了复式断面后，河道中的滩地既扩大了行洪断面，又为鸟类、两栖动物的生存提供了生存空间，也为人类的休闲、游憩提供了条件。在河滩地种植草皮、树木等植被，既可以使河滩免水流冲刷，又可以美化河道。另一方面，将休闲地、绿地设置于河滩地，增强了休闲时暇的亲水性，扩大了视觉空间。因此，在河滩地，防洪、生态、景观三者可以有机结合，相得益彰。河滩地的高程应在满足 3～5 年一遇防洪要求的前提下，尽可能降低河滩地高程，以加大行洪断面，增强亲水性。河滩地布置应以平地或缓坡为主，便于游人散步、放风筝等游憩活动。在河滩地宽度足够时，可以设置露天球场等活动设施。在园林景观设计方面，河滩地应设计成草坪、草地等开敞空间，适当布置树丛、灌木，可以根据需要布置一些亲水的平台和台阶。不宜布置假山、雕塑、亭台等阻水的园林建筑。

　　辽宁省在中小河流治理上寻找到了一条生物措施与工程措施相结合、以生物防护为主的中小河流治理模式——生物防护工程技术。生物防护工程主要适用于洪水陡涨陡落、冲刷力强、持续时间短的山区河流中比较顺直的河段。20 世纪 70～80 年代，岫岩、庄河一带针对河道特性，结合本地实际，科学规划、因地制宜、合理选择树种、积极施工、注重后期管理，建成了大量的生物防护工程，在中小河流治理中开始采用生物防护工程。经过总结和推广，目前建成的生物防护工程一半以上已经成林，发挥着应有的作用，取得了良好效果。

10.4　滞洪区雨水利用

　　为防御江河流域的洪水，在修建水库、整治河道、加固堤防的同时，我国在长江、黄河、淮河和海河等流域中下游地区设置了国家级蓄滞洪区 97 处，总面积约 $3.06 \times 10^4 \text{km}^2$，蓄滞洪容量为 $1024 \times 10^8 \text{m}^3$。现在蓄滞洪区是我国主要江河的防洪工程体系的重要组成部分，在今后相当长的时期，仍然是不可缺少的一种重要防洪措施。

20 世纪 50 年代以来，长江、黄河、淮河、海河都发生过全流域性大洪水或特大洪水，一些蓄滞洪区在防洪的关键时刻，发挥了削减洪峰、蓄滞超额洪水的重要作用，保护了重要防洪地区的安全。据统计，1950～2003 年的 53 年中，全国 97 处蓄滞洪区共运用 456 次，平均每年拦截洪水 9 次，共拦截洪水 $1230 \times 10^8 \text{m}^3$。

蓄滞洪水内蓄滞的洪水可渗入地下含水层，恢复地下水的供给能力。特别是对北方地区，蓄滞洪区的水对补给地下水更有重要意义。海河"96.8"大水中，宁晋泊、大陆泽蓄滞洪区进洪 $18.45 \times 10^8 \text{m}^3$，而艾新庄枢纽退水仅 $4.87 \times 10^8 \text{m}^3$，有 $13.58 \times 10^8 \text{m}^3$ 洪水渗入地下，补充了地下水。宁晋泊、大陆泽及周边临近地区的地下水位抬高了近 6m 左右，增加了地下水资源，一度缓解了该地区水资源危机。

我国蓄滞洪区历史上多为低洼湿地，这些低洼湿地环境可为鸟类、鱼类提供丰富的食物和良好的生存繁衍空间，对物种保存和保护物种多样性发挥着重要作用。如海河流域大黄浦洼蓄滞洪区地势低洼，属天然湿地区。该区的植物以芦苇为主，低洼区还生长着大片的香蒲群落、水葱群落等挺水植物。

我国水资源短缺问题，既有水量性缺水特征，也有水质性缺水特征。由于水质恶化，导致可利用水资源减少和水资源供需矛盾加剧。因此蓄滞洪区内的湿地在净化水质方面起着重要的作用。不仅为人类提供多种可直接利用的资源，还在蓄洪防旱、补充地下水、降解污染、调节气候、控制水土流失、维持生物多样性方面有着巨大的生态功能。面对我国北方地区严重缺水及生态恶化的现实，人们开始尝试改变传统的蓄滞洪区单一防洪的做法，对蓄滞洪区实施主动分洪，恢复地下水位，恢复湿地。

蓄滞洪区是洪水高风险区，在中国，对洪水高风险区的开发是不可回避的。经济发展既可能加重灾害威胁，又增加了防灾减灾抗灾的能力，因此合理利用蓄滞洪区十分重要。蓄滞洪区生态系统丰富，具有生态美、自然美的特点，另外大量的水利工程和生态农业工程为休闲游憩的旅游者提供了独特的景观，可满足人们旅游、休闲和其他非消耗性使用的要求。

天津市大黄铺洼滞洪区地处武清、宝坻、宁河三县交界处，位于北运河中下游青龙湾减河与北京排污河之间，是北运河综合防洪体系的组成部分。大黄铺洼是海河流域水生态恢复规划中拟部分恢复湿地的蓄滞洪区。该蓄滞洪区内的湿地划分成几个功能区。①污水净化区。沿北京排污河布置，通过对天然芦苇湿地的改造而形成。经过合理设计，污水流过该区后，可达到 Ⅲ 类以上水质标准。②水产养殖区。养殖区将作为依赖湿地生存群众的主要经济与发展资源之一。③水上休闲娱乐区。该区为旅游经济的组成部分之一，主要为吸引游客和为游客提供休闲娱乐场所和有关水上活动项目。④移民和生态农业区。紧邻湿地区东侧，规划移民区和生态农业区。建设移民小区，安排由湿地区迁移出来的群众，移民主要依赖湿地养殖业和旅游业生存与发展。

10.5　生态蓄水与景观

生态系统指由生物群落与无机环境构成的统一整体。生态系统的范围可大可小，相互交错，最大的生态系统是生物圈，最为复杂的生态系统是热带雨林生态系统，人类主要生活在以城市和农田为主的人工生态系统中。生态系统种类可分为：森林生态系统、草原生态系统、海洋生态系统、淡水生态系统、湿地生态系统等，其中森林系统在生态蓄水方面起最主要作用。

10.5.1 森林的防洪效能

(1) 调节气候，均衡雨量　盛夏，林内气温比林外约低 1～3℃，温度垂直差异减小，不利于空气上升，这样海洋潮湿空气不易入侵，不能形成强劲的季风雨。另外，由于森林的存在，大大节制了近代工业化产生的"温室效应"，否则，因地球大气温度升高，导致陆上冰雪大量融化，海洋表层热膨胀剧烈，全球海平面上升更明显，破坏雨量分布，并使暴风雨更加猛烈。

(2) 减少地表径流，滞缓洪峰　森林的削洪、滞洪效果非常显著。米塔（Mita）用罗马尼亚的林区实验资料分析了洪峰值和森林覆盖率的关系是非线性负相关，当流域的森林覆盖率为 100％ 时，洪峰值削减 50％。

① 树冠截留大。众所周知，树冠能截持大量降水，且林况越复杂，截持效果越明显，使得林内降水强度减弱，地表径流小。

② 地面枯落物层吸水强。由表 10-2 可以看出，森林枯落物有极大的吸水力，一般为其本身干重的 2～3 倍，其中天然林表现尤为突出，马尾松林第 2，且吸水力大于杉木林。

表 10-2　不同森林类型枯落层最大持水量情况

观测项目	天然林	天然次生林	马尾松、木莲混交林	马尾松林	杉木林	草坡
枯落物层厚度/cm	20.0	6.0	6.0	3.0	3.0	1.0
枯落物干重/(t/hm²)	94.5	13.2	39.6	36.1	13.9	1.3
最大持水量/(t/hm²)	270.0	33.8	105.1	109.2	27.5	2.0

③ 土壤结构好。由于森林枯落物的存在，林地土壤具有良好的结构，团粒多，空隙丰富；另外，由于深入土层的根系死亡或地下动物活动而形成许多非毛管孔隙。这样，林地土壤就具有优良的蓄水物理性质，能促使地面水渗入地下深层中，形成地下径流。据试验，林地土壤的透水性为草地或农田土壤的 3～10 倍，例如灌木林地平均初渗量（产生径流前渗入土壤的降雨量）达 12.6mm，为草地平均初渗量 3.17mm 的 3.4 倍，为农田平均初渗量 2.5mm 的 5 倍。另据南京紫金山的观测，土壤水分的稳渗率为：栎林（0.45mm/min）高于松林（0.30mm/min）高于草荒地（0.14mm/min），这样，大量降雨渗入土内，转为地下潜流，使地表径流大为减少。

④ 林地地面粗糙度大。林区形成的地表径流，由于受枯枝落叶、苔藓、树干等的机械阻挡与分散水流作用，流速降低很多。树木、落叶等其截留量较大，吸收水量可达自重的 2～5 倍，一般占年降水量的 1％～5％。截留量与枯枝落叶层等的厚度。质地和分解程度有密切关系，即厚度大、分解程度高，吸水性能好，则截留量大。

10.5.2 森林能保持水土，通畅水体

(1) 根系固土　森林强大的根系构成密集的根网，像钢筋一样团结着土壤，保护土壤免受侵蚀。林木具有相当大的根量，甘肃天水 1960 年测定结果可见一斑（见表 10-3）。

表 10-3　树木根系长度

树种	年龄	1000cm³ 土体中的根长/m
青杨	4	15.6～24.5
旱柳	4	21.5～67.3
刺槐	5	1.0～2.4
酸刺	3	19.5

（2）树冠截雨，地表径流小，有利保持土壤　林地与降水发生作用的第一层面，把大部分降水截住，只有少部分通过林冠空隙直接到达地表。被林冠截留的降水，一部分蒸发返回大气中，一部分顺着枝干流到地表，其余的从枝叶上滴落到地表，这样就缓冲了降水对林地土壤的直接冲击，以免土壤团粒因机械打击而分散，被地表径流冲走。另外，由于林地地表径流小，流速慢，对表层土壤的冲刷作用弱，泥沙流失量很小。

森林植被在积蓄降雨、削减洪峰和防止土壤侵蚀抑制江河淤浅起着积极作用，因此，森林植被被称为天然的生态防洪堤坝。森林景观作为自然界中客观存在的一个实体，为人类提供了一个景观富于变化的游玩场所，是建设森林公园、开展森林旅游业的主要物质基础。

森林的美随着结构、季节、环境等不同而变化，呈现出多层次性和多重性。森林的自然美，表现为以森林植物颜色为基调的五颜六色，春花、夏叶、秋果、冬枝，加上不同物种和层次的天然搭配，树冠和轮廓、树干和枝条的曲线等无不展示其自然美；森林的社会美，表现为不仅能为人类社会提供林产品方面的物质资料，还能提供生态环境服务；森林的艺术美，表现为森林个体及群体的形式美及人们在欣赏时产生的意境美。

人类休闲观光的去处将更多地投向大自然的怀抱，休闲游憩将是未来社会发展的一大产业。在森林环境里，人们能进行徒步、观光、狩猎、探秘等多项活动，是度假、旅游、娱乐、休闲的好场所，同时是绘画、摄影、考古等的重要对象。走进满目苍翠的森林，使人能够亲近自然，消除疲劳，振奋精神，陶冶情操，享受人生，更能激发人的想象力和创造力。

广新农业生态园位于广东省高要市境内，高要市隶属于肇庆市，肇庆市位于广东省中西部，属珠江三角洲，西靠桂东南。广新农业生态园区内水域面积约 51.5hm²，占总面积的16.8%，水资源丰富，项目区内包括清泉湾水库、观鹤湖、仙境湖等共计 18 个湖泊水体。园区内自然环境良好，拥有大面积绿化、农田及山体植被；山体植被大多为天然松树林，也有人工种植的桉树等速成林木。植被已经形成了一个成熟的生态循环。

10.6　水土保持与措施

水土保持是消除河流水害的根本途径，是保证城镇安全的重要措施。对较大流域的治理，特别对山区河谷小流域地区的城镇，应大力开展水土保持。水土保持在一般情况下，逐步改变着流域下垫面的因素，可以截留一部分地表水，减少坡面流速和洪水含沙量，延长洪水汇集时间，对削减洪峰流量和洪水总量起着一定的作用。

水土保持的根本问题是蓄水拦沙，从而减少流域地表产流量。水土保持具有蓄水拦沙、改善生态环境和提高当地人民生活水平等多重功能。

（1）水土保持可确保流域水资源持续利用　水土保持有助于抑制洪水，减少河流输沙用水量，增加可用水量，并能显著提高水质。以河行水，以水养河是河流管理的基本原则，但对水土流失严重、径流泥沙含量高的流域，则需要过量的径流养河，以降低河道淤积河河床抬升的速度，这是我国北方河流普遍存在的问题。

（2）水土保持可提供基本的生态用水，改善生态环境　水土保持在减沙的同时也减少了地表径流，而坡面上的水土保持林草措施及其相应的工程措施拦蓄的径流是维持水土流失区生态健康发展的基本生态用水。水土保持可增加植被覆盖度，减少泥沙。植被有很强的涵养水源的能力，据试验测定，造林拦蓄径流 40.8%，拦蓄泥沙 66.2%；种草拦蓄径流47.2%，拦蓄泥沙 77.2%。植物能有效减少雨蚀，植物丛对过流有阻滞及拦沙作用，其根系有牵引固土作用。黄河中游水土保持水文观测结果表明，水土保持林草的减沙效益超过60%，拦蓄径流 30%～90%。

（3）水土保持的工程措施和生物措施　水土保持有工程措施和生物措施两大类。工程技术措施包括谷坊、水窖、蓄水池、沟头防护、淤地坝、引洪漫地等，生物措施包括农、林、牧技术措施等。采用哪一类措施，应从实际出发，因地制宜。

（4）水土保持与造林措施　国内外大量观测资料证明，大面积的植树造林可以改变下垫面的辐射条件和地面糙率，对局部地区的小气候产生一定影响；森林可以涵养水源，森林可以滞缓和减少地面径流、拦截泥砂。树木的根系还可以固结土壤，保土保肥，这是水土保持的一条重要措施，对防洪起着一定的作用。

根据一些实测资料记载，在郁闭的森林中，因降雨所产生的径流深度有时还达不到防雨深度的百分之一。但是随着暴雨量特别是暴雨强度的加大，在林区的径流也会相应的增大。对森林的水文效应，农林水利工作者和自然地理等科研工作者都非常重视，研究工作将不断深入下去。

① 护岸林。为了稳定河岸，在两岸适宜的地段营造护岸林，造林方式一般有片状造林和雁翅状造林两种。片状造林可按河滩的大小，划分若干片，分段植树造林。

② 护坡林。在农副牧业不能利用的坡面上营造护坡林，可以固土防冲，绿化陡坡地坎。山区及丘陵区土壤干旱，坡面较陡，多风易冻，营造前应很好整地。整地的主要方法是开挖鱼鳞坑、水平沟和水平阶。

水土保持中，植树造林是一项大量的、经常性的且有战略意义的治理措施。在城市防洪规划中，应结合城市绿地规划，郊区森林公园规划等统筹进行，使绿地的点、线、面形成整体，提高植被覆盖率才能对城市防洪及改善城市小气候起到较大的作用。

第11章 防洪工程投资估算

投资指人们在社会活动中为实现某种预定的目的、经营目标而预先垫付的资金。防洪工程的投资主要是指主体工程、附属工程、配套工程、移民安置及环境保护、维持生态平衡所需的投资。防洪工程是一个系统工程，它由各种防洪工程措施和非工程措施构成。防洪工程总投资是由防洪工程固定资产投资、项目建设期贷款利息和铺底流动资金构成。

建设项目总投资按其费用项目性质分为静态投资、动态投资和铺底流动资金三部分。静态投资是指建设项目的建筑安装工程费、设备购置费（含工具）、工程建设其他费用和基本预备费以及投资方向调节税。动态投资是指建设项目从估算编制期到工程竣工期间由于物价、汇率、增值税、劳动工资、贷款利率等发生变化所需增加的投资额，主要包括建设期贷款利息、汇率变动及建设期涨价预备费。

11.1 工程分类和工程概算组成

（1）水利工程分类 防洪工程从大的系统方面分属于水利工程，从城市内涝的角度看，应该属于城市市政工程。水利工程按工程性质划分为枢纽工程、引水工程及河道工程两大类，具体划分如图11-1。

（2）水利工程概算构成 水利工程概算由工程部分、移民和环境部分构成。具体划分如图11-2。

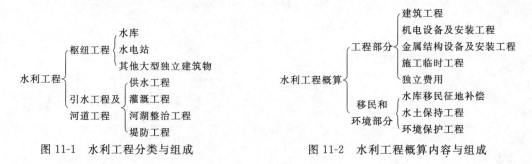

图 11-1 水利工程分类与组成　　　　　　图 11-2 水利工程概算内容与组成

（3）工程各部分下设一级、二级、三级项目。

（4）移民和环境部分划分的各级项目执行《水利工程建设征地移民补偿投资概（估）算编制规定》、《水利工程环境保护设计概（估）算编制规定》和《水土保持工程概（估）算编制规定》。

11.2 工程概算文件编制依据

防洪工程的范围很广，涉及的面也大，在做具体工程时需要结合实际情况，按照水利部门的文件和城市建设的有关文件执行，一般主要依据如下。

（1）中华人民共和国水利部水总［2003］67号文件《水土保持工程概（估）算编制规定》和《水土保持工程概算定额》和工程设计有关资料、图纸；

（2）水利部［2002］116 号文件颁发的《水利建筑工程概算定额》、《水利工程施工机械台时费定额》。

（3）黄河水利委员会黄规计［2001］113 号文件颁发的《黄河水土保持生态工程设计概（估）算编制办法及费用标准》（试行），《黄河水土保持生态工程概算定额》（试行）。

（4）国家和地方颁布的建设投资与造价制度、文件和定额等。

① 国家及省、自治区、直辖市颁发的有关法令法规、制度、规程；

② 水利工程设计概（估）算编制规定；

③ 水利建筑工程概算定额、水利水电设备安装工程概算定额、水利工程施工机械台时费定额和有关行业主管部门颁发的定额；

④ 水利工程设计工程量计算规则；

⑤ 工程设计文件及图纸；

⑥ 有关合同协议及资金筹措方案；

⑦ 其他。

11.3　工程投资构成

防洪工程费用组成内容如图 11-3。

11.3.1　建筑及安装工程费

建筑及安装工程费由直接工程费、间接费、企业利润和税金组成。

11.3.1.1　直接工程费

指建筑安装工程施工过程中直接消耗在工程项目上的活劳动和物化劳动，由直接费、其他直接费和现场经费组成。

图 11-3　防洪工程投资费用构成

建设项目费用 ｛ 工程费 ｛ 建筑及安装工程费 / 设备费 ｝ / 独立费用 / 预备费 / 建设期融资利息 ｝

直接费包括人工费、材料费和施工机械使用费。其他直接费包括冬雨季施工增加费、夜间施工增加费和特殊地区施工增加费和其他费用。现场经费包括临时设施费和现场管理费。

（1）直接费

① 人工费。指直接从事建筑安装工程施工的生产工人开支的各项费用，内容包括以下几点。

a. 基本工资。由岗位工资和年功工资以及年应工作天数内非作业天数的工资组成。岗位工资指按照职工所在岗位各项劳动要素测评结果确定的工资。年功工资指按照职工工作年限确定的工资，随工作年限增加而逐年累加。生产工人年应工作天数内非作业天数的工资，包括职工开会学习、培训期间的工资，调动工作、探亲、休假期间的工资，因气候影响的停工工资，女工哺乳期间的工资，病假在 6 个月以内的工资及产、婚、丧假期的工资。

b. 辅助工资。指在基本工资之外，以其他形式支付给职工的工资性收入，包括根据国家有关规定属于工资性质的各种津贴，主要包括地区津贴、施工津贴、夜餐津贴、节日加班津贴等。

c. 工资附加费。指按照国家规定提取的职工福利基金、工会经费、养老保险费、医疗保险费、工伤保险费、职工失业保险基金和住房公积金。

② 材料费。指用于建筑安装工程项目上的消耗性材料、装置性材料和周转性材料摊销费，包括定额工作内容规定应计入的未计价材料和计价材料。

材料预算价格一般包括材料原价、包装费、运杂费、运输保险费、材料采购及保管费五项。

　　a. 材料原价。指材料指定交货地点的价格。

　　b. 包装费。指材料在运输和保管过程中的包装费和包装材料的折旧摊销费。

　　c. 运杂费。指材料从指定交货地点至工地分仓库或相当于工地分仓库（材料堆放场）所发生的全部费用，包括运输费、装卸费、调车费及其他杂费。

　　d. 运输保险费。指材料在运输途中的保险费。

　　e. 材料采购及保管费。指材料在采购、供应和保管过程中所发生的各项费用。主要包括材料的采购、供应和保管部门工作人员的基本工资、辅助工资、工资附加费、教育经费、办公费、差旅交通费及工具用具使用费；仓库、转运站等设施的检修费、固定资产折旧费、技术安全措施费和材料检验费；材料在运输、保管过程中发生的损耗费等。

　　③ 施工机械使用费。指消耗在建筑安装工程项目上的机械磨损、维修和动力燃料费用等。包括折旧费、修理及替换设备费、安装拆卸费、机上人工费和动力燃料费等。

　　a. 折旧费。指施工机械在规定使用年限内回收原值的台时折旧摊销费用。

　　b. 修理及替换设备费。修理费措施工机械使用过程中，为了使机械保持正常功能而进行修理所需的摊销费用和机械正常运转及日常保养所需的润滑油料、擦拭用品的费用，以及保管机械所需的费用。

　　替换设备费指施工机械正常运转时所耗用的替换设备及随机使用的工具附具等摊销费用。

　　c. 安装拆卸费。指施工机械进出工地的安装、拆卸、试运转和场内转移及辅助设施的摊销费用。部分大型施工机械的安装拆卸费不在其施工机械使用费中计列，包含在其他施工临时工程中。

　　d. 机上人工费。指施工机械使用时机上操作人员人工费用。

　　e. 动力燃料费。指施工机械正常运转时所耗用的风、水、电、油和煤等费用。

　　（2）其他直接费

　　① 冬雨季施工增加费。指在冬雨季施工期间为保证工程质量和安全生产所需增加的费用。包括增加施工工序，增设防雨、保温、排水等设施增耗的动力、燃料、材料以及因人工、机械效率降低而增加的费用。

　　② 夜间施工增加费。指施工场地和公用施工道路的照明费用。

　　③ 特殊地区施工增加费。指在高海拔和原始森林等特殊地区施工而增加的费用。

　　④ 其他。包括施工工具用具使用费、检验试验费、工程定位复测、工程点交、竣工场地清理、工程项目及设备仪表移交生产前的维护观察费等。其中，施工工具用具使用费，指施工生产所需，但不属于固定资产的生产工具，检验、试验用具等的购置、摊销和维护费。检验试验费指对建筑材料、构件和建筑安装物进行一般鉴定、检查所发生的费用，包括自设实验室所耗用的材料和化学药品费用，以及技术革新和研究试验费，不包括新结构、新材料的试验费和建设单位要求对具有出厂合格证明的材料进行试验，对构件进行破坏性试验，以及其他特殊要求检验试验的费用。

　　（3）现场经费

　　① 临时设施费。指施工企业为进行建筑安装工程施工所必需的但又未被划入施工临时工程的临时建筑物、构筑物和各种临时设施的建设、维修、拆除、摊销等费用。如：供风、供水（支线）、供电（场内）、夜间照明、供热系统及通信支线，土石料场，简易砂石料加工系统，小型混凝土拌和浇筑系统，木工、钢筋、机修等辅助加工厂，混凝土预制构件厂，场内施工排水，场地平整、道路养护及其他小型临时设施。

② 现场管理费

a. 现场管理人员的基本工资、辅助工资、工资附加费和劳动保护费。

b. 办公费。指现场办公用具、印刷、邮电、书报、会议、水、电、烧水和集体取暖（包括现场临时宿舍取暖）用燃料等费用。

c. 差旅交通费。指现场职工因公出差期间的差旅费、误餐补助费，职工探亲路费，劳动力招募费，职工离退休、退职一次性路费，工伤人员就医路费，工地转移费以及现场职工使用的交通工具、运行费、养路费及牌照费。

d. 固定资产使用费。指现场管理使用的属于固定资产的设备、仪器等的折旧、大修理、维修费或租赁费等。

e. 工具用具使用费。指现场管理使用的不属于固定资产的工具、器具、家具、交通工具和检验、试验、测绘、消防用具等的购置、维修和摊销费。

f. 保险费。指施工管理用财产、车辆保险费，高空、井下、洞内、水下、水上作业等特殊工种安全保险费等。

g. 其他费用。

11.3.1.2 间接费

指施工企业为建筑安装工程施工而进行组织与经营管理所发生的各项费用。它构成产品成本，由企业管理费、财务费用和其他费用组成。

（1）企业管理费

指施工企业为组织施工生产经营活动所发生的费用，内容包括以下几点。

① 管理人员基本工资、辅助工资、工资附加费和劳动保护费。

② 差旅交通费。指施工企业管理人员因公出差、工作调动的差旅费、误餐补助费，职工探亲路费，劳动力招募费，离退休职工一次性路费及交通工具油料、燃料、牌照、养路费等。

③ 办公费。指企业办公用具、印刷、邮电、书报、会议、水电、燃煤（气）等费用。

④ 固定资产折旧、修理费。指企业属于固定资产的房屋、设备、仪器等折旧及维修等费用。

⑤ 工具用具使用费。指现场管理使用的不属于固定资产的工具、器具、家具、交通工具和检验、试验、测绘、消防用具等的购置、维修和摊销费用。

⑥ 职工教育经费。指企业为职工学习先进技术和提高文化水平按职工工资总额计提的费用。

⑦ 劳动保护费。指企业按照国家有关部门规定标准发放给职工的劳动保护用品的购置费、修理费、保健费、防暑降温费、高空作业及进洞津贴、技术安全措施费以及洗澡用水、饮用水的燃料费等。

⑧ 保险费。指企业财产保险、管理用车辆等保险费用。

⑨ 税金。指企业按规定交纳的房产税、管理用车辆使用税、印花税等。

⑩ 其他。包括技术转让费、设计收费标准中未包括的应由施工企业承担的部分施工辅助工程设计费、投标报价费、工程图纸资料费及工程摄影费、技术开发费、业务招待费、绿化费、公证费、法律顾问费、审计费、咨询费等。

（2）财务费用 指施工企业为筹集资金而发生的各项费用，包括企业经营期间发生的短期融资利息净支出、汇兑净损失、金融机构手续费，企业筹集资金发生的其他财务费用，以及投标和承包工程发生的保函手续费等。

（3）其他费用 指企业定额测定费及施工企业进退场补贴费。

① 企业利润。指按规定应计入建筑及安装工程费用中的利润。

② 税金。指国家对施工企业承担建筑及安装工程作业收入所征收的营业税、城市维护建设税和教育费附加。

11.3.2　设备费

设备费包括设备原价、运杂费、运输保险费和采购及保管费。

（1）设备原价

① 国产设备。其原价指出厂价。

② 进口设备。以到岸价和进口征收的税金、手续费、商检费及港口费等各项费用之和为原价。

③ 大型机组分批运至工地后的拼装费用。应包括在设备原价内。

（2）运杂费　指设备由厂家运至工地安装现场所发生的一切运杂费用。包括运输费、调车费、装卸费、包装绑扎费、大型变压器充氮费及可能发生的其他杂费。

（3）运输保险费　指设备在运输过程中的保险费用。

（4）采购及保管费　指建设单位和施工企业在负责设备的采购、保管过程中发生的各项费用。主要包括以下几点。

① 采购保管部门工作人员的基本工资、辅助工资、工资附加费、劳动保护费、教育经费、办公费、差旅交通费、工具用具使用费等。

② 仓库、转运站等设施的运行费、维修费、固定资产折旧费、技术安全措施费和设备的检验、试验费等。

11.3.3　独立费用

独立费用由建设管理费、生产准备费、科研勘测设计费、建设及施工场地征用费和其他五项组成。

11.3.3.1　建设管理费

指建设单位在工程项目筹建和建设期间进行管理工作所需的费用。包括项目建设管理费、工程建设监理费和联合试运转费。

（1）项目建设管理费　包括建设单位开办费和建设单位经常费。

① 建设单位开办费。指新组建的工程建设单位，为开展工作所必须购置的办公及生活设施、交通工具等，以及其他用于开办工作的费用。

② 建设单位经常费。包括建设单位人员经常费和工程管理经常费。

a. 建设单位人员经常费。指建设单位从批准组建之日起至完成该工程建设管理任务之日止，需开支的经常费用。主要包括工作人员的基本工资、辅助工资、工资附加费、劳动保护费、教育经费、办公费、差旅交通费、会议费、交通车辆使用费、技术图书资料费、固定资产折旧费、零星固定资产购置、低值易耗品摊销费、工具用具使用费、修理费、水电费、采暖费等。

b. 工程管理经常费。指建设单位从筹建到竣工期间所发生的各种管理费用。包括该工程建设过程中用于资金筹措、召开董事（股东）会议、视察工程建设所发生的会议和差旅等费用；建设单位为解决工程建设涉及的技术、经济、法律等问题需要进行咨询所发生的费用；建设单位进行项目管理所发生的土地使用税、房产税、合同公证费、审计费、招标业务费等；施工期所需的水情、水文、泥沙、气象监测费和报汛费；工程验收费和由主管部门主持对工程设计进行审查、安全进行鉴定等费用；在工程建设过程中，必须派驻工地的公安、消防部门的补贴费以及其他属于工程管理性质开支的费用。

（2）工程建设监理费　指在工程建设过程中聘任监理单位，对工程的质量、进度、安全和投资进行监理所发生的全部费用。包括监理单位为保证监理工作正常开展而必须购置的交通工具、办公及生活设备、检验试验设备以及监理人员的基本工资、辅助工资、工资附加费、劳动保护费、教育经费、办公费、差旅交通费、会议费、技术图书资料费、固定资产折旧费、零星固定资产购置费、低值易耗品摊销费、工具用具使用费、修理费、水电费、采暖费等。

（3）联合试运转费　指水利工程的发电机组、水泵等安装完毕，在竣工验收前，进行整套设备带负荷联合试运转期间所需的各项费用。主要包括联合试运转期间所消耗燃料、动力、材料及机构使用费，工具用具购置费，施工单位参加联合试运转人员的工资等。

11.3.3.2　生产准备费

指水利建设项目的生产、管理单位为准备正常的生产运行或管理发生的费用。包括生产及管理单位提前进厂费、生产职工培训费、管理用具购置费、备品备件购置费和工器具及生产家具购置费。

（1）生产及管理单位提前进厂费　指在工程完工之前，生产、管理单位有一部分工人、技术人员和管理人员提前进场进行生产筹备工作所需的各项费用。内容包括提前进场人员的基本工资、辅助工资、工资附加费、劳动保护费、教育经费、办公费、差旅交通费、会议费、技术图书资料费、零星固定资产购置费、低值易耗品摊销费、工具用具使用费、修理费、水电费、采暖费等，以及其他属于生产筹建期间应开支的费用。

（2）生产职工培训费　指工程在竣工验收之前，生产及管理单位为保证生产、管理工作能顺利进行，需对工人、技术人员和管理人员进行培训所发生的费用。内容包括基本工资、辅助工资、工资附加费、劳动保护费、差旅交通费、实习费，以及其他属于职工培训应开支的费用。

（3）管理用具购置费　指为保证新建项目的正常生产和管理所必须购置的办公和生活用具等费用。内容包括办公室、会议室、资料档案室、阅览室、文娱室、医务室等公用设施需要配置的家具器具。

（4）备品备件购置费　指工程在投产运行初期，由于易损件损耗和可能发生的事故，而必须准备的备品备件和专用材料的购置费，不包括设备价格中配备的备品备件。

（5）工器具及生产家具购置费　指按设计规定，为保证初期生产正常运行所必须购置的不属于固定资产标准的生产工具、器具、仪表、生产家具等的购置费。不包括设备价格中已包括的专用工具。

11.3.3.3　科研勘测设计费

指为工程建设所需的科研、勘测和设计等费用。包括工程科学研究试验费和工程勘测设计费。

（1）工程科学研究试验费　指在工程建设过程中，为解决工程技术问题，而进行必要的科学研究试验所需的费用。

（2）工程勘测设计费　指工程从项目建设书开始至以后各设计阶段发生的勘测费、设计费。

11.3.3.4　建设及施工场地征用费

指根据设计确定的永久、临时工程征地和管理单位用地所发生的片地补偿费用应缴纳的耕地占用税等，主要包括征用场地上的林木、作物的赔偿，建筑物迁建及居民迁移费等。

11.3.3.5　其他

（1）定额编制管理费　指为水利工程定额的测定、编制、管理等所需的费用，该项费用交由定额管理机构安排使用。

（2）工程质量监督费　指为保证工程质量而进行的检测、监督、检查工作等费用。

（3）工程保险费　指工程建设期间，为使工程能在遭受水灾、火灾等自然灾害和意外事故造成损失后得到经济补偿，而对建设、设备及安装工程保险所发生的保险费用。

（4）其他税费　指按国家规定应缴纳的与工程建设有关的税费。

11.3.4　预备费及建设期融资利息

（1）预备费

① 基本预备费。主要为解决在工程施工过程中，经上级批准的设计变更和国家政策性变动的投资及为解决意外事故而采取的措施所增加的工程项目和费用。

② 价差预备费。主要为解决在工程项目建设过程中，因人工工资、材料和设备价格上涨以及费用标准调整而增加的投资。

（2）建设期融资利息　根据国家财政金融政策规定，工程在建设期内需偿还并应计入工程投资的融资利息。

11.4　工程部分项目组成

工程部分项目主要由建筑工程、机电设备与安装工程、金属结构设备与安装工程、施工临时工程和独立费用等五大部分组成。每一大部分又可以细分为多个项目工程。

11.4.1　建筑工程

11.4.1.1　枢纽工程

指水利枢纽建筑物（含引水工程中的水源工程）和其他大型独立建筑物，包括挡水工程、泄洪工程、引水工程、发电厂工程、升压变电站工程、航运工程、鱼道工程、交通工程、房屋建筑工程和其他建筑工程。其中，挡水工程等前七项为主体建筑工程。

（1）挡水工程　包括挡水的各类坝（闸）工程。

（2）泄洪工程　包括溢洪道、泄洪洞、冲砂孔（洞）、放空洞等工程。

（3）引水工程　包括发电引水明渠、进水口、隧洞、调压井、高压管道等工程。

（4）发电厂工程　包括地面、地下各类发电厂工程。

（5）升压变电站工程　包括升压变电站、开关站等工程。

（6）航运工程　包括上下游引航道、船闸、升船机等工程。

（7）鱼道工程　根据枢纽建筑物布置情况，可独立列项。与拦河坝相结合的，也可作为拦河坝工程的组成部分。

（8）交通工程　包括上坝、进厂、对外等场内外永久公路、桥涵、铁路、码头等交通工程。

（9）房屋建筑工程　包括为生产运行服务的永久性辅助生产建筑、仓库、办公、生活及文化福利等房屋建筑和室外工程。

（10）其他建筑工程　包括内外部观测工程，动力线路（厂坝区），照明线路，通信线路，厂坝区及生活区供水、供热、排水等公用设施工程，厂坝区环境建设工程，水情自动测报工程及其他。

11.4.1.2　引水工程及河道工程

指供水、灌溉、河湖整治、堤防修建与加固工程。包括供水、灌溉渠（管）道、河湖整治与堤防工程、建筑物工程（水源工程除外）、交通工程、房屋建筑工程、供电设施工程和其他建筑工程。

（1）供水、灌溉渠（管）道、河湖整治与堤防工程　包括渠（管）道工程、清淤疏浚工程、堤防修建与加固工程等。

（2）建筑物工程　包括泵站、水闸、隧洞工程、渡槽、倒虹吸、跌水、小水电站、排水沟（涵）、调蓄水库工程等。

（3）交通工程　指永久性公路、铁路、桥梁、码头等工程。

（4）房屋建筑工程　包括为生产运行服务的永久性辅助生产建筑、仓库、办公、生活及文化福利等房屋建筑和室外工程。

（5）供电设施工程　指为工程生产运行供电需要架设的输电线路及变配电设施工程。

（6）其他建筑工程　包括内外部观测工程，照明线路，通信线路，厂坝（闸、泵站）区及生活区供水、供热、排水等公用设施工程，工程沿线或建筑物周围环境建设工程，水情自动测报工程及其他。

11.4.2　机电设备及安装工程

11.4.2.1　枢纽工程

指构成枢纽工程固定资产的全部机电设备及安装工程。本部分由发电设备及安装工程、升压变电设备及安装工程和公用设备及安装工程三项组成。

（1）发电设备及安装工程　包括水轮机、发电机、主阀、起重机、水力机械辅助设备、电气设备等设备及安装工程。

（2）升压变电设备及安装工程　包括主变压器、高压电气设备、一次拉线等设备及安装工程。

（3）公用设备及安装工程　包括通信设备、通风采暖设备、机修设备、计算机监控系统、管理自动化系统、全厂接地及保护网，电梯，坝区馈电设备，厂坝区及生活区供水、排水、供热设备，水文、泥沙监测设备，水情自动测报系统设备，外部观测设备，消防设备，交通设备等设备及安装工程。

11.4.2.2　引水工程及河道工程

指构成该工程固定资产的全部机电设备及安装工程。本部分一般由泵站设备及安装工程、小水电站设备及安装工程、供变电工程和公用设备及安装工程四项组成。

（1）泵站设备及安装工程　包括水泵、电动机、主阀、起重设备、水力机械辅助设备、电气设备等设备及安装工程。

（2）小水电站设备及安装工程　其组成内容可参照枢纽工程的发电设备及安装工程和升压变电设备及安装工程。

（3）供变电工程　包括供电、变配电设备及安装工程。

（4）公用设备及安装工程　包括通信设备、通风采暖设备、机修设备、计算机监控系统、管理自动化系统、全厂接地及保护网，坝（闸、泵站）区馈电设备，厂坝（闸、泵站）区供水、排水、供热设备，水文、泥沙监测设备，水情自动测报系统设备，外部观测设备，消防设备，交通设备等设备及安装工程。

11.4.3　金属结构设备及安装工程

指构成枢纽工程和其他水利工程固定资产的全部金属结构设备及安装工程。包括闸门、启闭机、拦污栅、升船机等设备及安装工程，压力钢管制作及安装工程和其他金属结构设备及安装工程。

金属结构设备及安装工程项目要与建筑工程项目相对应。

11.4.4　施工临时工程

指为辅助主体工程施工所必须修建的生产和生活用临时性工程。本部分组成内容如下：

（1）导流工程　包括导流明渠、导流洞、施工围堰、蓄水期下游断流补偿设施、金属结构设备及安装工程等。

（2）施工交通工程　包括施工现场内外为工程建设服务的临时交通工程，如公路、铁路、桥梁、施工支洞、码头、转运站等。

（3）施工场外供电工程　包括从现有电网向施工现场供电的高压输电线路（枢纽工程：35kV 及以上等级；引水工程及河道工程：10kV 及以上等级）和施工变（配）电设施（场内除外）工程。

（4）施工房屋建筑工程　指工程在建设过程中建造的临时房屋，包括施工仓库、办公及生活、文化福利建筑及所需的配套设施工程。

（5）其他施工临时工程　指除施工导流、施工交通、施工场外供电、施工房屋建筑、缆机平台以外的施工临时工程。主要包括施工供水（大型泵房及干管）、砂石料系统、混凝土拌和浇筑系统、大型机械安装拆卸、防汛、防冰、施工排水、施工通信、施工临时支护设施（含隧洞临时钢支撑）等工程。

11.4.5　独立费用

本部分由建设管理费、生产准备费、科研勘测设计费、建设及施工场地征用费和其他五项组成。

（1）建设管理费　包括项目建设管理费、工程建设监理费和联合试运转费。

（2）生产准备费　包括生产及管理单位提前进厂费、生产职工培训费、管理用具购置费、备品备件购置费、工器具及生产家具购置费。

（3）科研勘测设计费　包括工程科学研究试验费和工程勘测设计费。

（4）建设及施工场地征用费　包括永久和临时征地所发生的费用。

（5）其他　包括定额编制管理费、工程质量监督费、工程保险费、其他税费。

第12章　防洪工程评价与风险评估

12.1　评价方法与步骤

12.1.1　防洪经济评价的步骤

（1）历史洪水资料收集　了解防洪保护区域内历史记载发生洪灾的年份和月份，对应各次洪水的洪峰流量及洪水历时，并进行水文分析，确定洪灾发生的洪水频率。

（2）确定各频率洪水的淹没范围　根据各频率洪水的洪峰流量及其与区域内其他洪水的组合，推求无堤情况下各频率洪水的水面线，并将水面线高程点绘在防洪保护区域内的地形图上，从而确定各频率洪水的淹没范围。现场调查时应对此水面线进行复核修正。

（3）历史洪水灾害调查分析　历史洪水灾害调查工作主要内容包括以下几点。

① 防洪保护区的各行业财产价值调查。包括人口、房产、家庭财产、耕地、工商企业、基础设施、电力通讯、公路铁路交通、水利工程等的基本情况，应根据不同频率洪水的淹没范围分别统计。

② 调查分析洪灾损失增长率。通过对各行业历年国民经济增长情况的统计，分析防洪保护区内的综合国民经济增长率，确定洪灾损失增长率。

③ 历史洪水灾害调查。通过深入现场调查及查阅有关历史资料，分类统计各行业的直接损失、间接损失及抗洪抢险费用支出。调查工作可分为全面调查和典型调查。若防洪保护区范围小，行业单一，可进行全面调查；若防洪保护区范围较大，需要调查的行业较多，调查内容复杂，则需采用典型调查的方法，选择2～3个具有代表性的典型洪灾区进行。调查方法如下。

a. 调查和分析各典型区各频率洪水的淹没水深及相应的各行业财产损失率，从而得出淹没水深与财产损失率关系曲线，用此关系曲线和调查的各行业财产值，计算保护区内各频率洪水的财产损失值。

b. 直接调查各典型区各频率洪水的财产损失值，根据各典型区的面积得出单位面积的损失值，将此作为各频率洪水的损失指标或扩大损失指标，并根据此扩大损失指标和淹没面积大小计算出防洪保护区内各频率洪水的财产损失值。

④ 绘制洪水频率与财产损失值关系曲线。根据洪水灾害调查成果，用致灾洪水的发生频率与相应的财产损失值，绘制不同洪水频率与财产损失值关系曲线。

（4）防洪效益计算根据所修建防洪工程的防洪作用，在洪水频率-财产损失值关系曲线上，分析修建防洪工程后所能减免的洪水灾害，绘制出修建工程后的洪水灾害损失值与洪水频率关系曲线，并依此计算多年平均防洪效益。

（5）国民经济评价　根据防洪工程的投资、年费用及多年平均防洪效益，进行防洪工程的经济评价。防洪工程的经济评价，可采用经济内部收益率、经济净现值和经济效益费用比等评价指标进行。经济内部收益率大于或等于社会折现率、经济净现值大于或等于零、经济效益费用比大于等于1的工程项目，是经济合理的。

12.1.2　淹没范围的确定

确定淹没范围常用的方法是根据防洪保护区的某一控制断面发生不同频率洪水的洪峰流

量，及与上下计算断面的相应洪峰流量，利用河道的纵横断面实测资料，运用一维恒定非均匀流方程，推求河道各计算断面的无堤水面线，并将同一频率水面线成果点绘在防洪保护区的地形图上，其边线即为该频率洪水淹没范围的淹没面积。

12.1.3 淹没水深的确定

根据不同频率的淹没范围线，选定几个具有代表性的断面，建立河道代表断面的水位 H 与流量 Q 关系曲线，并利用水文分析得出各频率洪水的洪峰流量，查 $H\sim Q$ 曲线，查得到相应断面的水位，此断面水位与地面高程之差，即为相应频率洪水的淹没水深。若无 H-Q 关系曲线，则可进行实地调查分析各次洪水的实际淹没水深。

12.1.4 洪灾损失调查

洪灾损失调查分析是正确计算防洪效益的关键环节。防洪经济效益分析的可靠性，很大程度上取决于洪灾损失的社会经济调查资料的准确性和可靠性。

（1）防洪保护区社会经济调查　社会经济调查是一项涉及面广，工作量大的工作，应尽力依靠政府的支持，以获得可靠的数据。调查方法分为全面调查和抽样调查（或典型调查），也可二者结合。对防洪保护区的城郊乡镇和农村，应实地调查以获得各项经济资料；对城区调查应以国家统计部门的有关资料为准；对铁路、交通、邮电部门，亦应取自有关部门的统计数据。

洪灾区各类财产损失，主要包括在无防洪工程情况下，各相应频率洪水年份洪水淹没范围内的各行业损失值，绘制出不同淹没对象平均淹没水深与损失率的关系曲线。

（2）洪灾损失调查的主要内容

① 工商业、机关事业单位损失。包括固定资产、流动资金、因淹没减少的正常利润和利税收入等。固定资产损失值包括不可修复的损失和可修复的修理费和搬迁费；为维持正常生产的流动资金损失，包括燃料、辅助料及成品、半成品的损失，停产或半停产期间的工资、车间及企业管理费、贷款利息、折旧及维持设备安全所必需的材料消耗等；减产利税应为停产（折合全停产）期间内的产值损失与利税率之积；其他损失包括因洪灾需建临时住房、职工救济费、医药费等。

② 交通损失。包括铁路、公路、空运和港口码头的损失部分，分为固定资产损失、停运损失（按实际停运日计算）、间接损失及其他损失。停运损失指因铁路、公路停运所造成的对国家利润上交损失。间接损失系指因铁路、公路停运，使物资积压、客运中断对各方面所造成的损失。

③ 供电及通讯损失。供电损失包括供电部门的固定资产损失，停电损失按停电时间和日停电损失指标确定；通讯线路损失，包括主干线及各支线路损失与修复所需的人员工资等费用；邮电局损失，还应计算其利润等。

④ 水利工程设施损失。根据洪水淹没和被冲毁的水利设施所造成的损失，包括水库、堤防、桥涵、穿堤建筑物、排灌站等项，应分别造册，分项计算汇总。

⑤ 城郊洪灾损失调查，包括调查农作物、蔬菜损失及住户的家庭财产损失等。

以上各项损失的调查工作可列表进行。上述各项经济损失，均应按各频率洪水的淹没水深与损失率关系，计算出各频率洪水财产综合损失值，并绘制成洪水频率与财产综合损失值关系曲线。

12.1.5 洪灾损失率、财产损失率、洪灾损失增长率的确定

（1）洪灾损失率　洪灾损失率是指洪灾区内各类财产的损失值与灾前或正常年份各类财产值之比。损失率不仅与降雨洪水有关，而且有地区特性，不同地区、不同经济类型区域损

失率不同。各类财产的损失率还与洪水淹没历时、水深、季节、范围、预报期，抢救时间和措施等因素有关。

（2）财产损失率　洪灾损失或兴修工程后的减灾损失，一般与国民经济建设有密切关系。由于国民经济各部门发展不平衡，社会各类财产的增长是不同步的。因此，必须对各类社会财产值的增长率及其变化趋势进行详细分析，最终确定财产损失率。

（3）洪灾损失增长率　洪灾损失增长率是用来表示洪灾损失随时间增加的一个参数。由于洪灾损失与各类财产值和洪灾损失率有关，因此，洪灾损失增长率与各类财产的增长率及其洪灾损失率的变化，与洪灾损失中各类损失的组成比重变化有关，在制定其各类财产的综合增长率时应充分考虑。洪灾损失增长率是考虑有关资金的时间因素和财产值，随时间变化的一种修正及折算方法。

12.2　经济效益评价

经济效益评价方法分为静态评价法、动态评价法及不确定评价法三类。静态评价方法包括投资回收期法、投资收益率法、差额投资回收期法等；动态评价方法有现值法、未来值法、内部收益法等；不确定分析方法有盈亏平衡分析法、敏感性分析法以及概率分析法。

（1）投资回收期法　投资回收期（P_t）又称返本期，是指项目投产后，以每年取得的净效益（包括利润和折旧）将全部投资回收所需时间，一般以年为单位，从建设期开始算起。具体计算静态投资回收期分为以下两种情况；

① 项目建成投产后各年的净收益（也即净现金流量）均相同，则静态投资回收期的计算公式如下：

$$P_t = K/R \qquad (12\text{-}1)$$

式中　K——全部投资，元；

　　　　R——每年的净收益，元。

② 项目建成投产后各年的净收益不相同，则静态投资回收期可根据累计净现金流量求得，其计算公式为：

$$P = 累计净现金流量开始出现正直的年份 - 1 + \frac{上一年累计净现金流量绝对值}{当年净现金流量} \qquad (12\text{-}2)$$

（2）投资收益率　投资收益率又称投资效果系数，其计算公式为：

$$投资收益率 = \frac{年净收益}{项目全部投资} \times 100\% \qquad (12\text{-}3)$$

当项目在正常生产年份内各年的收益情况变化幅度较大时，也可以采用下式进行计算：

$$投资收益率 = \frac{年平均净收益}{项目全部投资} \times 100\% \qquad (12\text{-}4)$$

投资收益率又具体分为：投资利润率、投资利税率、资本金利润率等，其中最常用的是投资利润率。投资利润率是指项目在正常生产年份内所获得的年利润总额或年平均利润总额与项目全部投资的比率，其计算公式为：

$$投资利润率 = \frac{年利润总额（年平均利润总额）}{项目全部投资} \times 100\% \qquad (12\text{-}5)$$

（3）净现值　是指把项目计算期内各年的净现金流量，按照一个给定的标准折现率（基准收益率）折算到建设初期（项目计算期第一年年初）的现值之和。

净现值是考察项目在其计算期内盈利能力的主要动态评价指标。其表达式为：

$$NPV = \sum_{t=0}^{n}(CI - CO)_t(1 + i_c)^{-t} = 0 \tag{12-6}$$

式中　NPV——净现值，元；

$(CI - CO)_t$——第 t 年的净现金流量，元；

$\quad n$——项目计算期，年；

$\quad i_c$——项目标准折现率，年。

净现值的判别准则：

若 NPV＞0，说明方案可行；

若 NPV＝0，说明方案可以考虑接受；

若 NPV＜0，说明方案不可行。

（4）净现值率（NPVR）是指项目的净现值与投资总额现值的比值，其经济含义是单位投资现值所能带来的净现值，是一个考察项目单位投资的盈利能力的指标。其表达式为：

$$NPVR = NPV/K_p \tag{12-7}$$

式中　K_p——全部投资的现值之和。

（5）敏感性分析　敏感性分析是指研究某些不确定因素（成本、投资、建设期等）对经济效益评价值（如投资收益率、现值等）的影响程度，从许多不确定因素中找出敏感因素，并提出相应的控制对策，供决策者研究分析。

敏感性分析的基本步骤如下：确定敏感性分析指标、计算目标值、选取不确定因素、计算不确定因素变动对分析指标的影响程度、找出敏感因素、综合其他对比分析、获得结果。

（6）概率分析　概率分析又叫风险分析，是一种利用概率值定量研究不确定性的方法。概率分析方法是在已知概率情况下，通过计算期望值和标准差（或均方差）表示其特征。

概率分析决策的方法有决策收益表法和决策树法。决策收益表法是概率分析决策的基本方法，首先分别计算各方案在不同自然状态下的收益值，然后按大小加权平均计算出各方案的期望收益值进行比较，从中选出一个最佳方案。决策树法是以图解方式分别计算各个方案在不同自然状态下的损益值，通过综合损益值的比较，作出决策。

12.3　评价指标与准则

12.3.1　一般规定

（1）防洪工程的经济评价应遵循费用与效益分析对应一致的原则，计及资金的时间价值，以动态分析为主，静态分析为辅。

（2）防洪工程的计算期，包括建设期、初期运行期和正常运行期。正常运行期可根据工程的具体情况研究确定，一般为 30～50 年。

（3）资金时间价值计算的基准点应设在建设期的第一年年初，除当年借款利息外，投入和产出均按年末产生值的和计算。

（4）防洪工程的国民经济评价时，应同时采用不同社会折现率进行评价，供项目决策参考。

12.3.2　评价指标和评价准则

防洪工程的经济评价可根据经济内部收益率、经济净现值及经济效益费用比等评级指标和评价准则进行。

（1）经济内部收益率（EIRR）　经济内部收益率以项目计算期内各年净效益现值累计等于零时的折现率表示。其表达式为

$$\sum\nolimits_{t=1}^{n} (B-C)_t (1+\mathrm{EIRR})^{-t} = 0 \qquad (12\text{-}8)$$

式中　EIRR——经济内部收益率；

B——年效益，万元；

C——年费用，万元；

n——计算期，年；

t——计算期各年序号，基准点的序号为零；

$(B-C)_t$——第 t 年的净效益，万元。

当工程的经济内部收益率大于或等于社会折现率（EIRR $\geqslant i_s$）时，该项目在经济上是合理的。

（2）经济净现值（ENPV）　经济净现值是用社会折现率（i_s）将计算期内各年的净效益折算到计算期初的现值之和表示，其表达式为

$$\mathrm{ENPV} = \sum\nolimits_{t=1}^{n} (B-C)_t (1+i_s)^{-t} \qquad (12\text{-}9)$$

式中　ENPV——经济净现值，万元；

i_s——社会折现率；

其余符号同前。

当经济效益费用比大于或等于 1.0（ENPV $\geqslant$ 0）时，该项目在经济上是合理的。

（3）经济效益费用比（EBCR）　经济效益费用比以项目效益现值与费用现值之比表示。其表达式为

$$\mathrm{EBCR} = \frac{\sum_{t=1}^{n} B_t (1+i_s)^{-t}}{\sum_{t=1}^{n} C_t (1+i_s)^{-t}} \qquad (12\text{-}10)$$

式中　EBCR——经济效益费用比；

B_t——第 t 年的效益，万元；

C_t——第 t 年的费用，万元；

其余符号同前。

当经济效益费用比大于或等于 1.0（EBCR $\geqslant$ 1.0）时，该项目在经济上是合理的。

（4）经济评价　应编制经济效益费用流量表，反映项目计算期内各年的效益、费用和净效益，并用以计算该项目的各项经济评价指标。

12.4　评估方法

风险（Risk）的概念于 19 世纪末最早出现在西方经济领域中，目前已广泛应用于经济学、社会学、工程科学、环境科学和灾害学等领域中。迄今为止，学术界和工程界中对风险的定义仍未统一，不同的专业背景、不同的应用背景，对风险的定义常常不尽相同。例如，在韦伯字典中，将风险定义为"面临的伤害或损失的可能性"；经济学界和保险业界将风险定义为"灾害或可能的损失"；灾害学界则将风险定义为"灾害所导致损失的不确定性"。目前普遍认为，风险应包含三个基本要素：不利事件、不利事件发生的概率和不利事件所导致的损失。

风险评估是指在风险事件发生之前或之后（但还没有结束），该事件给人们的生活、生

命、财产等各个方面造成的影响和损失的可能性进行量化评估的工作，即风险评估就是量化测评某一事件或事物带来的影响或损失的可能程度。

在风险评估过程中，可以采用多种操作方法，如风险树法、幕景分析法、随机有限元法等多种方法。

（1）风险树法　利用图解的形式将大的故障分解成各种小的风险，或对各种引起风险的原因进行逐步分解。这种方法应用领域广，简单明确，能够比较迅速地发现存在的问题。

（2）幕景分析法　通过对风险主体进行各种类别的风险仿真和模拟，以描述风险主体的未来状况。风险分析人员根据各种仿真和模拟来分析出未来可能危害到风险主体的各种风险因素。

（3）随机有限元法　是基于 Monte-Carlo 法与有限元直接结合而发展起来的用于处理结构分析中参量随机性的方法。它的基本思路是对随机变量进行各种不同形式的展开，再对样本使用有限元程序反复计算，并统计分析结果。随机有限元法又分为摄动随机有限元法、Taylor 展开随机有限元法和 Neumann 动力随机有限元法。随机有限元与可靠度计算相结合是目前人们不断探讨的课题，具有强大的生命力和广阔的发展前景。

（4）加权综合评价法　综合考虑了各个因子对总体对象的影响程度，把各个具体的指标的优劣综合起来，用一个数量化指标加以集中，表示整个评价对象的优劣。

$$V_j = \sum_{i=1}^{n} W_i D_{ij} \tag{12-11}$$

式中　V_j——评价因子的总值；

　　　W_i——指标 i 的权重；

　　　D_{ij}——对于因子 j 的指标 i 的归一化值；

　　　n——评价指标个数。

（5）层次分析法　提供了一种将问题条理化、层次化的思维模式。它根据问题的性质和达到的总目标，将问题分解为不同的组成因素，并按照因素间的相互关联、影响以及隶属关系将因素按不同层次聚集组合，形成一个多层次的分析结构模型，并最终把系统分析归结为最低层（供决策的方案措施等）相对于最高层（总目标）的相对重要性权值的确定或相对优劣次序的排序，可以据此确定风险的等级。

（6）最大熵值法　风险分析中常用的一个有关熵的概念是最大熵原理。在防洪系统风险分析中，许多风险因子的随机特性都无先验样本，而只能获得它的一些数字特征，如均值。要从均值的无穷多个概率分布中选择一个作为真分布，其优选标准就是最大熵准则。设相互独立的随机变量 x_1，x_2，风险指标 X，则关系式 $X = G(x_1, x_2)$ 可建立如下的基于最大熵准则的风险估计模型

$$\max S = -\int_R f(x)[\ln f(x)]\mathrm{d}x$$

$$\text{s. t. } \int_R f(x)\mathrm{d}x = 1 \tag{12-12}$$

$$\int_R x^i f(x)\mathrm{d}x = M_i \quad (i = 1, 2, 3)$$

$$x \geqslant b \text{ 或 } x \leqslant b$$

$$f(x) = \exp\left[\lambda_0 + \sum_{i=1}^{3} \lambda_i x^3\right]$$

$$\lambda_0 = -\ln\left[\int_R \exp\left(\sum_{i=1}^{3} \lambda_i - x^i\right)\mathrm{d}x\right];$$

式中　S——熵值；

　　　R——随机变量的取值范围；

b——保证变量有意义的量；

M_i——第 i 阶原点矩；

$f(x)$——X 的密度函数；

λ_0、λ_i——拉格朗日因子。

通过非线性化求解得到

$$1 - \int_R x^i \exp\Big(\sum_{i=1}^3 \lambda_i x^i\Big)\mathrm{d}x \Big/ M_i \int_R \exp\Big(\sum_{i=1}^3 \lambda_i x^i\Big)\mathrm{d}x = r_i \tag{12-13}$$

$$\| r_i \| \leqslant c$$

式中　c——给定允许误差；

M——原点矩；

R——残差；

r_i——第 i 阶残差；

求上式残差平方和的最小值 $\min r = \sum_{i=1}^3 r_i^2$ 就可以得到问题的解。

熵理论方法虽然还在完善之中，但其发展带来的在不确定性问题分析方面的突出表现是非常引人关注的。最大熵原理在水利工程经济效益风险分析、水环境评价、水电站投资风险等方面的应用都取得了非常好的效果。

（7）重现期法　应用于洪水频率分析的时间较长，计算方法也相对成熟。它仅考虑自然事件和洪水或降雨的随机性，并通过频率分析说明其统计特性。由于其简单易行，在水文水资源以及水利工程领域中得到广泛应用，但其计算精度受历史资料的制约程度较大，且不能估算复杂系统的总风险。

12.5　GIS 评估技术

风险分析揭示了洪涝灾害风险的大小，但是要对风险进行管理还需要设置一个可接受的风险水平，将这个风险水平作为管理的目标。而可接受风险水平的设定需要通过风险评估确定公众对可能洪涝灾害风险结果的认知，及其应对行动的实现条件。风险认知（riskperception）是指在洪涝风险管理中所涉及的个体和群体对风险类型和大小的总体判断，这种判断具有主观性，往往取决于个体和群体的背景，受到个人特征、事件经历、文化背景的影响。

洪水危险性分析涉及大量空间数据（如地形、地貌、植被、水利工程的分布、人口及财产的分布等）的存储、管理和分析，引进 GIS 是必然的。具体说来，GIS 在洪水危险性分析中的应用主要有以下几个方面。

（1）空间数据管理　洪水危险性分析无论采用什么方法，都涉及大量的空间数据（如地形、地貌、水系、土壤、植被、水利工程分布等）以及属性数据（如水文数据），GIS 能统一管理这些空间数据和属性数据，并提供数据的查询、检索、更新及维护。没有 GIS 的参与，这些工作是难以想象的。

（2）由基础数据层生成可反映洪水危险程度的新数据层　利用 GIS 的空间分析能力，可以由 GIS 管理的基础数据层，主要是背景数据库，加工出能反映区域洪水危险程度的新数据层。如根据地形数据（DEM）可以派生出坡度、坡向、汇流路径；根据水系分布可以计算河网密度等。从本质上说，这是一种地理地貌学模型方法，但没有 GIS 的支持，这些工作将会十分困难。

（3）为模型参数的自动获取提供可能　水文水力学模型方法是洪水危险性分析的重要方

法，但水文水力学模型大多是空间分布式模型，其求解往往需要大量的空间参数，常规方法获取这些参数是极其繁琐的。利用 GIS 的数据采集和空间分析能力，可以方便地生成这些参数，另外，GIS 与遥感相结合更为水文水力学模型提供大量用常规方法无法得到的信息。

（4）为水文建模提供方便　水文模型的求解往往采用有限差分、有限元等数值解法，即把研究区剖分成规则格网或不规则格网，这与 GIS 栅格数据结构（GRID）及不规则三角网（TIN）管理空间数据方式非常相似。另外，GIS 还有利于格网的自动生成。

（5）GIS 有利于分析计算的过程及结果可视化表达　GIS 的空间显示功能提供了优越的建模和模型运行环境，为模型可视化计算带来可能，有助于分析者交互地调整模型参数。另外 GIS 具有强大的专题图制作功能，可以在洪水危险性分析结果上，叠加一些背景数据，如行政区划、交通、重要建筑物分布、土地利用等，从而大大丰富了成果的表达，有利于各级领导做出正确的决策。

人们在利用历史灾情数据进行洪灾风险分析时，常常难以获取足够的观测样本。对于小样本来说，即使假定其符合概率分布，并在此基础上进行参数估计，但是参数估计的分析结果将很不稳定。事实上，小样本反映的信息是不完备的，具有模糊不确定性。

信息扩散（information diffusion）是一种为了弥补信息不足而考虑利用样本模糊信息的优化对样本进行集值化的模糊数学处理方法。该方法将样本中的每一个观测值变成一个模糊集，最简单的模型是正态扩散模型。

基于信息扩散理论的洪灾风险评估模型，设某一洪水灾害灾情指标区域为

$$U = \{u_1, u_2, \cdots u_i, \cdots u_n\} \tag{12-14}$$

灾情指标观测样本为：

$$Y = \{y_1, y_2, \cdots, y_j, \cdots y_m\} \tag{12-15}$$

所谓信息扩散，即对 Y 中观测值 y_j（$1 \leqslant j \leqslant m$），按一定的规则将其携带的信息扩散到 U 中的所有点。目前常用正态扩散模型，即：

$$f_j(u_i) = \frac{1}{h\sqrt{2\pi}} \exp\left[-\frac{(y_j - u_i)^2}{2h^2}\right] \tag{12-16}$$

式中　h——扩散系数，反映每个样本点的信息向周围扩散的幅度。一般当样本数量增多时，h 逐渐减小。

通过信息扩散，就将观测值 y_j 变成了以 $f_j(u_i)$ 为隶属函数的模糊子集 y，为了使风险评估中，每一集值样本地位均相同，需对隶属函数 $f_j(u_i)$ 进行归一化处理，令

$$C_j = \sum_{i=1}^{n} f_j(u_i) \tag{12-17}$$

归一化后隶属函数为

$$g_{y_i}(u_i) = \frac{f_j(u_i)}{C_j} \tag{12-18}$$

对所有样本均进行以上处理，并计算：

$$q(u_i) = \sum_{j=1}^{m} g_{y_i}(u_i) \tag{12-19}$$

及

$$Q = \sum_{i=1}^{n} q(u_i) \tag{12-20}$$

则样本落在 u_i 处的频率值：

$$p(u_i) = \frac{q(u_i)}{Q} \tag{12-21}$$

$p(u_i)$ 可作为灾情 X 为 u_i 的概率，超越概率可采用下式计算：

$$P(u_i) = \sum_{i=1}^{n} p(u_i) \qquad (12\text{-}22)$$

12.6　内涝风险评估

城市内涝风险评估实质上是通过建立一种表征系统风险的指标来将各种风险因素的影响定性化或定量化。常用的定量评估方法有概率分析法和蒙特卡洛数字模拟法。其中，概率分析法又可以分为客观概率分析法、理论概率分布估计法和主观概率分析法三种。客观概率分析法是指由历史资料和数据来确定风险事件的发生概率或概率分布，例如防洪工程中使用的重现期法，但当人们没有足够的历史资料和数据来确定风险事件或概率分布时，可以利用理论概率分布或主观概率进行风险估计。理论概率分布是使用数学的方法抽象出来的概率分布规律分析风险事件的概率，概率可用数学表达式进行精确的描述，通常有二项分布、泊松分布、正态分布等；主观概率反映的是特定个体对特定事件的判断，常用的方法有等可能法、统计估算法、主观观测法、专家估计法、综合推断法。其中，专家估计法最为常用，指专家根据长期积累的各方面经验及当时搜集到的信息所作的估计概率，常用的概率分布为三角形分布。

蒙特卡洛数字模拟法，也称数字仿真、随机模拟或统计试验，实质是利用服从某种分布的随机模拟来模拟现实系统中可能出现的随机现象。在数字模拟中，通常利用随机数发生器产生在某一区间均匀分布的伪随机数，为保证可信度需要对其进行均匀随机数序列独立性检验和均匀性检验。输入的随机数为离散分布随机数或连续分布随机数，其中等概率密度随机数（其分布为均匀分布）、正态分布随机数（其分布为正态分布）是最为常用的连续分布随机数。

在内涝风险研究中，对于暴雨重现期的影响可以采用概率分析法，对于水泵失效可以采用蒙特卡洛数字模拟法。由于城市内涝现象具有模糊性，由多种因素综合影响，需要进行综合评价，因此模糊综合评判法十分适合于解决城市内涝的风险评估问题。

模糊综合评价法是应用模糊变换原理和模糊数学的基本理论——隶属度或隶属函数来描述中介过渡的模糊信息量，考虑与评价事物相关的各个因素，浮动地选择因素阈值作比较合理的划分，再利用传统的数学方法进行处理，从而得出科学的评估结论，此评估法根据考虑因素的多少又分为单级、多级评价法。对于数目较少的因素集通常采取单极模糊综合评判法，主要步骤如下。

（1）建立因素集　因素集是影响判断对象的各种因素所组成的一个普通集合，因素可以是模糊的也可以是非模糊的，通常表示为 $U = \{u_1, u_2, u_3, \cdots, u_m\}$，其中 $u_i(i=1,2,\cdots,m)$ 代表各影响因素。

（2）建立权重集　在因素集中，各因素的重要程度是不一样的，对各个因素 $u_i(i=1,2,\cdots,m)$ 赋予相应的权数 $\alpha_i(i=1,2,\cdots,m)$。由各权数所组成的集合 $A=(\alpha_1,\alpha_2,\cdots,\alpha_m)$ 称为因素权重集。各权数应满足归一性和非负性条件。各个权数一般根据实际问题主观确定，也可按照隶属度的方法来加以确定。

（3）建立备择集　备择集是评判者对评判对象可能做出的各种总评判结果所组成的集合，通常表示为 $V\{v_1, v_2, v_3, \cdots, v_n\}$，各因素 $v_i(i=1,2,\cdots,n)$ 即代表各种可能的总评判结果。

（4）建立单因素评判集　评判对象按因素集中第 i 个因素 u_i 进行评判，对备择集中第 j 个元素 v_j 的隶属度为 r_{ij}，则按第 i 个因素 u_i 评判的结果，可以用模糊集合来表示。

同理，对于多个因素按单因素评判集的隶属度为行组成的矩阵：

$$\underset{\sim}{R} = \begin{bmatrix} r_{11} & r_{12} & \cdots & r_{1n} \\ r_{21} & r_{22} & \cdots & r_{2n} \\ \vdots & \vdots & \ddots & \vdots \\ r_{m1} & r_{m2} & \cdots & r_{mn} \end{bmatrix} \tag{12-23}$$

（5）建立综合模糊评判集　由于数据集 R 的第 j 列反映了所有因素影响评判对象取第 j 个备择元素的程度，因此，可以用各列元素之和来反映所有元素的综合影响：

$$B = \frac{r_{i1}}{v_1} + \frac{r_{i2}}{v_2} + \frac{r_{i3}}{v_3} + , \cdots, + \frac{r_{in}}{v_n} \tag{12-24}$$

$$R_j = \sum_{i=1}^{m} r_{ij} \tag{12-25}$$

但这没有考虑各因素的重要程度，需要同时辅以权数，才能合理反映出所有因素的综合影响，即：

$$\underset{\sim}{B} = \underset{\sim}{A} \cdot \underset{\sim}{R} \tag{12-26}$$

式中　A——各权数组成的集

上式展开即

$$\underset{\sim}{B} = (a_1, a_2, \cdots, a_m) \begin{bmatrix} r_{11} & r_{12} & \cdots & r_{1n} \\ r_{21} & r_{22} & \cdots & r_{2n} \\ \vdots & \vdots & \ddots & \vdots \\ r_{m1} & r_{m2} & \cdots & r_{mn} \end{bmatrix}$$

$$= (b_1, b_2, \cdots, b_m) \tag{12-27}$$

式中　$\underset{\sim}{B}$——模糊综合判断集；

$b_1 \cdots, b_m$——模糊综合判断指标。

通常 A 与 R 之间按模糊矩阵合成的取大、取小运算来进行，这种运算往往会丢失大量有价值的信息，以致达不到任何有意义的评判结果，因此采用（·，＋）运算，即

$$b_j = \sum_{i=1}^{n} \alpha_i r_{ij} \tag{12-28}$$

（6）处理评判指标　得到评判指标 b_j 后便可根据最大隶属度法、加权平均法、模糊分布法等方法确定评判对象的具体结果。最常用的方法是模糊分布法，此法直接将评判指标作为评判结果；或者将指标归一化，用归一化的评判指标作为评判结果。

12.7　水库洪涝风险评估

12.7.1　小型水库风险问题

我国已建成的约 8.7 万座水库中，其中小型水库约有 8.3 万座，占水库总数量 95.4%，其中多数为土石坝，且集中建设于 20 世纪 60～70 年代，由于历史环境原因存在先天不足、问题连连的情况。据史料记载，全国各类水库垮坝失事 3462 座，其中小型水库 3336 座，占垮坝失事总数的 96.4%。小型水库安全问题日益突出，已经成为我国水库大坝安全管理的难点和薄弱环节。

由于小型水库风险受多种因素的影响，具有模糊性和复杂性的特点，各级风险之间没有明确的边界，是一种模糊的表达，较难用准确数据进行量化。针对小型水库运行期的风险，采用多层次模糊综合评判法进行评估，以提高小型水库风险认定的准确性和可靠性，为

除险加固提供决策依据。

　　小型水库风险分析过程与大、中型水库风险评估过程基本相同。但由于小型水库基础资料匮乏又缺少资金，其风险评估需结合小型水库大坝自身的特点。根据我国对已失事的小型水库资料统计，造成小型水库大坝失事的成因有以下几点。

　　(1) 遭遇特大洪水、设计防洪标准偏低和泄流能力不足、闸门故障等而引起洪水漫顶是造成小型水库失事的最主要原因。

　　(2) 由于工程质量问题引起的小型水库失事事故，包括坝体坝基渗漏或坝体内透水通道导致坝体浸润线抬高发生渗透破坏、坝体滑坡失稳、坝体坍塌破坏、溢洪道衬砌质量差、放水洞堵塞失效、坝内埋管变形等。

　　(3) 因为粗放管理、大坝安全监测设施落后以及维护运用不当，如人工扒口等，也是造成小型水库失事风险的因素。

　　(4) 其他因素，如白蚁鼠类洞穴、地震等导致大坝失事的可能性。

12.7.2　多层次模糊综合评价模型

　　根据小型水库风险特性，在此选取了 11 个有代表性的风险影响因子，建立了小型水库风险评价指标体系。该指标体系共 3 个层次，分为总目标层、准则层和指标层，各指标共同构成风险综合评估体系的因素集 E。包括防洪能力 E_1（坝顶超高 e_1、泄洪能力 e_2、超标洪水 e_3）、工程质量 E_2（坝体坝基渗漏 e_4、坝坡滑坡 e_5、坝内埋管 e_6、放水设施 e_7）、管理水平 E_3（管理操作 e_8、监测设施 e_9）、其他因素 E_4（罕遇地震 e_{10}、生物因素 e_{11}）。

　　(1) 评价集合构建　根据已建立的风险评价指标体系，将每种风险因素记作 E_i（$i=1$，2，3，4）；将指标层的每一风险事件记作 e_i（$i=1$，2，…，11）。

　　建立评判集，将每一个评语适当的分成若干等级，以衡量其重要程度。针对小型水库风险特点，将风险等级简化分为低风险、中风险和高风险三个等级，分别代表"大坝安全可靠，能按设计正常运行；大坝基本安全，可在加强监控下运行；大坝不安全，属病险水库大坝"三种情况，记作 $V=\{V_1,V_2,V_3\}$，其中 V_1、V_2、V_3 对应的分值区间分别为 $[0,0.3]$、$(0.3,0.6]$、$(0.6,1.0]$。

　　(2) 隶属度确定　由于每一风险事件的评判结果都是 V 上的模糊数集，即评价指标的级别边界存在模糊性，因此需采用建立各项指标分级隶属函数的方法予以表示。对于定性的风险指标，根据相关规程确定相应的量化指标，如表 12-1 所示。

表 12-1　风险事件影响的量化

估值	程度/危险性	设备破坏
1	很安全	无
2	安全	较小
3	临界	较大
4	危险	严重
5	破坏	失效

　　对于每一个 e_i（$i=1,2,\cdots,11$）对每一个风险等级 V_j（$j=1,2,3$）都有一个隶属度，记作 r_{ij}。对于一个确定的 e_i，可以用一个模糊向量表示评判结果。当每个风险因子都被评定后，所有评语的模糊向量构成一组模糊关系，即获得模糊评价矩阵 R：

$$R=\begin{bmatrix} r_{11} & \cdots & r_{1m} \\ \vdots & \ddots & \vdots \\ r_{i1} & \cdots & r_{im} \end{bmatrix} \tag{12-29}$$

采用梯形分布隶属函数确定评价矩阵指标的隶属度：

$$r_{i1} = \begin{cases} 1 & 0 < x \leqslant u_1 \\ \dfrac{u_2 - x}{u_2 - u_1} & u_1 < x < u_2 \\ 0 & x \geqslant u_2 \end{cases} \tag{12-30}$$

$$r_{i2} = \begin{cases} 0 & x \leqslant u_1 \\ \dfrac{x - u_1}{u_2 - u_1} & u_1 < x < u_2 \\ 1 & u_2 \leqslant x \leqslant u_3 \\ \dfrac{u_4 - x}{u_4 - u_3} & u_3 < x < u_4 \\ 0 & x \geqslant u_4 \end{cases} \tag{12-31}$$

$$r_{i3} = \begin{cases} 0 & x \leqslant u_3 \\ \dfrac{x - u_1}{u_2 - u_1} & u_3 < x < u_4 \\ 1 & x \geqslant u_4 \end{cases} \tag{12-32}$$

式中　u_1、u_2、u_3、u_4——三种风险等级的边界值；

　　　　x——各风险指标量化后的值。

结合工程经验和专家打分来确定每一个风险因子对大坝风险等级的隶属度，将专家打分值带入风险因子关于风险等级的隶属函数，便可得到相应的隶属度。

（3）基于多层次分析法的指标权重确定　由于在多种风险因子中，每种因子对大坝风险标准划分的影响程度不同，需给每个评语加上适当的权重 W，因此各指标的权重确定是小型水库风险分析中的关键问题。在此，基于传统层次分析法（AHP）的思想，结合模糊数学理论，建立适合小型水库风险分析的多层次模糊综合评估模型。

层次分析法是通过对风险事件进行两两比较，按比较重要性大小形成一个判断矩阵。判断矩阵常用的标度在 1～9 之间的整数及其倒数间赋值，标度含义见表 12-2。两相邻标度间的中值，其重要性分别为 1～3、3～5、5～7、7～9 时标度为：2，4，6，8。重要性相反则标度为倒数。

表 12-2　判断矩阵的标度及其意义

甲比乙	同等重要	稍微重要	明显重要	强烈重要	极为重要
标度	1	3	5	7	9

根据得到的判断矩阵，采用方根法计算相应的权重：

$$\overline{w}_i = \sqrt[n]{\prod_{j=1}^{n} e_{ij}} \tag{12-33}$$

$$W_{Ei} = \frac{\overline{w}_i}{\sum \overline{w}_i} \tag{12-34}$$

为避免其他因素对判断矩阵的干扰，需对判断矩阵进行一致性检验：

$$CR = CI/RI \tag{12-35}$$

式中　CR——一致性比例；

    CI——一致性指标，$CI = \lambda_{max} - n/(n-1)$；

  λ_{max}——判断矩阵的最大特征根；

    n——判断矩阵的行数；

  RI——平均随机一致性指标。

通过对一致性检验后判断矩阵最大特征值向量即为风险事件的权重向量。

（4）模糊综合评价　由权重向量 W 和模糊评价矩阵可以得到模糊综合评价子集 Y：

$$Y = WR = [W_{E1}, W_{E2}, \cdots, W_{Ei}] \begin{bmatrix} r_{11} & r_{12} & \cdots & r_{1m} \\ r_{21} & r_{22} & \cdots & r_{2m} \\ \vdots & \vdots & \ddots & \vdots \\ r_{i1} & r_{i2} & \cdots & r_{im} \end{bmatrix} = [y_1, y_2, \cdots, y_i] \qquad (12\text{-}36)$$

为避免最大隶属度判别丢失信息的不足，采用模糊加权法，根据评语集对应信息区间分值计算最终的综合评价系数 Z：

$$Z = \sum_{i=1}^{n} y_i V_i \qquad (12\text{-}37)$$

根据综合评价系数 Z 所属的风险等级即可确定小型水库的风险等级。

12.8　调度风险

    水库防洪调度不仅涉及下游的防洪安全，也直接影响水库兴利效益的发挥。因此，无论从防洪要求、水库工程安全还是为了取得更大的兴利效益，都必须搞好水库防洪调度。水库防洪调度按其研究和实施阶段划分，有规划设计阶段的、年度计划阶段的及实际调度运用阶段的。实际调度运用是指面临洪水，利用水库工程，根据既定的调度方案实施洪水蓄泄，是前期各种研究的实践，是取得防洪、兴利效益好坏的关键。

    水库调度由来已久，对水库调度的风险进行分析和研究是近一二十年的事情。冯平等根据风险决策理论，通过概率组合方法估算了水库的实际防洪能力，然后与水库的设计防洪标准比较，判断水库提高汛限水位的可能性，并通过风险效益的分析给出合理的汛限水位，研究岗南水库运行中提高汛限水位对水库带来的各种影响，对引起的洪灾损失及兴利效益提出了具体计算方法，并通过风险效益比较，定量地给出合理的汛限水位；黄强等针对水库调度的风险问题，探讨了定性风险分析方法和定量风险分析方法，着重探讨了定量风险分析方法中的概率与数理统计分析法、模拟分析法、马尔柯夫过程分析法和模糊数学分析法，引入了不同的风险决策方法。

    风险因素的分析模拟主要是其概率的估计，给出风险出现的大小及其可能性，估计出风险因素的概率，然后进行模拟。风险估计的方法有主观估计和客观估计两种方法。主观估计是专家根据长期积累的各方面的经验及当时搜索到的信息所作的估计；客观估计是依据现有的各种数据和资料对未来事件发生的可能性进行预测。无论是主观估计还是客观估计都要给出风险因素的概率分布，用概率分布来描述各风险因素的变化规律，是进行风险分析的一种较完善方法。水库防洪调度风险因素同样存在着主观估计和客观估计。一般水库调度防洪风险因素中人为因素起主要作用，无样本可进行分析，如调度滞时等，用主观估计，其常用的概率分布有均匀分布、三角形分布、梯形分布等。如果防洪风险因素有样本可分析、检验，含有较少的人为因素，如预报误差等，用客观估计，对样本进行分析检验，确定其客观概率分布。下面以陆浑水库调度为例。

    陆浑水库位于洛河支流伊河中游的河南嵩县田湖陆浑村附近，是以防洪为主，结合灌溉发电、养鱼和供水等综合利用的大型水利枢纽工程。坝顶高程 55m，长 710m，宽 8m，控制流域面积 3492km²，总库容 $13.2 \times 10^8 m^3$，其中兴利库容 $5.8 \times 10^8 m^3$，防洪库容 $6.76 \times 10^8 m^3$。完成总工程量 $900 \times 10^4 m^3$。水库运用以来，已显示出巨大的社会效益。暴雨时，可以拦蓄洪水，错开黄河洪峰，减轻黄河下游的洪水威胁。当天旱时，可以灌溉农田，保证农业丰收，还能驱动两个水电站发电。水库的防洪任务，一是骤泄龙门阵洪峰流量不超过 $4000m^3/s$，减少伊洛夹滩地区决溢分洪的概率；二是配合三门峡、故县水库，消减三门峡至花园口区间的洪峰流量，以减轻黄河下游的防洪负担。

不同汛限水位下，陆浑水库在调度运用过程中所面临的径流过程是相同的，汛限水位越高，产生的兴利效益越大。同时，随着汛限水位的抬高，防洪风险也逐渐增大。理论上风险评价结果应在权衡风险损失和风险收益的基础上进行。由于资料有限，在风险损失方面未能有结果，所以以考虑效益，分析评价不同汛限水位的风险大小，为汛限水位最终确定提供有关风险和效益方面的参考依据。

（1）汛前 316.5m 水位方案风险评价　由表 12-3 可知，对 316.5m 汛限水位方案，在考虑各种不确定因素影响后，对 20 年一遇洪水，在洪水典型选择和洪水预报不确定性因素的影响下，风险率为 0.27%，洪水典型选择、洪水预报和调度滞时等不确定性因素的共同影响下，风险率为 0.28%，其他情况风险率为零，可以认为风险很小。在兴利方面，效益提高了 4.4%，减少 $0.33 \times 10^8 m^3$ 的弃水，有较大的提高。

表 12-3　316.5m 方案不同风险因素影响下风险率兴利效益　　　　　　单位：%

风险因素	防洪调度风险	增加的兴利效益	减少的弃水/$\times 10^8 m^3$
抽样	0		
抽样＋调度	0		
抽样＋预报	0.27	4.4	0.33
抽样＋预报＋调度	0.28		

注：风险因素中，"抽样"表示洪水典型选择的不确定性；"抽样＋调度"表示同时考虑洪水典型选择和调度方案实施的不确定性；"抽样＋预报"表示同时考虑洪水典型选择和洪水预报的不确定性；"抽样＋预报＋调度"表示同时考虑洪水典型选择、洪水预报和调度方案实施的不确定性。

（2）汛前 317.5m 水位方案风险评价　由表 12-4 看出，对 317.5m 汛限水位方案，在考虑各种不确定因素影响后，对 20 年一遇洪水，随着考虑不确定因素的增多，风险率也有所提高，在考虑洪水典型选择的风险率为 0.81%，在同时考虑洪水典型选择、洪水调度和考虑洪水典型选择、洪水预报以及同时考虑调度滞时、洪水典型选择及洪水预报的不确定性共同影响下，风险率分别为 0.9%、1.07% 和 1.16%，在兴利方面，效益提高了 8.3%，减少 $0.57 \times 10^8 m^3$ 的弃水，效益增加了不少，但风险也随之增加了。

表 12-4　317.5m 方案不同风险因素影响下风险率兴利效益　　　　　　单位：%

风险因素	防洪调度风险	增加的兴利效益	减少的弃水/$\times 10^8 m^3$
抽样	0.81		
抽样＋调度	0.9		
抽样＋预报	1.07	8.3	0.57
抽样＋预报＋调度	1.16		

（3）汛前 318.5m 水位方案风险评价　由表 12-5 可知，对 318.5m 汛限水位方案，在考虑各种不确定因素影响后，其风险率分别为 2.09%、2.15%、2.26%、2.43%，兴利方面效益增加达到了 11.8%，减少 $0.57 \times 10^8 m^3$ 的弃水，风险和兴利综合考虑，虽然效益有很大的提高，但是风险很大。

表 12-5　318.5m 方案不同风险因素影响下风险率兴利效益　　　单位:%

风险因素	防洪调度风险	增加的兴利效益	减少的弃水/$\times 10^8 m^3$
抽样	2.09		
抽样＋调度	2.15	11.8	0.68
抽样＋预报	2.26		
抽样＋预报＋调度	2.43		

从风险与效益角度讲，方案选择的依据是同时考虑各种不确定性因素组合风险的大小。各方案的组合风险如表 12-6 所示。

表 12-6　各方案的组合风险

风险率与兴利方案	316.5m	317.5m	318.5m
风险率/%	0.28	1.16	2.43
效益/%	4.4	8.3	11.8
减少的弃水量/$\times 10^8 m^3$	0.33	0.57	0.68

由表 12-6 可知，316.5m 汛限水位方案，对 20 年一遇洪水的防洪目标的风险率为 0.28%，相当于重现期为 357 年。考虑到陆浑水库的防洪调度风险主要来源于洪水预报，在实际调度运用过程中可通过实时预报校正，降低预报误差，从而降低风险；同时，上述风险率计算是整场洪水按设计调洪规则得到的，风险率计算结果是偏大的，在水库实际调度中，可根据来水的实际情况对调度规则进行实时调整，可以使风险进一步降低。317.5m、318.5m 汛限水位方案，对 20 年一遇洪水的防洪目标的风险率为 1.16% 和 2.43%，风险偏大。在增效方面，随着汛限水位的提升，效益逐渐增大，但从汛限水位每升高 1m 的增效来看，316.5m 汛限水位方案比 317.5m 和 318.5m 汛限水位方案增效幅度要大。同样在减少弃水方面，316.5m 汛限水位方案减少的弃水量的增幅比 317.5m 和 318.5m 汛限水位方案幅度要大。由此可见，综合考虑风险和效益，陆浑水库的汛限水位可由目前的 315.5m 抬高至 316.5m。而 317.5m 和 318.5m 汛服水位方案从水库防洪风险的角度讲不宜采用。

12.9　洪灾风险管理

洪水灾害风险管理（flood disaster risk management）是分析、评价、预防和处理洪水灾害风险的一项复杂的系统工程。从洪水灾害风险形成机制和风险处理这一角度，可把洪水灾害风险管理分解为洪水灾害危险性分析、由洪水灾害易损性分析、洪水灾害灾情分析和洪水灾害风险决策分析四个相互联系的部分。其中，洪水灾害危险性分析是洪水灾害风险管理的前提和基础，由洪水灾害危险性分析入手，通过洪水危害易损性分析这一中间环节，就可进行洪水灾害灾情分析。洪水灾害灾情分析是洪水灾害风险决策分析的依据，洪水灾害风险决策分析是洪水灾害风险管理的核心，随着人类社会实践活动在强度和广度两方面的不断深入，人类社会与自然环境的相互依存关系越来越紧密，所以多年来对洪水灾害风险管理的研究一直是全球的热点问题。

（1）洪水灾害危险性分析　洪水灾害危险性分析就是研究某地区在特定时间内遭受何种洪水灾害类型，并分析该洪水灾害各洪水强度指标的概率分布函数，其主要内容是风险识别和风险估计。风险识别是指对尚未发生的、潜在的以及客观存在的影响洪水灾害危险性的各种因素进行系统地、连续地辨别、归纳、推断和预测，并分析产生风险事件原因的过程。风险估计是对洪水灾害各洪水强度指标的概率分布函数的分析和估计。洪水灾害危险性分析的常用方法有数理统计方法、模糊数学方法、系统仿真方法、调查法等。

（2）洪水灾害易损性分析　　洪水灾害易损性就是对洪水灾害承灾体易于受到致灾洪水的破坏、伤害或损伤的特性和各类承灾体对洪水灾害的承受能力进行分析，其最终分析结果就是建立各洪水强度与各洪水灾害损失之间的函数关系。例如，分析影响各类承灾体分布密度和承灾体抗洪能力等易损性的因素，提取洪水灾害影响地区的自然环境（如地形、地貌、水系及植被等）特征，调查、统计有关的社会经济数据（如社会经济发展水平、人群的年龄、性别、文化程度和工作性质等结构特征，防洪基础设施建设、防洪减灾保障体系建设以及人们防洪减灾教育水平和水患意识的强弱等），分析和计算不同地区各类承灾体在不同时间、不同种类、不同强度的致灾洪水的作用下，所具有的不同的损失响应。洪水灾害易损性分析常用方法有调查法和统计建模法等。

（3）洪水灾害灾情分析　　洪水灾害灾情分析是在洪水灾害危险性分析和洪水灾害易损性分析的基础上，计算研究某地区在某时间范围内可能发生的一系列不同强度的洪水给该地区造成的可能损失，估算这些可能损失的概率分布，并依据研究地区的灾情指标集，应用建立在一定的灾情指标体系下的洪水灾害灾情综合评估模型，对该地区的洪水灾情进行综合评估，为洪水灾害管理提供风险决策依据。洪水灾害灾情分析的常用方法有实地调查法、基于计算机技术的空间技术方法（如地理信息系统方法）和各种综合评价方法等。

（4）洪水灾害风险决策分析　　洪水灾害风险决策分析是根据洪水灾害风险管理的目标和宗旨，在洪水灾害危险性分析、洪水灾害易损性分析和洪水灾害灾情分析的基础上，在面临洪水灾害风险时从可以采取的监测、回避、转移、抵抗、减轻和控制风险的各种行动方案中选择最优方案的过程，是整个洪水灾害风险管理的核心工作。受自然因素、心理因素、社会因素等的影响，洪水灾害风险决策分析属于多学科综合集成性方法。

第 13 章　防洪设施现代化管理

13.1　概　　述

13.1.1　防洪设施现代化管理的内容

现代化的防洪设施包括防洪工程设施、信息化管理系统、防洪通信系统和防洪指挥系统。

防洪工程设施即指堤防、水库、河道及水闸等防洪工程硬件设施。信息化管理系统是为了监控和管理防洪工程设施运行而进行信息采集、实时监控、数据分析模拟以及防洪预警的系统，在现代化的防洪设施中，信息化管理系统已经成为相当重要的一环，在防洪工程设施的设计建造以及运行管理过程中发挥至关重要的作用。防洪通信系统在整个防洪设施系统中起着纽带作用，负责这个防洪系统中信息的传输，防洪通信系统关系到整个防洪设施系统是否能及时，顺畅地运行。防洪指挥系统是整个防洪系统的大脑，通过信息化管理系统搜集分析的数据结果对整个系统运行进行决策，防洪指挥系统包括各个防洪工程设施的指挥系统以及城市防洪指挥中心。

防洪设施的管理是为了保持防洪设施的正常运行，利用现代化的技术手段对防洪工程进行监控，分析和调度，充分发挥防洪工程的最大效益。现代化防洪设施的管理要符合安全可靠、经济合理、技术先进、管理方便的原则，并积极采用新理论、新技术。防洪工程建成之后，由于经常受到外界因素的干扰，水文条件、运行环境等都在不断发生着变化，需要及时有效的监测和管理才能保证防洪工程的正常运行，防洪设施的管理主要是指对防洪工程进行养护维修，水文运行环境监测模拟和控制运用等。防洪设施管理的主要内容一般包括组织管理、法律管理、技术管理等几个方面。

（1）组织管理　防洪设施管理工作需要具有很强专业性的工作人员、一定的技术设备以及一定的经费，这也就要求建立完善的管理机构。城镇防洪设施是防洪体系中的重要基础设施，工程的安危关系着国计民生的全局。管理机构是否健全直接影响到防洪设施能否正常、有效地运转。

（2）法律管理　法律管理包括制定管理法规和对管理法规的实施。管理法规包括社会规范和技术规范，是人们在水利工程设施及其保护范围内从事管理活动的准则。我国已制定的《中华人民共和国防洪法》、《中华人民共和国河道管理条例》、《中华人民共和国防汛条例》、《水库大坝安全管理条例》等对防洪设施管理均提出了要求。

（3）技术管理　防洪设施的技术管理主要包括对工程的检查观测、养护维修和调度运用。检查观测的任务主要是监视工程的状态变化和工作情况，掌握工程的变化规律，为正确管理运用提供科学依据，及时发现不正常迹象。工程检查分为经常检查、定期检查、特别检查和安全鉴定。养护维修有经常性的养护维修和大修、抢修。调度运用的目的是确保设施安全，选用优化调度方案。在现代化的防洪设施管理中，需要运用更加先进的技术对防洪设施进行管理使其能发挥出防洪的最大效益。

13.1.2　防洪设施管理信息化的发展

防洪管理过程中涉及的数据 80% 以上与空间信息相关，信息量大且繁杂，包括大量的空间数据、属性数据，其中空间数据包括矢量数据、栅格数据、三角网数据以及 CAD 数据等；属性数据包括了历史数据、水位数据、流量数据以及社会经济数据、多媒体数据等。传统的信息管理主要以手工作业为主，信息都以图表或文件资料的形式保存，其最大的问题就是工作效率低下，信息存储、流通方式和信息处理极不方便，去查阅规划往往要调档查阅多种图纸，少则半天多则几天，造成周期长、容易出错、费工费时。因此，需要通过信息化来提高防洪信息采集、传输的时效性和自动化水平，充分发挥防洪工程的效益，及时、科学、合理地调度洪水，提高防洪除涝调度的手段和能力，最大限度地减少洪涝灾害造成的损失。

目前，防洪设施信息化管理系统基本都是基于地理信息系统（GIS）技术建立发展起来的。地理信息系统（GIS）是近年发展起来的对地理环境有关问题进行分析和研究的一种空间信息管理系统。在计算机软硬件技术支持下对信息进行采集、存贮、查询、综合分析和输出，并为用户提供决策支持的综合性技术。

地理信息系统（GIS）具有独特的空间信息管理、分析和表达功能，它可以对复杂数据进行高效的科学管理、深入的数据分析处理和精确的空间分析，从而为防洪提供全面、准确、及时、形象直观的决策信息。概括来讲，有以下优势。

（1）丰富了检索的手段和界面，可以基于矢量电子地图界面进行检索。一方面可以利用电子地图本身的操作功能，如分专题显示、图例编辑、放大缩小、漫游、导航等；另一方面，可进行一些以空间特征为条件的信息检索，如某一空间范围内的特征查询、某一特征的邻域查询等。

（2）可以存储多种性质的数据，包括图形的、影像的、调查统计等，同时易于读取、确保安全。

（3）引入 GIS 技术后，使得原来相对孤立的数据建立了空间关系，更有效地揭示了各类数据之间的内在联系，可以直观形象地展示出分布关系、相对位置、距离、高程等，一目了然。允许使用数学、逻辑方法，借助于计算机指令编写各种程序，易于实现各种分析处理，系统具有判断能力和辅助决策能力。

（4）可以进行覆盖分析、网络分析、地形分析以及编制各种专题图、综合图等。

（5）资料通过系统的处理，使各部门实时共享数据。

（6）易于改变比例尺和地图投影，易于进行坐标变换、平移或旋转、地图接边、制表和绘图等工作。

（7）减少了数据处理和图形化成本。在短时间内，可以反复检验结果，开展多种方案的比较，从而可以减少错误，确保质量。

（8）根据准确的资料、通过科学的规划、决策、设计，使水利工程规划更合理、工程预算更准确。

结合了地理信息系统（GIS）技术、遥感技术（RS）、全球定位系统（GPS）的 3S 技术是防洪设施管理信息化的最主要技术。

13.2　水库设施管理

13.2.1　水库设施管理简述

现代化水库管理，就是在总结以往经验的基础上，结合新形势、新任务、新要求、重新制定管理职责、管理范围、管理方法、管理标准、从而逐步实现水库管理的现代化。水库防洪管理包括基础工作、经常性工作、洪水预报及洪水调度等几方面，主要是水库防洪工程设施管理和防洪调度管理两个方面。

（1）防洪工程设施管理　水库各部分建筑物在长期运行过程中，受外部荷载和各种因素作用，工况处于变化状态，严重时将影响安全运行和设计效益的发挥。因此，要做好常规的观测、保养、维护，发现重大险情，必须及时处理。水库建筑物的工况变化是缓慢的，且不易发现，需借助一定的观测设备和手段，进行全面系统观测。观测的项目，因水库规模和特性不同而有所侧重，一般包括：变形观测、位移观测、固结观测、裂缝观测、结构缝观测、渗流观测、荷载及应力观测、水流观测等。通过对观测资料的整理分析，据以指导水库控制运用、维修以及必要时采取除险加固措施。

水库工程设施维修是一项经常性的管理工作。按建筑物功能分述如下。

① 挡水建筑物维修。常见的挡水建筑物有土工建筑物、混凝土建筑物、浆砌石建筑物三类。土工建筑物的维修主要包括土体裂缝处理、土堤与基础防渗处理及土体滑坡防治；混凝土建筑物的维修主要包括表层处理、裂缝处理及防渗处理；浆砌石建筑物的维修主要包括裂缝处理、渗漏处理和滑塌处理。

② 泄洪建筑物维修。水库泄洪建筑物本身有溢流坝段、专设的溢洪道以及泄洪洞等，其维修管理范围还延伸到下游部分行洪河道。这些建筑物关系到能否安全泄洪，其管理至关重要。因此，要特别重视维修、保养管理。泄洪设施出现的问题及解决方法主要有以下几方面。

a. 溢洪道过水能力不足。这主要是由于设计时所依据的洪水资料系列不足，设计洪水偏小所致，需通过修订设计洪水、加大溢洪能力或增辟溢洪道解决。

b. 消能设施及下游泄洪道破坏。出现这种情况，要修复并加固消能设施和溢洪道。溢洪道水流受阻紊流的，要调整洪道走向，使泄水通畅。

c. 溢洪道阻水。由于管理不善及自然破坏，在溢洪道进口设置拦鱼设备及溢洪道边墙附近山体滑塌导致阻水，须及时清除。

d. 陡坡底板损坏。陡坡过陡或底板设施排水不畅，易造成陡坡底板损坏，须及时研究方案并进行处理。

③ 引水建筑物维修。常见的引水建筑物有坝内或岸边涵管及隧洞，裂缝漏水是其主要险情。造成的原因除有设计、施工方面的因素外，也存在管理方面的因素，在工程上往往视具体情况分别采用地基加固、回填堵塞、衬砌补强、喷锚支护、灌浆等措施进行处理。

（2）防洪调度管理　防洪调度管理按其实施阶段划分，包括编制水库防洪调度规程，编报年度度汛计划，实时洪水调度及汛后调度总结几大部分。

① 编制水库防洪调度规程。防洪调度规程是水库管理单位依据设计文件按现状工程情况、水情编制的水库现状防洪标准、运用方式、操作程序、调度权限的基本调度文件。规程经防汛主管部门批准后，成为指导水库防洪调度的法规性文件。编制水库防洪调度规程，须明确水库的水利任务，尤其要明确其防洪任务，如对下游不承担防洪任务的则以保证水库安全为前提编制。水库防洪调度是水库调度的最重要部分，但水库调度是一个完整的过程其规程也是统筹制定的。因此常常是统一编制水库调度规程，包含除害兴利各方面，而把防洪调度作为重点的部分编制。

② 编报年度度汛计划。水库防洪调度规程是指导水库较长时间的防洪调度文件，但还不是当年年度的运行计划。年度度汛计划则是指导当年水库度汛的预案，更具现实性。水库年度度汛方案是以水库防洪调度规程为依据（如无调度规程，当以规划设计文件为依据），确定或确认当年水库的防洪标准，当年水库所必须控制的汛限水位、防洪高水位及收水时机，并对不同量级的洪水制订相应的蓄泄方式。年度计划中应十分明确各级洪水调度的权

限，强调责任制。对可能发生的特大洪水要有应急措施方案，包括临时加大泄洪量的爆破措施，全面做好防大汛的思想、组织、物资准备。水库年度度汛方案每年都需修订、完善并上报主管防汛部门经批准后于当年实施。

③ 水库实时洪水调度。实时调度是调度规程及年度计划的实施过程。由于实际出现的洪水过程不可能与历史上已发生的完全相同，故在水库防洪调度管理中应针对一次面临或预报的洪水，参考当时的天气发展趋势，依据水库工程状况和蓄水情况及下游水情和河道承泄能力等，做好实时洪水调度。进行洪水实时调度必须符合水库既定的防洪调度原则，正确处理防洪、兴利关系，兼顾上下游关系，防止不顾防洪安全盲目蓄水和片面强调水库安全有损兴利蓄水的倾向。

13.2.2　水库信息化管理系统

水库的信息化管理系统包括了雨水情遥测系统、洪水预报调度软件系统、计算机网络系统、闸门监控系统。

（1）雨水情遥测系统　雨水情遥测系统的建设任务是根据水库的实际情况，确定遥测站网布设方案和数据流向，通过分析选择通信方式和中继站位置，拟定数据传输网的组网方案。系统实现的主要功能有以下两点。

① 数据收集功能。遥测站通过传感器能自动采集雨量、水位变化后的新数据，经编码后（通过中继站）自动发送给中心站。中心站能实时接收各测站（通过中继站）发送来的自报数据、应答数据和人工置数数据，能定时自动巡测或人工随机召回遥测站点的数据。

② 数据处理功能。遥测站对信源数据进行编码，中心站对收到的编码数据解码、检查与纠正错误、合理性判别、数据压缩，并分类存储、显示、打印各类数据报表及过程线等。雨水情遥测系统完成一次全部遥测站的数据收集所需时间一般不超过10min，包括数据处理和预报作业所需的总时间不超过20min，可以大大提前防汛调度的预见期，为保障水库周边人民群众的生命财产，发挥重要作用。

（2）洪水预报调度软件系统　洪水预报调度软件系统主要功能是对雨水情遥测系统采集的各项实时数据进行统一调用与处理，实现水库水情预报和调度作业。系统由数据管理子系统、洪水预报子系统和洪水调度子系统三部分组成。数据管理子系统能自由存储、调用、导入导出降雨、蒸发、水位、有关退水过程线、模型参数、单位线、水库周边自然地理情况及工程说明、调度方式及规则说明、水库运行经验、组织机构与制度等基本资料信息。同时系统逻辑结构与机构图、水库及附属工程和防洪措施图、历次特大暴雨等值线图及调度过程图、不同频率洪水风险图、迁安路径图等图形信息也可以作为基本资料，由数据管理子系统进行管理维护。数据管理子系统的功能还包括数据（模型）的录入、增加、更新、删除、转储、恢复、检索、下载和调用等。洪水预报子系统主要负责根据雨水情遥测系统传输过来的雨水情信息，对未来一段时间内的水文状况做出预报。预报成果主要包括：预报点处的水位、流量过程，洪水总量与重现期，某一流量值上的洪量及历时，洪峰值及峰现时间，出库站至防护点处的水位表现与大坝防护能力比较，防护点处水库出库对洪峰的贡献值等。洪水预报子系统能对预报成果以图文并茂的方式显示，并实现对比分析、列表、打印等功能。洪水调度子系统的调度方式包括最高库水位控制、最大出库流量或指定流量过程控制、防护点处水位或流量要求控制等。采用自动或交互式方式，生成调度运行方案，对入出库流量过程、库水位、库区淹没面积、蓄水量过程、水库调度及下游河道水位表现、某一流量上的洪量及历时、对防护点洪峰贡献变化等调度成果进行分析，能以图文并茂方式显示，并能提供每一个方案的损失值。洪水调度子系统还可以对各种不同调度方案进行系统化的管理，对每种方案的进出库流量过程、工程运行参数、下游河道水位、流量表现等进行存储，能对各可行方案进行列表对比，或采用某种算法进行优选排序。

（3）计算机网络系统　利用计算机网络系统可以实现对水库防汛、供水、发电、工程监控等各种信息进行传输、存储等工作，及时地向有关部门和人员汇报、发布信息，决策部门可以及时进行调度指挥，使水库的管理更加的科学化和信息化。此外利用网络还可以加强各部门和人员之间的交流、协作，可以及时向社会发布水库管理工作等信息，利用 Internet 向社会公众提供服务，获取大量信息，开展国际、国内合作与交流，提高社会监管的透明度。计算机网络系统还可以实现网络电话、全动态实时图像监视等多种业务应用，极大地提高办公效率。计算机局域网系统组网技术有以太网、快速以太网、千兆以太网、铜缆环网、光纤环网、ATM 网等。快速以太网技术是当今现有局域网采用的最通用的通信协议标准，在互联设备之间以 $10\sim100$Mbps 的速率传送信息包，由于其低成本、高可靠性而成为应用最为广泛的园区网技术。水库园区网在技术选择上可以依照快速以太网技术规划组网方案，也有利于今后网络升级。水库管理部门的网络拓扑结构宜采用星型结构，使用专用的网络设备（如集线器或交换机）作为核心节点，通过双绞线将局域网中的各台主机连接到核心节点上。星形拓扑可以通过级联的方式很方便地将网络扩展到较大的规模，具有管理方便、容易扩展等特点，同时对核心设备的可靠性要求较高。网络介质可以采用双绞线、光纤等多种方式。其中双绞线多用于从主机到集线器或交换机的连接，而光纤则主要用于交换机间的级联和交换机到服务期间的链路上。网络协议主要使用 TCP/IP，还可以选择 NETBEUI 等作为其他一些应用的协议。此外，水库管理部门可以选择在网络中心配置，手机专属单元，远程用户可以通过手机访问单位局域网，出差在外可以方便地连入单位网络，随时随地掌握各类信息，避免耽误工作，实现远程办公与信息管理。

（4）闸门监控系统　闸门监控系统的监控范围包括：闸门位置及状态、启闭机房设备状态、水库水位、输水量等。闸门监控系统一般由一套中心远程控制系统、多套现地监控单元（含水位传感器及闸位传感器）等设备组成，可选择采用集控式或者分布式两种控制方案之一。集控式方案一般采用可编程控制 PLC 与 SCADA 系统相结合，适合各种远程通信方式；分布式方案一般采用现场总线技术，适于 IP 网络通信方式。中心远程控制系统实现集中管理控制，操作既可用键盘、鼠标，也可通过触摸屏完成，达到现场无人值守。能将就地监控单元设备运行采集的实时数据建立实时数据库及历史数据库；监测水库水位和闸门开度，模拟显示闸门位置图形，动态显示水位曲线、闸门的操作过程，具有查询、报警功能；编制打印运行日志、月志、年统计表；保留系统原手动操作功能等。就地监控单元能接收中心远程控制系统能的调度运行命令，发送现场采集的各类设备运行实时参数与状态信号；根据中心远程控制系统的指令可进行闸门启闭、升降的控制，闸门控制范围为从全关到全开、或从全开到全关，在中间任何位置可允许进行紧急停止操作；系统具有多重联锁功能，具有开、关、停故障报警等功能；对水库水位进行检测采集，并将该信号与闸门的控制进行联锁，以防误动作。建设过程中应考虑将就地监控单元设有输出闭锁功能，在维修、调试时，可将输出全部闭锁，同时能将相应信息上传至控制中心，以反映现场测控单元的工作状态。

13.3　河道设施现代化管理

13.3.1　河道设施管理简述

河道防洪设施管理就是通过对河道管理范围内影响河势稳定和河道防洪、输水能力等功能的各种行为实施管理。河道防洪设施各方面功能得到充分、合理的利用和有效的保护。

（1）建立一套完整的工程管理体系　从工程管理经验与现代工程防护的角度来看，必须按水系流域建立一套完整的工程管理体系，即河道设立管理机构，在上级主管机关的领导下，形成一个管理网络。

（2）加强管理人员的素质教育　广泛宣传水法规　水法规颁布了很多，但广大农村干部接触了解不多，法律意识淡薄，对维护工程安全完整认识不足，所以在水工程管理范围内常出现垦堤种植、违章建筑、破堤取土等破坏工程案件，因此，必须加大力度宣传《防洪法》、《水法》、《河道管理条例》、《防汛条例》等法律法规，利用电台、电视、宣传车、宣传牌、宣传单、张贴标语等形式进行宣传，做到家喻户晓、人人皆知，依法管理。客观上认为工程管理人员应具备较高的法制观念、法律意识和职业道德，能较娴熟地掌握运用有关法律法规以及其他执法依据。从实际情况看，工程管理人员水平偏低，素质较差，这就要求坚持不懈地抓思想教育、法律政策教育、职业道德教育、岗位业务培训，建立健全学法律、学技术、学知识依法管理的考核、奖惩、任用等工作制度。

（3）技术管理　技术管理是以技术方法分析研究工程的实际安全运行标准，采取有利的工程措施，提高工程的安全和抗洪能力。因此，技术管理应从以下几个方面来抓：搞好工程的日常养护和维护；做好防汛岁修工程计划编报与实施；建立健全工程观测项目及工作制度；根据工程运行中实际状况，编制工程管理规划；开发利用现代新科学、新技术；重视堤防保护的非工程措施，植树造林工作，防止水土流失。

（4）河道堤防防洪调度　堤防是最基本的防洪工程，河道堤防则是为增强输水能力，防止洪水泛滥，而形成的防洪体系，两者共同发挥疏导和挡御洪水的作用。河道堤防的防洪调度一般认为是无可控性工程措施，看起来比较单一，似乎无调度可言，其实不然。由于河道堤防防守分散、战线长、影响范围广，加之河道水流存在着不可间断的连续性等特征，致使河道堤防的防洪调度情况更加复杂。现对防洪调度简要分述如下。

① 调度的原则。一是贯彻集中统一的原则；各有关方面要密切配合、服从调度指令，发挥防洪工程设施的综合效能。二是坚持小利服从大利、局部服从整体的原则；正确处理地区之间、行业之间的防洪矛盾。三是坚持兴利服从防洪的原则；处理两者之间的矛盾，兴利必须服从防洪，汛期所有工程都要充分考虑防洪安全。在保证防洪安全的前提下，要尽可能地照顾兴利。四是确保防洪工程自身安全的原则；防洪工程是调度的基本依据，如自身不保，不仅直接影响防洪减灾效益的发挥，破坏了调度计划的实施，而且将会带来更大的损失和不可挽回的影响。

② 调度的基本依据。一是国家制定的有关防洪方针政策、规划设计和验收检查文件中有关防洪技术指标及度汛意见，有关地区之间协议。二是历史洪水资料和洪水灾害的成因、分布和演变规律，防护地区社会发展规模。三是汛前检查所确定的防御标准和工程质量标准，以及运用指标、水毁工程修复情况，对工程存在问题研究制定的度汛意见。四是核对设计洪水资料，分析验证水位流量的相关曲线。五是正式指定的防御洪水预案，各类洪水的风险分析成果和绘制的洪灾风险图。

③ 河道堤防的调度方式。河道堤防的防洪调度原则要求河道输水均衡，安全通畅地把水泄下去，为此，汛期调度方式分为如下三种。a. 防洪水位流量控制。河道堤防应分段制定设防水位、警戒水位和保证水位，洪水在各种水位通过时采取相应的防守措施。b. 保持河道上下游均衡行洪。在河道防洪调度中控制洪水被传播形成的水面线平顺，是保持河道水位涨落平衡、行洪安全的重要因素，但是在汛期实际调度中则往往由于上下游河道顶托、区间汇流和左右岸的人为干预等，造成壅抬水位、水势紊乱，出现不利的行洪现象，威胁河道防洪安全，因此，要根据流域内的降雨情况、洪水汇流情况，分析演算河道洪水的传播水情，及时采取措施，清除不利因素，保持洪水均衡下泄。另外，由于河流断面水力因素和上

下游河道冲淤变化，致使水位和流量关系发生变化，或在相同流量下出现水位升高的异常现象，威胁防洪安全，在河道防洪调度中要给予高度重视。c. 对超标准洪水的调度。对于超标准的洪水，根据暴雨洪水组合分成不同量级，按洪水预报期长短，以及蓄滞区位置、容量、有无控制条件等，制定分洪运行方案，在实际调度中，一般是先上游分洪，后下游分洪，先用控制闸，后用无控制闸，考虑到洪水预报的准确程度和堤防的质量安全，调度运用留有余地，以策安全。但是当预报超量不大、洪水继续上涨幅度有限和后期又无降雨，并有足够的抢险力量时，也可采取不分洪，应强化抢护措施。

④ 河道防洪调度实施中的注意事项。河道洪水调度应遵循上级批准的有关防洪预案正式文件执行，并视水情、雨情状况进行调度。要发挥水情信息和洪水预报的耳目作用，建立完善的水情预报、测报系统。要准确掌握河道堤防和附属工程的抗洪能力。确保防洪重点地区，防洪重要堤段的安全，是制定防洪预案的中心目的。

13.3.2　河道防洪信息管理系统

（1）信息管理系统需要满足的需求　河道防洪信息繁杂而且众多，信息的管理工作混乱而又复杂，一个合格的，能够管理，方便、快捷、直观地实现各类信息数据动态查询、修改和更新，并兼有专业管理模块的管理系统需要能满足以下需求。

① 建立河道流域的基础地理信息数据库。收集、整理和存储与流域河道相关的信息，如河道数据的历史资料、社会人口经济资料、各种河道信息资料、总体规划、河道流域管理现状资料、地图、河道建筑工程、堤防工程、各类报告、年鉴、线路及音像等数据以及GPS 所采集的水利工程数据。

② 操作方便，提供基本功能。基本功能应能实现浏览编辑图形中的任意图层，可以实现图形的快速定位，主要包括点选、放大、缩小、自由缩放、漫游、全图显示、图例显示、距离量算、图层控制、图层编辑、图层输出等功能。

③ 快速准确的多种信息查询功能。通过信息查询显示可以实现系统数据的可视化表达。主要包括地图属性查询和属性地图查询、区域工程查询、工程属性查询、多媒体信息查询、图表分析等功能。

④ 信息维护，具有可扩展性。数据库管理维护的主要目的是对需要人工录入的数据进行数据增加、修改和删除等数据维护操作。主要包括数据的浏览打印与报表生成、编辑数据等功能，不同级别用户可对其进行不同的操作，如添加、删除、修改等编辑操作。

⑤ 建立专用分析模型。应能用三维方式逼真地显示三维地形，同时提供多种控制方式和显示模式进行三维浏览。按给定洪水水位和水量的方式计算给定条件下的淹没区范围，与相应数据层进行叠加，并将结果可视化。主要包括 3D 分析模型、洪水淹没模拟模型、抢险救援模型等。

（2）信息管理系统的目标　河道防洪信息管理系统的总体设计目标是建立基于地理信息系统（GIS）技术，结合计算机编程技术、数据库技术，对河道各种空间、属性数据进行整合管理，通过专业分析功能为河道流域防洪提供科学管理的依据。在总体目标的前提下，系统包括以下几个专题目标。

① 对研究区范围内的各种图件和地形图等进行几何校正、地理配准，矢量化并合理地分层；对研究区范围内相关属性数据进行处理和设计，形成较为完整的河道地理信息系统数据库，为河道建设与管理提供可靠的、准确的信息源服务。

② 实现河道的分级分区管理。根据用户管理范围确定其权限（查询、编辑、录入等）。不同级别的管理单位（省、地、县、流域管理机构）可对权限规定范围内地理信息图库系统

进行操作和管理。包括信息提取，查询、显示和分析、可视化电子地图的形式；实现对地理图形的编辑、漫游、缩放等操作；实现空间与属性数据信息的查询、图形输出、报表生成等操作。

③ 通过给定洪水水位或水量，利用地面数字模型来模拟淹没范围和淹没面积，实现河道地形、地貌和洪水淹没的二维、三维可视化表达。

④ 通过防汛储备点及交通网络的建立，利用 GIS 来模拟流域地区人员的撤退、物资的转移，进行抢险救援路径寻优分析，以选择最佳撤退路线，最大限度地减少洪水造成的损害。

（3）河道信息管理系统的设计原则

① 全局性和整体性原则。在把握全流域整体信息的基础上，从整体的业务管理、内部管理及职能的角度，充分考虑各部门的需求，使系统成为一个有机的整体和管理与决策的核心工具，以提高管理与决策的效率、质量和水平。

② 先进性和成熟性原则。系统建设要尽可能采用最先进的技术、方法、软件、硬件和网络平台，确保系统的先进性，同时兼顾成熟性，使系统成熟、可靠。系统在满足全局性与整体性要求的同时，能够适应未来技术发展和需求的变化，使系统能够可持续发展。

③ 可扩展性和开放性原则。系统应具有良好的接口和方便的开发工具，以便系统的不断扩充、求精和完善；系统在输入、输出方面应具有较强的兼容性，能进行各种不同数据格式的转换。

④ 可靠性原则。数据库的可靠性：数据库中的所有数据应是准确可靠的。系统的可靠性：系统应有很强的容错能力和处理突发事件的能力，不至于因某个动作或某个突发事件而导致数据的丢失和系统瘫痪。

⑤ 科学性和规范性原则。保证系统结构的科学性和合理性，同时，系统的各项功能应符合信息管理的要求，信息编码应遵循行业和地方规范。

⑥ 经济性和可操作性原则。在保证各项功能圆满实现的基础上，应以最好的性能价格比配置系统的软、硬件，系统应具有良好的用户界面，用户易学易懂，操作简便、灵活。

⑦ 专业性原则。尽量将河道防洪管理的专业思想融合到系统中，满足专业化的需求。

13.4　城市防洪指挥决策系统

随着社会经济的不断发展，人口的日益增多，单纯依靠修建防洪工程来提高城市防洪标准，不仅十分困难，而且代价高昂。从经济及发展角度看，在兴建防洪工程、尽可能阻止洪水出槽的前提下，加强非工程措施的建设，以减轻洪水带来的灾害损失，是防洪的重要发展方向。因此，把城市防洪工作纳入现代化管理轨道，使城市防汛部门能科学、合理、及时地制定管理决策和应急方案，建立城市防洪指挥决策系统已势在必行。

城市防洪指挥决策系统针对城市防洪的特点，运用计算机、电子、通信等高科技手段，综合水文、气象、地理等多学科内容，在城市防洪工作中设立一套现代化的管理指挥体系。

13.4.1　城市防洪指挥决策构成

现代化的城市防洪体系不但要有高质量、高标准的硬件防洪工程作保证，而且还要有现代化的科学指挥决策系统作支持。城市防洪指挥中心是城市防洪指挥决策系统的核心。指挥中心设在城区防汛指挥部办公室，由计算机网络系统、大屏幕显示系统、电子地图系统等组成；系统软件包括操作系统、网络管理系统、数据库管理系统、地理信息系统；应用软件是一个决策支持系统软件包，内有基本资料模块、实时监控模块、水文气象模块、洪水预报模块、调度决策模块等。

　　指挥中心与分中心、水文站、气象台以及市政其他部门网络以有线方式连接，与遥测点及遥测泵站之间以超短波无线方式连接，组合形成防洪指挥决策系统，如图 13-1、图 13-2 所示。

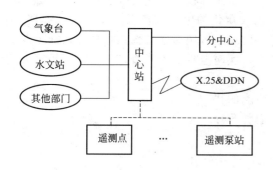
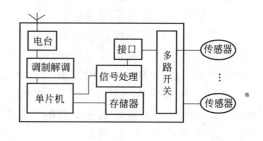

图 13-1　系统基本框图　　　　　　　图 13-2　遥测点和遥测泵站基本原理图

13.4.2　系统运行模式

　　城市的雨洪特点是时空分布变化大，要求水文数据观测准确、及时，而且城市防洪抢险工作往往需要一些出现灾害地点的实时信息。因此，系统采用常规循环召测、定点召测和自报三种兼容的工作方式，遥测点和遥测泵站则处于全自动工作方式，无须人工干预，汛期时采用常规循环召测，由指挥中心前置机定时循环产生各遥测点和遥测泵站的地址码信息，经中控仪调制成为双音频信号，由电台转换成超短波，经天线发送出去；遥测点和遥测泵站的数据传输仪对由水位计、雨量计、流量计等各种传感器传来的数据进行不间断采集，当收到指挥中心的召测信号后，再把这些数据经过调制，变成超短波，然后由天线发送到指挥中心，经中控仪、前置机接收、处理和存储后送上屏幕，实时地显示各遥测点和遥测泵站的水情、雨情、工情、灾情，并适时传送到主机的数据库中，为预报和决策模块提供实时数据，对异常情况进行报警。当进入防汛抢险阶段，需要对某个遥测点或遥测泵站进行专门监测时，可选择定点召测方式，这时指挥中心就专门对某个遥测点或遥测泵站进行召测，收集数据，进行分析和显示。在非汛期，可选择自报方式，即当遥测点或遥测泵站的各种参数发生一定量的变化后，就主动上报到指挥中心，无须人工干预。在这种方式下，当所有参数长时间都不变化时，遥测点和遥测泵站将每隔一定时间自动上报指挥中心一个平安码，以表示遥测点和遥测泵站的设备无故障。本系统的无线通讯网络可采用防汛遥测专用网，采用 230MHz 超短波频段，干扰小；指挥中心与水文站、气象台等部门连接，实时接收水情简报、气象云图及天气预报、有关文件和紧急通知等；分中心通过有线局域网，从指挥中心实时调用有关的文件、资料、数据及时掌握所辖区域内的雨情、水情、工情。

13.4.3　系统技术数据

　　考虑到城市防洪的特点，须经技术经济比较，确定相关技术数据。如某防洪系统技术数据如下。①无线信道传输速率为 600bit/s，调制方式为 FSK，中心频率为 1500Hz，传号和空号频率与中心频率上下相差 200Hz，频率稳定度＜2Hz，误码率＜10^{-5}，信道射频保护性优于 8dB，有线信道传输速率为 14.4Mbit/s。②水位测量精度为 1cm；雨量分辨率为 0.1cm，精度为 3%，雨强范围为 4mm；泵机转速误差＜2r/min。③MTBF＞20000h。④环境温度 $-10\sim45$℃，相对湿度＜90%。

13.4.4 系统软件结构

　　城市防洪指挥决策系统软件分系统软件和应用软件两大部分。系统软件包括操作系统、网络管理系统、数据库管理系统、地理信息系统；应用软件是一个决策支持系统软件包，内有基本资料模块、实时监控模块、水文气象模块、洪水预报模块、调度决策模块以及综合数据库和知识库等。软件系统的总体逻辑结构是：以大众化的电脑操作系统作平台，数据库、知识库等为基本信息支撑，通过总控程序构造城市防洪指挥决策系统的运行环境，加上友好的界面和人机对话，并辅以多媒体技术，有效地实现实时监控、信息查询、指挥决策三大功能。软件系统的总体逻辑结构如图 13-3 所示。

　　软件系统的总控功能主要是控制系统三大功能的协调运行，对于用户来说，则是丰富的选择菜单。总控程序菜单描述如下。

　　① 实时监测。以地理信息系统下的电子地图为背景，实时显示遥测点和遥测泵站的各种数据及基本状况，并对异常情况和险情进行声光报警。

　　② 水文气象。通过与水文站、气象台联网，实时接收水情报表、气象云图、天气预报和水情、雨情资料。

　　③ 基本资料。以综合数据库和地理信息系统为支撑的基本资料系统包含了大量的内容，主要有以下几点。a. 城市概况，包括地理状况、气候条件、城市特点；b. 城市分层电子地图，包括城市道路、桥梁、管道、河道、建筑物等规划图，城市水系图，防洪规划图，防洪堤坝、防洪墙、泵站、闸门等防洪工程图，

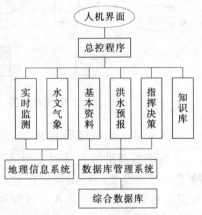

图 13-3　软件系统逻辑结构

不同设防水位分布图；c. 水文气象资料，包括各种特征值、特征曲线、过程线；d. 防汛管理。以文字和图形方式介绍城市防汛指挥部门的设置、职责、网络结构，对洪涝灾害及抗洪救灾的基本情况进行列表统计。

　　④ 洪水预报与模拟。根据基本资料和实时资料，采用相应的预报模型，对城市的水情、雨情和灾情进行预测与模拟。

　　⑤ 指挥决策。根据水情预测、雨情预测、灾情预测，结合知识库，给出相宜的决策方案，辅助管理部门进行调度指挥。

　　⑥ 帮助。完整的联机在线帮助，为用户在使用该软件时碰到的所有相关问题进行解答。城市防洪指挥决策系统的建设，作为一项实用技术，在城市防洪中对水、雨、工、灾四情实行全天候的实时监测，自动采集并处理数据，辅助指挥调度，提高防汛快速反应能力，在受洪涝灾害威胁的城市推广使用，可改变目前城市防洪工作中缺乏高新科技手段的现状，为城市建设提供防洪减灾的有力保证。

第14章 防洪工程规划与管理实例

14.1 城市排涝工程规划与设计

14.1.1 工程背景及现状

现有雨水管渠主要位于某县老城区，以盖板暗渠及道路边沟为主，多为雨污合流。西支河以西及污水厂北部即开发区、新城区还没有铺设雨水沟渠。西支河穿过县城，为雨水主要受纳水体。县城内的日本沟、梁庄沟为现有排水明渠，均位于老城区，由东向西进入西支河。已建成雨水排灌泵站及水闸位于日本沟、梁庄沟、陈大年沟、胜利村沟在西支河的入河口。

近年来县城建设已有了很大发展。但人们对防洪设施的建设、保护重视却不够，使行洪河道被占、堵的现象极为严重。有的河道已被建筑物所占，所留的排水洞断面较小，有的构筑物根本就没有留出排水出口，也无其他的排水措施补救，同时底淤泥大量积累，严重影响行洪，存在巨大隐患。日本沟、梁庄沟两条排水沟上的排灌泵站建造时间较长，规模较小，难以满足大规模降雨的排涝要求。县城在雨季城区很容易发生内涝，造成巨大的损失。

统计历史降雨资料发现，偏涝年平均3年一次。连涝年中具有两头小、中间大的特点，涝年的出现，很可能是大涝的前奏，具有周期性、连续性、季节性。

14.1.2 雨水排放分区

按雨水就近排放的原则，雨水排放区域与排洪沟渠的走向密不可分，其排水区域划分为八个分区。

雨水排放分区一：南至南环路，北至鱼新四路，西至西支河，东至东外环路，流域面积352ha，本流域雨水主要汇入梁庄沟。

雨水排放分区二：南至鱼新四路，北、西至西支河，东至西支河支流，流域面积503ha，本流域雨水主要汇入日本沟。

雨水排放分区三：北至北二环路，西至西二环路，南至北环路、东至西支河，流域面积640ha，本流域雨水主要汇入北环路西沟。

雨水排放分区四：南至北二环路，北至北三环路，西至西二环路，东至西支河，流域面积270ha，本流域雨水主要汇入北三环路沟。

雨水排放分区五：南至南环路，北至云长路，西至西二外环路，东至西支河，流域面积422ha，本流域雨水主要汇入陈大年沟。

雨水排放分区六：南至西支河支流，北至北环路，西至西支河，东至东外环路，流域面积119ha，本流域雨水主要汇入胜利村沟。

雨水排放分区七：南至北环路，北至北三环路，西至西支河，东至东外环路，流域面积264ha，本流域雨水主要汇入北环东沟。

雨水排放分区八：南至云长路，北至北环路，西至西二环路，东至西支河，流域面积321ha，本流域雨水主要汇入谭庄沟。

雨水排放分区划分详见图14-1。

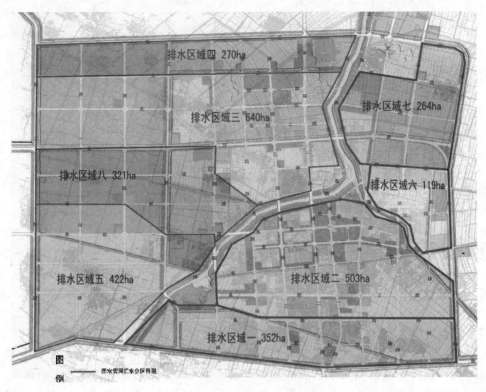

图 14-1 雨水排放分区图

14.1.3 雨水受纳水体

规划区内的西支河穿越县城区，它对县城的防洪有直接影响。县城内各排涝沟均汇入西支河。一般情况下通过西支河引水灌溉，汛期则向西支河排涝。

14.1.4 雨水管网系统布局

（1）雨水设计重现期　设计重现期采用 1 年。

（2）雨水量确定

① 采用某市暴雨强度公式进行雨水量的计算。

暴雨强度公式为：

$$q=2297.8(1+0.908\lg P)/(t+8)^{0.752} \tag{14-1}$$

$$t=t_1+mt_2$$

式中　q——设计暴雨强度，L/(s·ha)；

$\quad\quad P$——设计重现期，采用 1 年；

$\quad\quad t$——降雨历时，min；

$\quad\quad t_1$——地面集水时间，min，采用 15min；

$\quad\quad t_2$——管渠内雨水流行时间，min；

$\quad\quad m$——管渠折减系数，$m=2.0$。

② 管渠设计雨水量公式

$$Q=\psi Fq \tag{14-2}$$

式中　Q——设计雨水量，L/s；

$\quad\quad \psi$——径流系数，采用 0.75；

F——汇水面积，ha；

q ——暴雨强度，L/(s·ha)。

（3）雨水管渠布置方案　雨水管道或渠道在道路上的位置一般布置在道路的一侧。雨水管道及渠道布置以雨水排放区域划分为基础进行布置，就近排入雨水排涝沟渠。现有两条东西向排涝沟：日本沟、梁庄沟。规划东西向设置六条大型排水沟：北环路西沟、北三环路沟、北环路东沟、谭庄沟、陈大年沟、胜利村沟。八条排涝沟全部排入西支河。

排水区域一内现有梁庄沟，规划雨水管渠主要沿南北向道路布置，就近排入梁庄沟。

排水区域二内现有日本沟及部分雨水管渠，规划雨水管渠主要沿南北向道路布置，就近排入日本沟。

排水区域三内规划沿北环路设置排涝沟（北环路西沟），本区域内现有部分雨水管渠直接汇入北环路西沟，规划雨水管渠主要沿南北向道路布置，就近排入北环路西沟。

排水区域四内规划沿北三环路东西方向设置排涝沟（北三环路沟），规划雨水管渠主要沿南北向道路布置，就近排入北三环路沟。

排水区域五内规划沿东北-西南方向设置排涝沟（陈大年沟），规划雨水管渠就近排入陈大年沟。

排水区域六内规划沿胜利路、英雄路设置排涝沟（胜利村沟），规划雨水管渠就近排入胜利村沟。

排水区域七内规划沿北环路、东外环路设置排涝沟（北环路东沟），规划雨水管渠就近排入北环路东沟。

排水区域八内规划沿建设路东西方向设置排涝沟（谭庄沟），规划雨水管渠主要沿南北向道路布置，就近排入谭庄沟。

雨水管渠布置及断面详见图 14-2、图 14-3。

（4）雨水管渠材料　雨水管道采用钢筋混凝土管。

（5）现状管网的改造利用　在老城区已建有部分雨水管渠及合流制管道，规划实施中将保留大部分雨水管渠，将大部分合流制管道改造为雨水管道，并将新建雨水管道与之衔接。

14.1.5　工程管线综合规划

规划范围内的工程管线有：给水管、雨水管、污水管、热力供水和回水管道、燃气管、电信、高压、低压电力电缆及中水管网，进行排水规划设计时充分考虑了与其他管道的关系。

14.1.6　雨水泵站

日本沟、梁庄沟在西支河入口处已建有排灌泵站，一般情况下开闸引水灌溉，在汛期则关闸排涝，这些泵站都规模较小，需要重新改造。

规划的北环路西沟、北三环路沟、北环路东沟、谭庄沟、陈大年沟、胜利村沟担负着同样的任务，这些沟在西支河的入口处规划新建排涝泵站及水闸。规划新建改建各泵站规模如下。

改建梁庄沟排灌站设计 $Q=15.75\text{m}^3/\text{s}$，$H=5\text{m}$；

改建日本沟排灌站设计 $Q=24.55\text{m}^3/\text{s}$，$H=5\text{m}$；

新建北环路西沟排灌站设计 $Q=33.90\text{m}^3/\text{s}$，$H=5\text{m}$；

新建北三环路沟排灌站设计 $Q=12.31\text{m}^3/\text{s}$，$H=5\text{m}$；

改建陈大年沟排灌站设计 $Q=24.05\text{m}^3/\text{s}$，$H=5\text{m}$；

新建北环路东沟排灌站设计 $Q=3.25\text{m}^3/\text{s}$，$H=5\text{m}$；

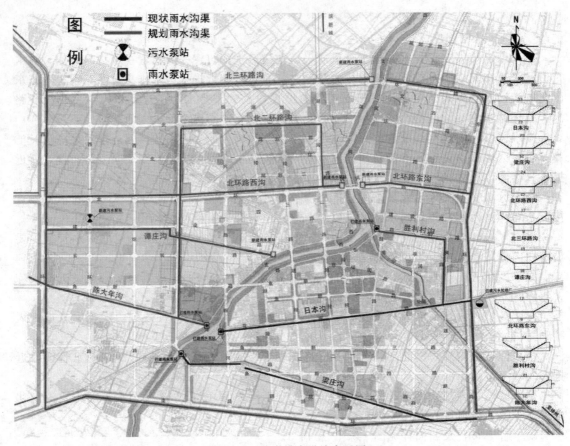

图 14-2　雨水排水设施布置图

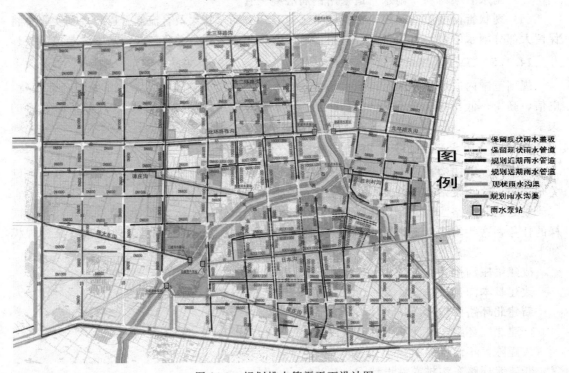

图 14-3　规划排水管渠平面设计图

改建胜利村沟排灌站设计 $Q=13.82\text{m}^3/\text{s}$，$H=5\text{m}$；

新建谭庄沟排灌站设计 $Q=18.25\text{m}^3/\text{s}$，$H=5\text{m}$；

14.1.7　城市防内涝措施

通过增加植被，河滩造林，加强水土保持。充分利用坑塘或洼地，就地改造为水体景观。这些措施既能美化城市又能调蓄雨洪。

加强易涝区安全建设，整治现有沟渠，提高城市排涝能力，对原有日本沟、梁庄沟沟形进行护砌、整形，加大西支河埋深，按时对排涝河沟进行清淤疏浚。杜绝在排涝河道上盖板或建非防洪建（构）筑物，对于已建成的建（构）筑物，应按规划拆迁。严禁向排涝河道内倾倒垃圾。

建立防洪预警系统，设立通讯体系及防汛指挥部，汛期及时发布降雨信息。

14.1.8　超标准暴雨应对措施

在规划中，雨水管道基本按照 1 年一遇暴雨强度设计，由于管径普遍较小，当发生大规模降雨时，尤其是发生超过设计标准的暴雨时，雨水管道必然无法满足排水要求。如果一味强排，下游低洼地区河道水位上升，雨水无法外排，加剧内涝。如提高设计标准，工程投资会大幅提高。

这种情况下单纯依靠管道排水无法解决问题。可以利用排涝河道进行蓄水。城市排涝河道一般较深，经过整形护砌，在降雨时河道可以对地面雨水起调蓄作用。河道中不同的水深能调蓄不同体积的雨水。

以县城中日本沟为例，经计算，调蓄容积如下。设河道水面距雨水管道排放口的垂直距离为 h，调蓄容积为 V，雨水泵站的设计流量为 Q。

当 $h=0.1\text{m}$ 时，$V=10000\text{m}^3$，$Q=26.23\text{m}^3/\text{s}$；

当 $h=0.15\text{m}$ 时，$V=15000\text{m}^3$，$Q=24.55\text{m}^3/\text{s}$；

当 $h=0.2\text{m}$ 时，$V=20000\text{m}^3$，$Q=22.94\text{m}^3/\text{s}$；

当 $h=0.25\text{m}$ 时，$V=25000\text{m}^3$，$Q=21.41\text{m}^3/\text{s}$。

当河道深度一定，河道面积越大，其调蓄容积越大，蓄洪能力越强，相应的排涝泵站规模越小。由此可见，通过发挥河道的调蓄功能，可以有效地减轻下泄河流的负担，提高城市的排涝能力。

14.1.9　雨水资源化利用

雨水可以作为县城的再生水源，供城市绿化、景观、消防及市政用水，也可作为农业用水。为此，可以利用县城雨水调蓄设施，规划雨水收集渠道及设施，对雨水进行储存和利用。

14.2　河道工程规划与设计

14.2.1　防洪方案

某市规划范围内的牟汶河、孝义河是流经莱城的主要河道，对城市安全有着重要的影响。牟汶河五十年一遇城区段设计流量为 $3196\text{m}^3/\text{s}$，牟汶河综合治理实施后，沿市区段上游起点水面高程为 183.80m，市区下游水面高程为 176.76m，而相应的城区地面高程分别为 190.00m 和 178.50m。因此，牟汶河五十年一遇的洪水，不会对城区造成威胁。孝义河是牟汶河的支流，孝义河五十年一遇设计流量为 $905\text{m}^3/\text{s}$，该工程实施后，孝义河上游水面高程为 207.35m；下游水面高程为 183.10m，而相应地面高程分别为 210.00m 和 185.10m。因此，孝义河五十年一遇的洪水也不会对城区造成威胁。

莱城城市建成区主要在牟汶河北部。因此，防洪规划的重点是牟汶河以北城区内部的河道防洪及雨水排涝。综上所述，充分考虑莱城现状与经济承受能力，提出莱城城市防洪方案如下。

（1）对牟汶河、孝义河、嘶马河这三条河流的综合整治。通过清淤、拆除挡水建筑物等措施，确保河道排洪顺畅，保证城区内洪水顺利排出。东部高新区雨水汇入孝义河，城市中心区雨水经城区内部各条河沟汇入牟汶河，城区北部雨水汇入嘶马河。同时对嘶马河进行护坡改造。

（2）在青草河上游、莲河上游，修建滞洪区。对城区北部可能形成的山洪进行蓄洪，减轻莲河下游及人工河的排洪压力，防止这些地区被淹。

（3）在莱城城市中心区各河沟的牟汶河或孝义河入口处修建防洪闸。莱城城区各条河沟的雨水主要排入牟汶河及孝义河，通过采取工程措施，确保这些河沟雨水能够顺利排入下游，防止牟汶河及孝义河洪水倒灌市区。

14.2.2　防洪标准

按照《某市城市总体规划》、某市非农业人口数和其社会经济地位的重要性，根据《防洪标准》确定某市为Ⅲ级城市，决定采用重现期为五十年一遇的防洪标准设防。

14.2.3　设计洪水

14.2.3.1　大流量河流设计洪水

按照上述公式，采用五十年一遇重现期，牟汶河各段设计流量如表 14-1 所示。

牟汶河及流域面积内的孝义河及支流、嘶马河、汶南河、新浦河、莲花河等河流（见图14-4），按照大流量河流洪峰流量计算公式（山东省水文图案洪峰流量模数公式）进行计算。结果见表 14-2。

表 14-1　牟汶河各河段五十年一遇洪峰流量表

区间	面积/km²	C_p	Q_p/(m³/s)	Q_m/(m³/s)
葫芦山-里辛河	14.9	70	424	352
里辛河-辛庄河	139.9	65	1766	1466
辛庄河-莲花河	304.2	60	2829	2348
莲花河-方下河	584.2	47	3850	3196
方下河-市界	938.2	43	4842	4019

注：C_p 指山东省山丘地区洪峰流量模数，无单位；Q_p 指百年一遇设计洪峰流量；Q_m 指五十年一遇设计洪峰流量。

表 14-2　大流量各河道五十年一遇设计洪水

序号	河流名称	平均坡度/‰	长度/m	面积/km²	设计流量/(m³/s)	备注
1	牟汶河	1.86	51500	584.2	3196	
2	孝义河	6.0	17200	77.4	905	
3	连河	7.584	8085	13.71	237.7	孝义河支流
4	孝义河上游	6.2	6300	13	229	
5	龙崮河	8.8	16000	33.90	435	孝义河支流
6	孝义东河	4.7	5509	10.28	196	孝义河支流
7	汶河东支流	6.8	5198	6.59	146	牟汶河支流

续表

序号	河流名称	平均坡度/‰	长度/m	面积/km²	设计流量/(m³/s)	备注
8	新浦河	7	16500	36	456	牟汶河支流
9	莲花河	9	18000	49.6	568	牟汶河支流
10	高庄河	8.7	9400	10.7	202	牟汶河支流
11	坡草洼河	7.1	6990	13.4	234	牟汶河支流
12	汶南河	13	16000	47	490	牟汶河支流
13	嘶马河	7.0	22500	55.3	602.42	

根据计算确定，规划范围内牟汶河五十年一遇设计流量为 3196 m³/s。根据设计和计算，牟汶河经综合治理后，牟汶河五十年一遇的洪水，基本不会对城区造成威胁，城区内河沟的雨洪水基本可直接排入牟汶河。孝义河五十年一遇城区段设计流量为 905m³/s，孝义河五十年一遇的洪水也不会对城区造成威胁。

14.2.3.2　小流量河道设计洪水

根据某市莱城内各沟渠的汇水面积（见图 14-4）、主河槽长度和水力坡度，利用水科院推理公式，对各河沟五十年一遇的设计洪峰流量进行计算，结果如表 14-3。

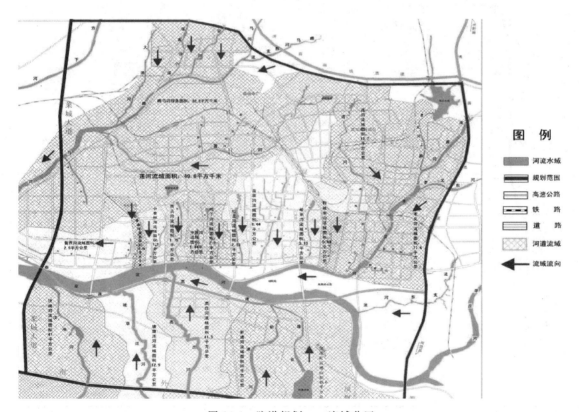

图 14-4　防洪规划——流域分区

表 14-3　小流量各河道五十年一遇设计洪水

序号	沟渠名称	洪峰流量/(m³/s)	序号	沟渠名称	洪峰流量/(m³/s)
1	程故事沟	13.79	3	青草河	85.85
2	故事沟	49.09	4	红土沟	34.28

序号	沟渠名称	洪峰流量/(m³/s)	序号	沟渠名称	洪峰流量/(m³/s)
5	鸭子沟	36.07	14	仁和沟	3.8
6	中医沟	32.63	15	盘龙街沟	9.9
7	西关沟	32.93	16	南姜庄沟	12.8
8	小曹村沟	28.40	17	新市医院沟	12.9
9	辛甫路沟	9.50	18	工业园沟	14.9
10	曹西沟	32.00	19	翠河	18.2
11	人工河	138.6	20	张家洼小溪	19.8
12	莲河	523.50	21	大洪沟	101.3
13	凤凰路沟	31.4	22	西外环西沟	40.3

14.2.4 河道工程设计

设计过程中，主要考虑原有河道河底坡度和规划河道所在地地形状况，以及上、下游河道衔接的可能性，分别采用 1.68‰～14.46‰ 不等的设计水力坡度，以此为基础，根据各河道的洪水流量，计算断面尺寸，其结果见图 14-5、表 14-4。

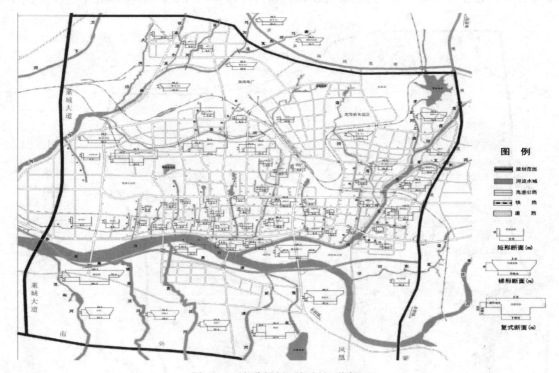

图 14-5 防洪规划—规划河道断面

表 14-4 河道设计断面一览表

编号	沟渠名称	断面型式	矩形断面		梯形断面或复式断面			备注
			宽度 B/m	深度 H/m	底宽 b/m	上宽 B/m	深度 H/m	
1	牟汶河	复式			250	370	4.5	

续表

编号	沟渠名称	断面型式	矩形断面		梯形断面或复式断面			备注
			宽度 B/m	深度 H/m	底宽 b/m	上宽 B/m	深度 H/m	
2	孝义河	复式			80	130	5.1	
3	程故事沟	矩形	3.0	3.0				
4	故事沟	矩形	6.0	2.9				
5	青草河	复式			10.0	18.0	2.7	
6	红土沟	矩形	5	2.2				
7	鸭子沟	矩形	5.5	2.0				
8	中医沟	矩形	6.0	2.0				
9	西关沟	矩形	5	1.8				
10	小曹村沟	矩形	5.5	2				
11	辛甫路沟	矩形	3	1.2				
12	曹西沟	矩形	6.0	3.3				
13	人工河	复式			10	30	2.7	
14	莲河	复式			20	80	3.5	
15	新市医院沟	矩形	4	2.2				
16	工业园沟	矩形	5	1.5				
17	孝义河上游	梯形			15	22.5	2.5	边坡系数 $m=1.5$
18	龙崮河	矩形	3	2.2				
19	孝义东河	矩形	15	2.5				
20	汶河东支流	矩形	20	2				
21	连河	梯形			15	22.5	2.5	边坡系数 $m=1.5$
22	凤凰路沟	矩形	4.5	3				
23	仁和沟	矩形	2.5	1.5				
24	盘龙街沟	矩形	3.6	3				
25	南姜庄沟	矩形	3	2				
26	新浦河	复式			20	30	4	
27	莲花河	复式			40	46	4	边坡系数 $m=1.5$（上）
28	高庄河	梯形			15	25	2.5	边坡系数 $m=2$
29	坡草洼河	梯形			20	28	2	边坡系数 $m=2$
30	汶南河	梯形			20	32	3	边坡系数 $m=2$

续表

| 编号 | 沟渠名称 | 断面型式 | 矩形断面 | | 梯形断面或复式断面 | | | 备注 |
			宽度 B/m	深度 H/m	底宽 b/m	上宽 B/m	深度 H/m	
31	嘶马河	梯形			60	67.5	2.5	边坡系数 m=1.5
32	翠河	矩形	6	1.5				
33	张家洼小溪	矩形	6	1.7				
34	大洪沟	矩形	10	2.8				
35	西外环西沟	矩形	5	3				

14.2.5　各支流河道入口工程

牟汶河段五十年一遇洪峰流量为 3196m³/s，坝高 5.5m，设有 2 座橡胶坝，洪峰时全部泄水，另有一处石坝按照规划需要拆除，因此洪峰时该段河道全部正常通水。

经过计算，出现二十年一遇洪峰时，上述各河沟均可以排入牟汶河；出现五十年一遇洪峰时，除小曹村沟外，中医沟、西关沟、人工河、故事沟、程故事沟、莲花河与新浦河汇合段可以排入牟汶河或孝义河；当出现百年一遇洪峰时，小曹村沟、中医沟、西关沟、人工河都将无法排入汶河，需采取特殊措施。

经计算，小曹村沟、故事沟出现洪峰时，入口处涵洞断面无法满足洪峰流量要求，应当扩大断面。

14.2.6　工程措施规划

（1）防洪闸工程措施　防洪闸工程措施及布置详见表 14-5、图 14-6。

表 14-5　防洪闸工程措施

序号	工程名称	河道	备注
1	防洪闸	小曹村沟	牟汶河入口
2	防洪闸	人工河	牟汶河入口
3	防洪闸	西关沟	牟汶河入口
4	防洪闸	中医沟	牟汶河入口
5	提升泵站	青草沟	鲁中大街
6	拆除石坝	孝义河	市区段
7	拆除石坝	莲河	嬴牟大街北侧
8	断面改造	小曹村沟	牟汶河入口
9	断面改造	故事沟	孝义河入口

根据该市总体规划对莱城用地、公园、娱乐、景观的规划和目前莱城区内公园、娱乐、景观等的实际情况，考虑防洪要求进行设置。

（2）设滞洪区　根据以往资料，部分河道的下游区域在汛期经常被雨水淹没（见图

图 14-6 防洪规划—防洪设施

14-7)，为此，规划在青草河上游设滞洪区，拦截上游雨洪水下泄速度，减缓下游河道洪峰流量，保证安全行洪。

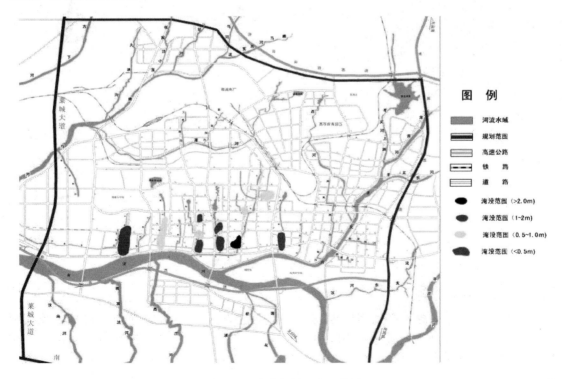

图 14-7 防洪规划—淹没范围

　　莲河上游（铁路—梁坡水库）修建绿化景观带，尽可能扩大河道断面，提高蓄水能力。同时设置闸板或橡胶坝拦水，既可以形成水体景观，又能够在暴雨时拦截上游洪峰，降低下游流量；同时在其上游设置滞洪区或缓冲区。

　　鸭子沟上游鲁中大街以北低洼区域设滞洪缓冲区，减少下游洪峰流量。

　　（3）清淤　故事沟、程故事沟、红土沟、人工河现状河道内垃圾和淤泥较多，其他各条河沟内也有垃圾堆积现象，影响河道排水。建议定期对各河道进行清理，进入汛期前应集中清理。

　　（4）临时提升泵排洪　在汶河洪峰水位较高时，关闭汶河各支流河沟入口防洪闸板，在西关沟、人工河、中医沟入口采用临时提升泵排洪。

14.3　防洪堤规划与设计

14.3.1　防洪堤现状

　　某防洪堤位于某县。在灌江西山支流上，由黄关大桥至大堰上屯边，共1290m。现右岸大桥上游150m左右，防洪堤保存基本完整，右岸其余段仅有部分痕迹，左岸防洪堤已荡然无存。

14.3.2　工程概况

　　现一期工程计划在左岸修建一条长为1230m的防洪堤，根据多年的水文实情调查，通过仔细的理论分析计算，对防洪堤进行了规划设计（见图14-8）。

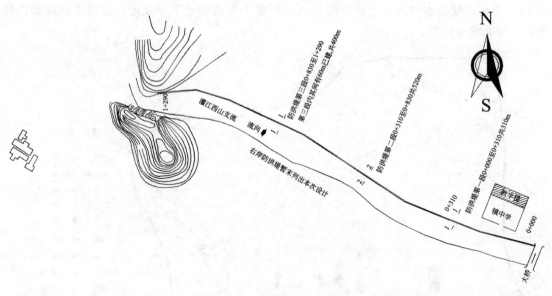

图 14-8　防洪堤规划平面图

14.3.3　设计原则

　　防洪堤的设计思想，必须考虑从综合治理河道出发，尽可能地加宽河床，疏通河道，减小水流对防洪堤的冲刷作用，侵蚀下切比较剧烈的地段，抬高侵蚀基准面，使河床能达到自然冲淤平衡状态，结构上采用100mm混凝土护面，以免防洪堤意外损坏。

14.3.4　水文参数的洪峰流量推求

由于河道水文资料缺乏，故只能根据经验公式和图表计算河道洪峰流量，现按十年一遇洪水设计。

本计算采用水利科学研究院提出的推理公式设计洪峰流量

$$Q_m = 0.278\psi \frac{S_p}{\tau^n} F = 415.7 \tag{14-3}$$

式中　Q_m——最大设计洪峰流量，m^3/s；

　　　ψ——洪峰流量径流系数；

　　　S_p——设计频率暴雨雨力，mm/h；

　　　F——流域面积，km^2；

　　　τ——流域汇流时间，h；

　　　n——暴雨递减指数。

14.3.5　设计成果

1-1 断面由 0+000～0+310 和 0+830～0+1290 两段总长 770m，见图 14-9(a)。

2-2 断面由 0+310～0+830，长 520m 为护坡防洪堤。该段左岸较高适合于护坡式防洪，既能降低造价又可保持河床宽度，见图 14-9(b)。

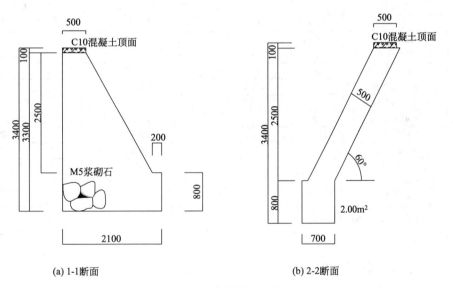

(a) 1-1断面　　　　　　　　　(b) 2-2断面

图 14-9　防洪堤断面图

14.4　交叉构筑物规划与设计

14.4.1　规划背景

某市在城市防洪规划中对市区内各河沟五十年一遇的设计洪峰流量进行计算。以此为依据，对各河沟断面进行了设计计算。

同时，必须对各河沟上的交叉构筑物（桥涵）按照防洪专业规划中防洪标准进行校核，对不合理的桥涵拆除、重建或增孔改造。现有河道桥梁较多，近期建设的基本能满足泄洪要求，存在问题的主要是早期建设的，本次规划主要对这些早期的桥梁进行校核。

14.4.2 防洪工程交叉构筑物现状

为了抓住重点，解决城区内各河沟的防洪排涝问题，针对城区内各河沟的桥涵进行了实地勘察和测量，并对其主要桥涵进行了校核，各沟渠桥涵现状见表 14-6。

表 14-6 城区主要桥涵一览表

序号	桥涵位置	型式	河道尺寸/m	桥涵尺寸/m	备注
1	凤城大街桥	涵	6×2.0	4.3×2.2	程故事沟
2	汶河大道	涵	5×1.5	2.5×1.2	程故事沟
3	孝义河入口	涵	3.4×3.4	3.4×3.4	
4	鲁中大街	拱桥	6×2.0	5×1.9	故事沟
5	鹏泉大街	涵	5×2.1	5×2.1	
6	凤城大街	涵	3.6×2.3	2.6×2.3	
7	汶河大道北侧	涵	6×1.5	6×2.1	
8	鲁中大街	拱桥	13×4.6	13×4.6	青草河
9	鹏泉大街	三孔桥	19.3×2.0	19.3×2.0	
10	凤城大街	三孔桥	18.3×2.8	18.3×2.8	
11	花园路	三孔桥	25.0×3.2	20.0×3.2	
12	东关街	双孔涵	22×1.5	18.3×1.5	
13	汶河大道	双孔涵	25.7×3.5	25.7×3.5	
14	东升桥	三孔涵	20.0×1.8	17.0×1.8	人工河
15	东风桥	双孔涵	11.0×2.2	11.0×2.2	
16	牟汶河入口	三孔桥	32.2×5.5	32.2×5.5	
17	鹏泉大街	三孔桥	17.4×2.0	17.4×2.0	
18	凤城大街	涵	5.0×2.0	5.6×3.7	红土沟
19	汶河大道北侧	涵	8.0×2.0	8.0×2.0	
20	鹏泉大街桥	涵	4.2×1.5	4.2×1.5	
21	胜利路桥	涵	5×2.0	5×2.0	鸭子沟
22	凤城大街桥	桥	7.5×1.5	7.5×1.5	
23	西关街	拱桥	5.0×3.0	4.5×2.3	中医沟
24	凤城大街	涵	2.9×1.9	2.9×1.9	西关沟
25	西秀大街	涵	2.9×1.3	2.9×1.3	小曹村沟
26	凤城西大街	涵	3.0×1.0	2.1×0.8	曹西沟
27	西外环	涵	5.0×1.5	3.5×1.5	曹西沟

注：1. 河床尺寸指河道在桥位处的尺寸；

2. 涵指桥涵。

14.4.3 交叉构筑物校核

本规划主要以桥梁校核为主，桥梁校核采用桥下过水面积校核法。该面积系指两桥台之间设计水位以下和冲刷前河床地面以上的全部过水面积（包括桥墩占据的面积），理论需要过水面积按下式计算：

$$W_s = \frac{Q_s}{\mu(1-\lambda)V_s P} \tag{14-4}$$

式中 W_s——桥下理论需要的过水断面面积，m^2；

Q_s——设计流量，m^3/s；

λ——全部桥墩所占过水面积与桥台间全部过水面积之比，可近似等于桥墩平均宽度 b 与单孔跨径 L（桥墩中心间距）之比；

μ——压缩系数；

V_s——设计流速，m/s，采用规划后河槽天然平均流速；

P——冲刷系数，一般取 $P=1.4$。

设计洪水位以下的实际过水断面面积计算公式为：

$$W_1=(h_s-h_{桥底})L \tag{14-5}$$

式中　h_s——设计洪水位标高，m；

　　　$h_{桥底}$——桥下河底标高，m；

　　　L——两桥台之间的距离，m；

当 $W_1 \geqslant W_s$ 时，原设计合理符合要求；当 $W_1 < W_s$ 时，原设计不符合要求，需改造。

另外，在校核时还需考虑桥下净空值的要求。校核结果见表 14-7。

表 14-7　桥涵面积校核一览表

序号	河道	桥涵名称	设计洪峰流量/(m³/s)	设计流速/(m/s)	实际过水面积 V_1/m²	理论所需面积 W_s/m²	净面积 V_1-W_s/m²	结果与建议
1	程故事沟	凤城大街桥	5.34	2.5	8.6	1.59	7.01	√
2		汶河大道	13.79	2.5	2.75	4.10	−1.35	增孔改造
3		孝义河入口	13.79	2.5	10.9	4.10	6.80	√
4	故事沟	鲁中大街	29.81	3.6	7.5	6.16	1.34	√
5		鹏泉大街	29.81	3.6	8.5	6.16	2.34	√
6		凤城大街	38.61	3.6	5.2	7.98	−2.78	拆除重建
7		汶河大道北侧	49.09	3.6	11.4	10.15	1.25	√
8	青草河	鲁中大街	51.05	4.5	52	8.44	43.56	√
9		鹏泉大街	72.56	4.5	31.8	13.33	18.47	√
10		凤城大街	79.7	4.5	43.4	14.64	28.76	√
11		花园路	79.7	4.8	55	13.73	41.27	√
12		东关街	79.7	4.8	22.7	13.00	9.70	√
13		汶河大道	79.7	4.8	79.7	13.00	66.70	√
14	人工河	东升桥	85.85	3.4	24.6	21.59	3.01	√
15		东风桥	138.6	3.4	20.4	33.70	−13.30	拆除重建
16		牟汶河入口	138.6	3.4	153	31.93	121.07	√
17	红土沟	鹏泉大街	14.81	3.7	28.5	3.42	25.08	√
18		凤城大街	22.53	3.7	19.6	4.53	15.07	√
19		汶河大道北侧	34.28	3.7	14.4	6.89	7.51	√
20	鸭子沟	鹏泉大街桥	28.46	3.8	5.46	5.57	−0.11	增孔改造
21		胜利路桥	36.07	3.8	9	7.06	1.94	√
22		凤城大街桥	36.07	3.8	9.8	7.06	2.74	√

序号	河道	桥涵名称	设计洪峰流量/(m³/s)	设计流速/(m/s)	实际过水面积 V_1/m²	理论所需面积 W_s/m²	净面积 V_1-W_s/m²	结果与建议
23	中医沟	西关街	32.63	4.9	9	4.95	4.05	√
24	西关沟	凤城大街	32.93	4.4	4.9	5.57	−0.67	增孔改造
25	小曹村沟	西秀大街	28.4	2.9	3.4	7.29	−3.89	增孔改造
26	曹西沟	凤城西大街	32	2.4	1.6	9.92	−8.32	拆除重建
27		西外环	32	2.4	4.55	9.92	−5.37	拆除重建

桥涵校核不满足要求的原因分析如下：①桥涵设计标准偏低；②乱建建筑和垃圾等侵占河道与桥涵；③桥涵建造于河道规划之前。

通过校核计算，在被校核的 27 座桥涵中，有 8 座桥涵不能满足要求，其中 4 座建议增大过水面积，增孔改造；4 座建议拆除重新建设。工程的实施可根据城市的发展，结合道路改造实现。

14.5　山洪防治工程规划与设计

14.5.1　山洪防治规划编制的重点

(1) 扩大规划范围，提高规划深度，增强规划的可操作性；
(2) 增加城市洪水再生利用的可行性与分步实施的措施；
(3) 调整现有排洪沟渠的功能，使其更好地为城市服务。

14.5.2　主要防洪设施及排水渠道

开发区属小清河流域，位于绣江河支流西巴漏河两侧，规划区内主要防洪排涝设施：城市规划区西侧的西巴漏河及大站水库，西巴漏河下游接绣江河，是城市排洪设施的出口。

西巴漏河汇集垛庄、文祖及长城岭以北山区的洪水向北至金盘村注入绣江河，从水寨镇的辛丰庄流入小清河，是某市西南山区的排洪河道。

大站水库坐落在城市规划区西侧的西巴漏河上，建于 1965～1968 年，是一中型水库，近两年又进行了治理改造，除险加固，坝址以上流域面积 440km²，多年平均降水量 672mm，流域内多年平均径流量 $6050×10^4$ m³。治理后的防洪标准为五十年一遇，按千年一遇标准校核。大站水库特征参数见表 14-8。

表 14-8　大站水库库容及水位特征表

库容/×10⁴m³	死库容	61	水位/m	死水位	69
	兴利库容	961		兴利水位	78
	防洪库容	1211		设计水位	80.40
	总库容	2233		校核水位	83.13

14.5.3　防洪标准

根据城市总体规划，城市人口近期 2010 年为 25 万人，远期 2020 年为 50 万人，根据城市的等级人口规模，按国家防洪标准，防洪标准为重现期五十年一遇。

14.5.4　规划方案

经过十几年的开发建设，开发区随着项目单位及学校的建设以及为之配套服务的道路等基础设施的建设，受其影响，区内原有的自然地势、河道必然发生变化，原有的高低起伏变化杂乱的地势，得到了有序、科学的整治，原有的部分自然河道、冲沟也随着被填平、侵占，因此致使原有的自然排泄体系不复存在，发生了较大的调整。

尤其是在鹅庄东沟的沟型范围内，钢铁工业园拔地而起，截断了鹅庄东沟的原沟型走向。

规划区内的鹅庄东沟、邢家东沟穿越开发区，以上沟渠对开发区的防洪有直接影响。开发区中部的西巴漏河地势相对较高。位于西巴漏河上的大站水库，根据相关资料其五十年一遇防洪设计水位为 80.40m，千年一遇校核水位为 83.12m，而西巴漏河及大站水库东岸以上的地面标高为 82～89m。因此，大站水库及西巴漏河的洪水对开发区基本没有影响，本次规划对西巴漏河不再作论证。

某市南部山区形成的洪水是开发区防护的重点。对开发区有影响的河渠主要有鹅庄东沟、邢家东沟。有济青路以南各沟渠流域面积为：鹅庄东沟 27.03km²，邢家东沟 24.60km²。

针对该市城市防洪的现状及存在的问题，制定以下方案。

整治现有沟渠，提高城市防洪能力，使城市防洪达到五十年一遇标准，方案的指导思想充分考虑到城市建设的现状和经济承受能力，主要体现"疏"和"截"。

对现河道进行治理整固、清淤，尤其在鹅庄东沟的沟型范围内，钢铁工业园拔地而起，截断了鹅庄东沟的原沟型走向。具体规划方案如下。

（1）鹅庄东沟济王路以南河道沿现有沟型修缮改造；济王路以北河道，济王路至创业路段河道沿现有沟型修缮改造，然后沿创业路南侧西行，排入西巴漏河，改道段长度为 1100m。

（2）整治邢家东沟，对原有沟形进行护砌、整形，使其在开发区内安全、有序通过。

14.5.5　洪峰流量计算

（1）洪峰流量计算方法　洪峰流量计算按《某省水文图集》洪峰流量公式分析与应用中山丘小汇水面积（$0.1km^2 < F < 300km^2$）计算公式：

$$Q_M = 0.68F^{0.732}J^{0.315}H_t^{0.462}R_t^{0.669} \tag{14-6}$$

式中　Q_M——最大洪峰设计流量，m^3/s；

　　　F——汇水面积，km^2；

　　　J——平均坡度，‰；

　　　H_t——设计频率为 P、历时为 t 的年最大降雨水深，mm；

　　　R_t——由 H_t 产生的净雨深，mm。

（2）计算结果　鹅庄东沟五十年一遇标准洪峰流量 $Q_M = 288.77m^3/s$，邢家东沟五十年一遇洪峰流量计算 $Q_M = 269.48m^3/s$。详见表 14-9。

表 14-9　各河道洪峰流量计算表

名称	流域面积 F /km²	洪峰流量 Q_m /(m³/s)	河道坡度 J /(m/m)	平均降雨量 H_t /mm	净雨深 R_t /mm
邢家东沟	24.60	269.48	5/1000	150.80	102
东鹅庄东侧冲沟	27.03	287.77	1/300	153.01	104

14.5.6　平面布置及横断面设计

（1）东鹅庄排洪沟走向及断面　其平面治理措施为：济王路以南河道沿现有沟型修缮改造；济王路以北河道，济王路至创业路段河道沿现有沟型修缮改造，然后沿创业路南侧西行，排入西巴漏河，改道段长度为 1100m。

根据具体情况，初步考虑采用两种河床断面形式方案，方案一为梯形断面，方案二为矩形复式断面（见图 14-10）；超高 0.5m，坡度为 4‰。两种方案各有特点。

方案一：施工方便、造价低、河道边坡形式富于变化，但是占地较大。

方案二：结构紧凑、占地较少、可分期实施，但是投资较高。

| 5 | 10.0 | 5 | | 6 | 10.0 | 6 |
方案一　　　　　　　　　　　方案二

图 14-10　排洪沟横断面设计

（2）邢家东沟平面走向及横断面规划　邢家东沟唐王山路南部分将零乱的沟型整齐划一，如图 14-11。

邢家东沟在某大道南汇合后，平面布置保持原河道平面走向不变，河道断面采用梯形草皮护坡明渠，断面尺寸底宽 12m，深 3m，超高 0.5m，坡度为 5‰，边坡系数 1:2。

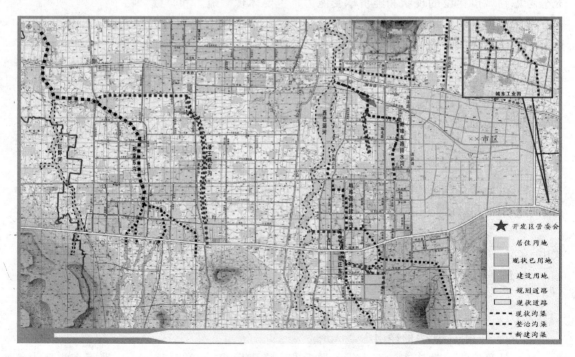

图 14-11　邢家东沟唐王山路南部分防洪规划图

14.6　防洪与生态系统

14.6.1　城市防洪现状

某市市区南北高差达 150m，城区内自西向东 65 条河道现状排洪能力大多不足二十年一遇，城市山洪严重威胁城市的安全。近几年，该市加强了城市防洪工程建设，提高了河道防洪标准并进行了综合整治。完成工商河、兴济河、西圩子壕等河道 80 余处危旧挡墙河堤的整修加固、护栏建设等，消除隐患点。同时，针对马路行洪、积水问题完成 20 处积水点收水设施建设，改建或新建部分雨污水管线，改造提升部分泵站设施。通过实施河道截污、清淤、整治、挡墙修复，提高防洪除涝能力，告别小雨积水大雨必涝的困境。

14.6.2　规划背景

某湖蓄水量 $125 \times 10^4 \mathrm{m}^3$，多余的泉水每天都流经该湖，流进小清河。因此，四大泉群每天喷涌的水通过护城河多进入该湖后，置换部分湖水，都白白流掉了。当泉水位达到 28m 时，四大泉群的日均喷涌量约为 $10 \times 10^4 \mathrm{m}^3$；泉水位达到 28.50m 时，日均喷涌量约为 $15 \times 10^4 \mathrm{m}^3$，达到 29m，日均喷涌量约 $20 \times 10^4 \mathrm{m}^3$。目前某市每天的供水量在 $70 \times 10^4 \mathrm{m}^3$ 左右，也就是说每天有相当于日供水量 20% 的泉水没加任何利用就汇入了小清河。

14.6.3　实施方案

早在几年前，治理之后的护城河就实现了游船通航，随后泉水浴场把泉水的先观后用进一步提升。而这些，都是对于泉水的利用。下一步，将从以下两个方面对城市防洪与生态系统建设进行规划。

（1）将引用某湖弃水进入广场东沟与西沟，把泉水的先观后用，城市防洪与生态景观建设再推进一步。

（2）上游河道切实保护好拦蓄洪水与渗漏功能，充分利用雨洪水并科学调用地表水，以更多地转化地下水。中下游河道要打造雨水收集疏泄与景观功能，营造城市良好生态环境。见图 14-12。

14.6.4　工程措施

用水泵三级加压，将部分弃水抽回。

具体说某湖的弃水引用，就是在该湖流入北护城河的地方，建设水泵把流出该湖的水送进专门的输水管道，而这条输水管道沿西圩子壕、广场西沟引入广场东、西沟的上游，也就是阳光舜城附近的转盘处，从这里，再经由自然地势的高差，让水在两条沟里再走一遍，这样可以形成一年长流水的景观，在广场东沟兴建拦水坝、谷坊等设施，拦蓄水

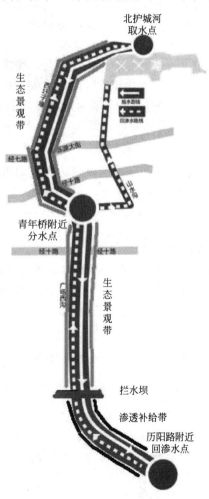

图 14-12　泉水、雨水再利用及生态建设示意图

源转换地下水，加强渗漏，同时多余的水将为广场东、西沟补源造景，以及某湖小清河通航工程用水，实现了泉水先观后用、地表水转换地下水、景观建设相统一目标。详见图 14-12。

此输水路线将经过三级加压，全长 8km 左右，日取水可达 $(5\sim6)\times10^4 m^3$。相比较该湖每天流入小清河的水量，这点水几乎造成不了什么影响。

本规划方案实施后，能够提高泉水、雨水的利用率，在河道发挥收集雨水、行洪的功能基础上，涵养地下水，改善城市景观，创造多样的城市生态系统，丰富公众休闲娱乐内容，实现城市可持续发展。

14.7　　区域防洪规划与泵站设计

14.7.1　工程概况

某化学工业开发区位于某市，属暖温带半湿润季风气候，秋季干旱少雨，夏季炎热多雨，多年平均降雨量为 675.4mm，年最大降水量为 1089.5mm，年最小降水量为 328.7mm。

北大溜河是流经开发区的一条重要河流，是全区雨水外排的承载水体，对开发区内排涝起着重要作用。在前期已经对北大溜河进行了治理。雨水受纳水体为北大溜河。

北大溜河治理工程规模为小（Ⅰ）型，工程等别为Ⅳ等。河道设计防洪标准为 20 年一遇，设计排涝标准为 5 年一遇，堤防级别为 4 级，排灌站级别为 4 级。

在化学工业开发区内已建成排水沟渠，在区内拟设 2 号、3 号 2 座泵站。

2 号泵站采用轴流泵 3 台，每台 $Q=4m^3/s$，$H=4.5m$。

3 号泵站采用轴流泵 6 台，每台 $Q=4m^3/s$，$H=4.5m$。

14.7.2　水位分析

根据《某省淮河流域防洪规划报告》，蔡河入湖口处南四湖上级湖正常蓄水位为 34.2m，5 年一遇排涝水位为 35.47m，20 年一遇防洪水位为 36.5m，50 年一遇防洪水位为 37.0m，1957 年型洪水防洪水位为 37.2m。按照相应标准，上推北大溜河 2 号泵站处水位，正常蓄水位为 34.27m，五年一遇排涝水位为 36.17m，二十年一遇防洪水位为 37.29m，五十年一遇防洪水位为 37.86m。开发区 2 号泵站处地面高程约为 35.9m，3 号泵站处地面高程约为 34.9m。通过与北大溜河各标准水位对比，当南四湖水位为正常蓄水位时，开发区涝水可以通过自排进入北大溜河；当南四湖发生五年一遇排涝标准以上水位时，开发区涝水不能自排，只能通过排涝泵站提排进入北大溜河。

14.7.3　泵站运行调度方案

排涝泵站排水采用自排为主、辅以河道调蓄和抽排削峰的运行模式，在北大溜河水位较高时采取强排的方式排出雨水。潜水轴流泵均要求可现场人工及集中自动控制，潜水泵自动运行原则上要求以水位控制自动运行。泵具体工作方式如下。

（1）2 号泵站控制与型号要求

① 水位逐渐上升时。设计常水位为 34.00m，当水位超过 34.20m 时应先开启自排通道闸门。

a. 当水位上升至 34.50m 时，1# 泵开启；

b. 当水位上升至 34.60m 时，2# 泵开启；

c. 当水位上升至 34.70m 时，3# 泵开启；

② 水位逐渐下降时

a. 当水位下降至 34.50m 时，3# 泵关闭；

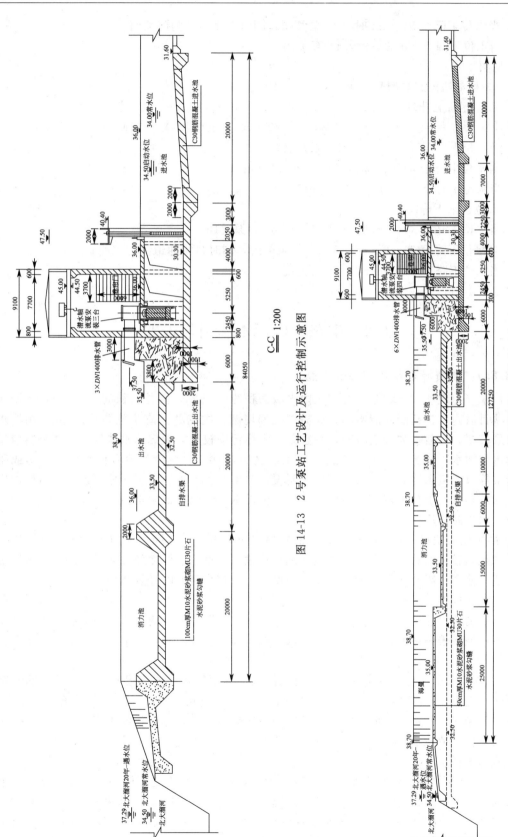

图 14-13　2 号泵站工艺设计及运行控制示意图

图 14-14　3 号泵站工艺设计及运行控制示意图

b. 当水位下降至 34.10m 时，2# 泵关闭，同时自排通道闸门关闭；

c. 当水位下降至 33.70m 时，1# 泵关闭。

详见图 14-13。

（2）3 号泵站控制与型号要求

① 水位逐渐上升时

设计常水位为 34.00m，当水位超过 34.20m 时应先开启自排通道闸门。

a. 当水位上升至 34.50m 时，2# 泵开启；

b. 当水位上升至 34.60m 时，3#、4# 泵开启；

c. 当水位上升至 34.70m 时，5#（1#、6#）泵开启。

② 水位逐渐下降时

a. 当水位下降至 34.50m 时，5#（1#、6#）泵关闭；

b. 当水位下降至 34.10m 时，3#、4# 泵关闭，同时自排通道闸门关闭；

c. 当水位下降至 33.70m 时，2# 泵关闭。

详见图 14-14。

14.8　生态园区雨水利用与管理

14.8.1　水资源现状及存在的问题

（1）水资源现状　某农业生态园区内水域面积约 51.5ha，占总面积的 16.8 ％，水资源丰富，项目区内有包括清泉湾水库、观鹤湖、仙境湖、桃花岛、荷花苑等共计 18 个湖泊水体，水景较多，多数水体水质一般，并且某些水体污染较重，大部分水体补水主要来自清泉湾水库水和雨水，水流多以重力流自北向南在区内流动，但在少数地点设有提升泵房或明渠、暗渠等以连接水体或进行农业灌溉，明渠、暗渠基本上采用人工开挖渠道；项目区内生活用水为外来水，引自附近的鲤鱼尾水库，区内设有清水池保证供水。

（2）水资源利用存在的问题

① 供水能力缺口大，水质污染突发事故隐患压力大。项目区目前的生活用水来自项目区东南方距离较远的鲤鱼尾水库，未经处理直接输入项目区，沿途经过多个农庄，部分水量被农户截留使用，因此水量、水质难以保证稳定，随着项目区的开发建设，未来水量的需求将更大，水质标准将更加严格。

项目区内的农业生产用水、湖体补水除雨水外主要取自清泉湾水库，目前状况下基本能满足需要，但随着湖体的开发利用及区内水上娱乐设施建设及生态环境改善，供需水矛盾将会显现。

② 水体循环利用问题突出。项目区内水体循环利用问题主要表现在湖泊间没有明显联络通道、水流不能在区内回流循环、水体补水量大、四季的生产需水变化与供给之间矛盾、水力与水势未充分利用等方面。此外，由于四季气候影响及耕作作物的不同，生产需水量也发生较大变化，造成项目区内生产需水与供给之间矛盾，需通过机械手段来加以调节，增加了动力能源消耗。

③ 雨水资源化利用尚未开展。项目区内没有任何的雨水收集、储存、处理设施，雨水资源化利用处于空白。每年项目区内的平均降雨量约为 1647.9 mm，地表径流量为 3407000 m³，若能对雨水加以充分利用，将对项目区内的水体、生活、娱乐产生积极影响，同时可平抑未来需水量的增加。

14.8.2 雨水利用方案

（1）完善水体联络，实现低碳循环 项目区内应根据水体的位置和地形特点，构建相互之间的联络通道，宜桥则桥，宜闸则闸。由于项目区地势北高南低，水流自北向南流动可利用地形优势，自然顺流，依次流过不同水体，无需动力。要实现水流在区内的循环流动，克服外来补水水源不足的缺点，应当在项目区内采取适当的工程措施，使得部分水流能由南向北流动，实现区内水流的低碳循环，避免动力消耗。这可采取将水体分区，分区抬高水体南端水位，修建回流沟渠，实行分区循环的方式来实现。

（2）收集雨水资源，做好防洪排涝 在项目区的开发规划中，排水收集系统应采用分流制，建立暴雨水收集管路，在豪宅区及休闲度假区建筑物下，设计设立风格突出的雨水收集通道及装置，在项目区的适当位置设立雨水储存池，并由雨水储存池将雨水引入污水处理设施处理，处理水补充水体或再生回用，实现雨水资源化利用。暴雨水的收集，也有助于项目区的防洪排涝。此外，前述的水体联络通道建设也有利于增加水体的调蓄洪水能力。为确保项目区的防洪能力，在项目区观鹤湖南端设立防洪闸渠，在必要时开闸放水入宋隆河支流。

（3）重视生态保护，加强水景绿化 根据需要和可能，营造防护林与种草，实行乔、灌、草、花相结合，形成多层次、高密度的防护体系，迅速恢复地表植被。在项目区内水体岸带，注重植被缓冲带、水塘—湿地系统等湿地工程的建设，采用近自然的生态护岸措施，防治水土流失。水体景观绿化融合"水景住宅"理念，将与居住小区环境相协调因素考虑在内，可美化水体、改善水体水质、提高水体亲水功能和改进亲水服务空间。形成"水体—湖岸—休闲区—居住区"融合一体的风景美域。

（4）项目区水体功能区划 项目区内水体众多，为合理地利用水体，根据前述的水体功能区划原则、目标、措施等，对项目区内的水体进行功能区划（表 14-10），以便保障水体的水质和功能，合理地进行项目区的开发利用规划。

表 14-10 水体功能区划分

水体	水质现状	用途	功能规划	备注
宋隆河	较差	灌溉、养殖、饮用	灌溉、养殖、饮用、景观	
清泉湾水库	一般	项目区内水源	景观	
仙境湖	一般	景观水	景观	
观鹤湖	一般	景观水	景观	大量白鹤栖息
荷花苑	一般	景观水	景观	内有大量荷花
桃花岛	一般	景观水	景观	
伍寿塘	一般	景观水	景观	

14.8.3 水循环工程设计

（1）循环水量的计算 湖泊换水周期的长短，可以作为判断能否引用湖水资源的一个参考指标。

$$T = \frac{W}{Q} \tag{14-7}$$

式中 T——换水周期，d；

W——湖泊贮水量，m^3；

Q——年平均入湖流量，m^3/d。

项目区的水体总面积为 46.8ha，水体总量为 2269388m^3，设水体的换水周期为 45d，各湖泊的平均循环水流量为 8184.4m^3/d。

（2）水循环方案　水体外循环由两个顺时针外循环组成，一是东侧仙鹤湖与问月平湖、仙鹤湖与清音镜湖，通过廊道的形式连通水系；二是项目区西侧循环，由水泵提升并经过管道输送实现，东西两个循环形成区域大循环，如图 14-15 所示。

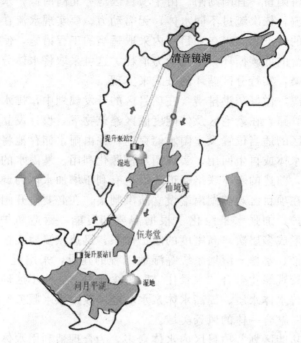

图 14-15　生态园水体循环

水体内部循环采用潜水推流器助流，保证水体复氧，维持水体的良好水质。清泉湾水库、仙境湖、伍寿堂、桃花岛、荷花苑、观鹤湖等水体内分别设置推流器，设计位置依据水体特征确定，伍寿堂内设置 1 个，平月湖、仙境湖、清音镜湖内分别设置 2 个推流器。

（3）水循环工程设计　从项目区平面图上可知该区地势自北向南倾斜，坡度较小，无明显分水线。形成由渠道和管路形成的顺时针水循环体系。东侧水循环依托于设计的排洪渠道。

①　管道设计。西侧循环管道沿着园区主干道布置，管道的流量、管径计算如表 14-11 所示。

表 14-11　管道水力计算

管道编号	管段计算流量 $Q/(m^3/s)$	管道计算内径 d_j/m	单位长度水头损失 $i/(m/m)$	管道长度 L/m	水头损失 h/m	流速 $V/(m/s)$
供水泵站 1	0.095	0.35	0.002	700	1.48	0.99
供水泵站 2	0.095	0.35	0.002	700	1.48	0.99

②　泵站设计。西侧循环，由水泵提升，需要设置 2 座泵站。位置见图 14-15。

a. 提水泵站 1。通过加压将问月平湖水提升输入仙境湖。拟选用 2 台 $Q=200m^3/h$，$H=10m$ 的潜水泵，一用一备。

b. 提水泵站 2。通过加压将仙境湖水提升输入清音镜湖。拟选用 2 台 $Q=200m^3/h$，$H=16m$ 的潜水泵，一用一备。

c. 泵房平面尺寸。考虑 2 台泵并列布置和必要的操作空间，取泵房机器间的尺寸为 6m（长）×5m（宽）。

14.8.4　生态湿地规划与设计

（1）湿地类型　项目区湿地选用表面流湿地。表面流湿地类似沼泽，不需要砂砾等物质作为填料，因而造价较低。且其操作简单、运行费用低。表面流人工湿地水力路径以地表推流为主，在处理过程中，主要通过植物的茎叶的拦截、土壤的吸附过滤和污染物的自然沉降来达到去除污染物的目的。

规划建设湿地主要有三处（图 14-16）：仙境湖北部——白鹭观鸟湿地、问月平湖——百草湿地谷、项目区南部——湿地体验区。

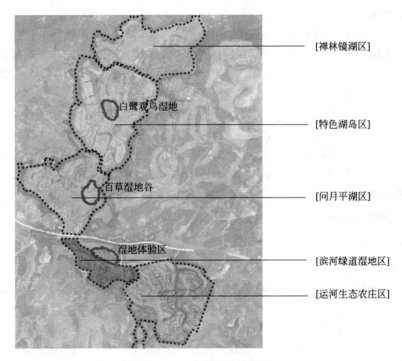

图 14-16　生态园湿地规划

（2）湿地设计

① 仙境湖北部和问月平湖北部两处湿地。这两处湿地主要用作循环水处理。湿地面积约为 36 亩，即 2.4ha。计算得到湿地的横截面积为 20m²。湿地深为 0.5m，湿地宽度为 40m，湿地长为 600m。湿地分为 2 块，长度均为 300m，每块湿地分为若干单元，每单元长度控制在 12～30m。

水体循环湿地除了水处理之用外，另用于候鸟栖息之用，湿地序列构建分为三部分：a. 芦苇、香蒲净化区；b. 稻田除氮区，利用水稻强吸收氮素的习性，降低 COD、BOD 等面源污染；c. 草地清水区，水经过上两层湿地净化后，因湿地底泥的存在以及水力冲刷，清澈度较低，因此需要设置密集的低矮草地，去除水中的悬浮物，提高水质的清澈度。

② 宋隆河支流入口湿地。主要用于处理宋隆河支流污水。规划采用"强化处理—人工湿地—氧化塘"工艺处理宋隆河支流污水。流量为 2500m³/d。位于生态园南部湿地体验区。

湿地植物可规划种植香蒲、芦苇等。香蒲、芦苇能对造成水体富营养化的多种物质具有较强的吸收作用。插植密度：香蒲为 $20\sim25$ 株$/m^2$，芦苇为 $16\sim20$ 株$/m^2$。氧化塘种植植物可选择睡莲、菱、凤眼莲等浮水植物。

14.9　生态园防洪规划与设计

14.9.1　工程背景及防洪设施现状

某农业生态园位于广东省境内，隶属于某市，某市位于广东省中西部，属珠江三角洲，西靠桂东南。农业生态园分为南、北两个园区，占地 4600 多亩（1 亩$\approx$0.067ha），北区是本项目的研究对象。

项目区内有包括清泉湾水库、观鹤湖、仙境湖、桃花岛、荷花苑等共计 18 个湖泊水体。清泉湾水库水面面积约为 250 亩，园区内直接汇水面积约为 31.18ha，水库可调蓄容积约为 $100\times10^4 m^3$。清泉湾水库建于 2003 年，在抗旱、防洪、灌溉、水产养殖、旅游及改善生态环境等方面发挥着重要作用。

项目区内仅有一条明渠，自清泉湾水库下端开始，由北向南，通达项目区南端的宋隆河支流。这条明渠最窄处约为 1m 宽，最宽处理不足 2m，担负着项目区内灌溉、补水、防洪排涝等功能。清泉湾水库的库坝具有抵御该水库五十年一遇的洪水功能，并设有泄洪闸等，所泄洪流通过明渠流出项目区。除此之外，项目区内没有专门的防洪排涝设施，无洪水过流管线。防洪排涝能力较弱，对今后项目区的发展产生负面影响。

14.9.2　防洪设计标准

设计重现期为五十年一遇。

14.9.3　防洪方案

根据项目区的地形地势与现有河道及园区规划、岸线利用等需要，合理确定新建渠道线路的布置方案。为满足园区景观需要，不受现状制约的河段尽可能放坡和绿化处理。布置渠道时要注意与周围景观协调，尽量保持原有生态。

排洪沟渠在项目区水循环中可以作为水循环渠道利用，其布置简图如图 14-17 所示。

14.9.4　设计洪水

计算各湖区排洪流量 V。

$$V=\sum A_i C_i (H_p - E_i - H_i) \tag{14-8}$$

式中　A_i——集水面积，m^2；

　　　C_i——径流系数；

　　　H_p——设计频率降水量，mm；

　　　E_i——蒸发量，mm；

　　　H_i——持水量，mm。

当重现期取 10 年、20 年、50 年时，湖泊水位变化都很小，暴雨时，不会发生溢流险情，但为提高项目区内防洪排涝可靠性，现按五十年一遇进行排洪设计，考虑 50 年一遇降水连续出现 3 天的特殊情况，现按照 1h 内将暴雨量排除的情况进行洪水流量计算，进行排洪渠道设计。设计排洪量计算见表 14-12。

图 14-17　排洪沟布置图

表 14-12　排洪流量设计

名　　称	仙境湖	伍寿塘	问月平湖
湖面面积/m²	88000	29544	184150
集水面积/m²	209270	40100	235477
汇水面积/m²	121270	10556	51327
排洪流量/m³	26159	5682	33930
溢流量/m³	26159	18762	43311
水位变化量/m	0.13	0.47	0.23
平均水深/m	2	2	2
排放时间/s	3600	3600	3600
秒流量/(m³/s)	7.27	5.21	12.03

　　清音镜湖在考虑极端条件的情况下，仍然能满足防洪要求。

14.9.5　工程设计

　　（1）排洪沟设计　经过计算在重现期为五十年一遇的最不利情况下，项目区内的湖泊水位按照低于湖泊周围岸边地面 0.5m 计，湖泊不会出现暴雨洪水溢流的情况，但为了提高安全性，经充分考虑各种不利因素，编号对应渠段详见图 14-17，计算得排洪渠道设计参数如表 14-13。

表 14-13　排洪沟设计

编号	B×H/m	长度/m	流速/(m/s)	水深/m	坡度/‰
1	1.5×1.5	450	2.0	1.2	3
2	2.0×1.5	335	2.90	1.2	3
3	2.0×1.5	225	2.64	1.0	3
4	2.4×2.1	410	2.75	1.8	2

　　采用矩形断面明渠（非满流）排除洪水，渠道材料采用浆砌块石，该类型沟渠最大设计流速要求小于 3m/s，从表 14-13 可知各渠道满足流速要求，水流不会对沟渠产生冲刷。

　　在考虑到降低清音镜湖大坝坝高的要求时，清音镜湖也会产生洪峰流量，重新对其泄洪渠道进行了设计，新建防洪渠道只需在对其原有渠道进行修缮即可；仙境湖到伍寿塘段存在原有沟渠，可在原有沟渠的基础上对其进行施工改造，以满足设计要求。

由于项目区内的地形坡度相对较大，而排洪沟渠的设计坡度相对较小，在必要的时候可以设置跌水以满足施工要求。

从观鹤湖东侧到宋隆河的实际距离约为170m，排洪渠道设计坡度为2‰，坡降大约为0.34m，观鹤湖周围地面高程约为7m，所以渠道高于宋隆河的设计水位6m，满足要求。

（2）宋隆河支流　根据相关资料，项目区内宋隆河支流河道设计为梯形断面形式，如图14-18，边坡均为1：2，河道底宽为15m，河底纵坡为$i=1$‰，河道两岸设计坝顶高程为6.50m，起点的设计河底高程为4.00m，项目区内宋隆河支流全长约2500m。当设计重现期为十年一遇时，设计排涝流量$Q=34.24$ m³/s，河道水深$h=1.65$m，水流速度$v=1.31$ m/s。因此河道断面能够满足设计过流的要求。

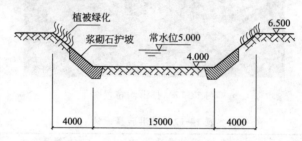

图 14-18　宋隆河支流渠道设计断面

现保持渠道断面不变，校核设计重现期为五十年一遇时，渠道断面能否满足过流要求。经计算，设计排涝流量$Q=45.09$m³/s。现河道水深按$h=2.0$m考虑，河道所能承受的最大暴雨流量为46.67m³/s，此时水流速度$v=1.46$m/s，故设计渠道足以抵抗重现期为五十年一遇的洪峰流量。

参 考 文 献

[1] 夏岑岭. 城市防洪理论与实践. 合肥：合肥市安徽科学技术出版社，2001.
[2] 吴欧，汪金可. 市政工程一级施工技术全书. 北京：当代中国出版社，2006
[3] 熊治平. 洪水与防洪. 武汉：武汉大学出版社，2013
[4] 叶斌，盛代林，门小瑜. 城市内涝的成因及其对策. 水利经济，28（4）：62-65
[5] 室外排水设计规范（GB 50014—2006）. 北京：中国计划出版社，2012
[6] 北京市市政工程设计研究院. 给水排水设计手册. 第二版. 第 5 册：城镇排水. 北京：中国建筑工业出版社，2002
[7] 中国市政工程东北设计研究院. 给水排水设计手册. 第二版. 第 7 册：城镇防洪. 北京：中国建筑工业出版社，2002
[8] 王金亭. 城市防洪. 北京：黄河水利出版社，2008
[9] 伊学农，刘遂庆，张敬光. 城市防洪规划与总体规划的协调. 城市道桥与防洪，12（4）：60-63
[10] 城市防洪工程设计规范（GB/T 50805—2012）. 北京：中国计划出版社，2013
[11] 张自杰，林荣忱，金儒霖. 排水工程. 第四版. 北京：中国建筑工业出版社，2000
[12] 周玉文，赵洪斌. 排水管网理论与计算. 北京：中国建筑工业出版社，2000
[13] 姜乃昌. 水泵及水泵站第四版. 北京：中国建筑工业出版社，1998
[14] Keith J. Beven. 降雨径流模拟. 马俊，刘晓伟，王庆斋，霍世青，刘筠译. 北京：中国水利水电出版社，1999
[15] 郭生练，张文华. 流域降雨径流理论与方法. 武汉：湖北科学技术出版社，2008
[16] 赵树旗，晋存田，李小亮，等. SWMM 模型在北京市某区域的应用. 给水排水，2009，35（Z）：448-451
[17] 陈鸣，吴永祥，陆卫鲜，等. InfoWorksRS、FloodWorks 软件及应用. 水利水运工程学报，2008，4：19-24
[18] 梁小光. InfoWorks 软件在城市排水系统规划设计中的应用. 2013.5
[19] 陈敏，吴荣斌. 某城区排涝泵站工程给排水设计. 有色冶金设计与研究，2008，30（3）：72-75
[20] 余源，黎冠旺，李大江. 城市防洪排涝泵站设计若干问题探讨. 人民珠江，2008，5：63-64
[21] 泵站设计规范（GB 50265—2010）. 北京：中国计划出版社，2011
[22] 姚乐人. 防洪工程. 北京：中国水利水电出版社，1996
[23] 任树梅. 工程水文学与水力计算基础. 北京：中国农业大学出版社，2008
[24] 林秋奇，韩博平. 水库生态系统特征研究及其在水库水质管理中的应用. 生态学报，2001，21（6）：1034-1039
[25] 韩博平. 中国水库生态学研究的回顾与展望. 湖泊科学，2010，22（2）：151-160
[26] 葛永明. 最大削峰准则在水库防洪优化调度中的应用. 浙江水利科技，2005，5：47-48
[27] 郭小虎，韩向东，朱永辉等. 三峡水库的调蓄作用对荆江三口分流的影响. 水电能源科学，2010，28（11）：48-51
[28] 丁毅，纪国强. 长江上游干支流水库防洪库容设置研究. 人民长江，2006，37（9）：50-52
[29] 许继良. 楠溪江拟建水库对城市防洪的作用研究. 杭州：浙江大学建筑工程学院，2012：5-7
[30] 钟平安，邹长国，李伟等. 水库防洪调度分段试算法及应用. 水利水电科技进展，2003，23（6）：21-56
[31] 李万松. 水库调流下游河段航道整治的设计方法. 珠江水运，2001，8：26-28
[32] 防洪标准（GB 50201—1994）. 北京：中国计划出版社，1995
[33] 胡方荣，侯宇光. 水文学原理. 北京：水利电力出版社，1988
[34] 田嘉宁，吴文平，等. 泄水建筑物体型设计，西安：陕西科学技术出版社，2000
[35] 周之豪，沈曾源. 水利水能规划. 第二版. 北京：中国水利水电出版社，2000
[36] 黄廷林，马学尼. 水文学. 第四版. 北京：中国建筑工业出版社，2006
[37] 崔承章，熊治平. 治河防洪工程. 北京：中国水利水电出版社，2004
[38] 段文忠. 河道治理与防洪工程. 武汉：湖北科学基础出版社，2000
[39] 程晓陶，吴玉成，王艳艳，等. 洪水管理新理念与防洪安全保障体系的研究. 北京：中国水利水电出版社，2004
[40] 陶涛，信昆仑. 水文学. 上海：同济大学出版社，2008
[41] 张智城. 镇防洪与雨洪利用. 北京：中国建筑工业出版社，2009
[42] 水闸设计规范（SL＿265—2001）. 北京：中国水利水电出版社，2001
[43] 李枫，高军，叶新明. 基于 PDA 的防汛综合应用系统设计. 水利水文自动化，2008
[44] 李延峰，任建勋. 防汛 PDA 综合应用系统在防汛指挥调度中的应用. 河南水利与南水北调，2008
[45] 罗军刚，解建仓，袁建，等. 基于无线应用协议的防汛指挥系统的设计与研究. 计算机应用，2006，26（7）
[46] 胡余忠，程其文. 黄山市洪水预报预警系统. 水文，2000

[47] 黄保国. 美国洪水预报及预警系统发展概况. 中国水利，2003

[48] 钟石鸣. 深圳市洪水保险模式与实施对策研究. 人民珠江，2010

[49] 全国蓄滞洪区建设与管理规划. 水利部水利水电规划设计总院，2009.

[50] 盛震东，梁志勇，张晨霞，等. 国外非工程防洪减灾战略研究（Ⅱ）——减灾实例. 自然灾害学报，2002

[51] 杜恩乐，张鹏，曹玉奎. 谈济南市腊山分洪工程建设. 山东水利，2012

[52] 朱思诚. 城市防洪规划中的控制要素. 城市道桥与防洪，2005

[53] 蓄滞洪区设计规范（GB 50773—2012）. 北京：中国计划出版社，2012

[54] 张建云. 水文学手册. 北京：科学出版社，1900

[55] 吴登树. 浅谈城市防洪与生态景观结合. 水利规划与设计，2004

[56] 孙建夫. 防洪工程中生态护坡技术. 黑龙江水利科技，2012

[57] 孙建夫. 防洪工程中生态护坡的施工技术. 黑龙江水利科技，2012

[58] 茹克亚·吐尔逊. 河道生态护岸技术. 现代农业科技，2010

[59] 汪玉君，李云峰，韩敏华. 关于河道防洪工程建设与管理的探讨. 水利技术监督，2003，3

[60] 祁文军. 建设现代化的城市防洪体系——太原市防洪现状分析及指挥决策支持系统的建立. 太原：山西水利科技，2002，1

[61] 陈立峰，李玥璠，李志栋. 平原河道管理与防洪探讨. 治淮，2005，4

[62] 董磊，王金保，刘芳，李志平. 浅谈水库防洪管理. 内蒙古水利，2012，6

[63] 杨新利. 浅谈自动化技术在水库大坝安全管理中的应用. 陕西水利，2012，6

[64] 刘铮. 水库防洪管理探讨. 科技致富向导，2012，17

[65] 范永玉. 现代化管理手段在水库调度中的应用. 吉林水利，2004，1

[66] 现代化水库管理措施. 黑龙江科技信息，2009

[67] 许志勇，孟永同，戚应金. 信息化系统在中小型水库现代化管理中的典型应用. 治淮，2006，9

[68] 水利水电工程水文自动测报系统设计规范（SL 566—2012）. 北京：中国水利水电出版社，2012

[69] 刘震. 城市防洪指挥决策系统总体设计. 河海大学学报，1998，4

[70] 刘向杰. 汾河流域河道防洪信息管理系统的开发与应用. 太原：太原理工大学，2010

[71] 赵锡如. 林学概论. 北京：农业出版社，1985

[72] 张智. 城镇防洪与雨洪利用. 北京：中国建筑工业出版社，2009

[73] 王伟，叶闽，张建新. 城市生态小区雨水利用研究. 给水排水动态，2006（2）：13-15

[74] 李红旭，李芝喜. 论森林植被的生态防洪功能. 云南林业调查规划设计，2000，25（2）：39-44

[75] 熊斌亮，林飞，骆昱春. 森林防洪效能及对策. 江西林业科技，1999，（2）：17-19

[76] 何文社，杨具瑞，李昌志. 水土保持与水资源可持续发展. 世界科技研究与发展，2001，23（2）：13-17

[77] 王立民，李凤楼，杨旭. 柴河水库利用洪水资源发挥水库效益. 东北水利水电，2005，25（273）：46-47

[78] 徐国新，余辉. 长江流域蓄滞洪区建设与管理规划初步研究. 人民长江，2006，37（9）：24-26

[79] 许拯民. 城市防洪及雨洪利用工程技术研究. 武汉：长江出版社，2008

[80] 康军林，包键杰，黄保国. 辽宁省河道防洪与治理新模式探讨. 现代农业科技，2008，（13）：345-346

[81] 侯伏慧，李海军，井慧先等. 浅谈防洪工程的经济评价. 水利经济，2004（3）：7

[82] 钟喜梅，康永辉，邓丽萍. 浅议防洪工程的经济效益分析与评价. 广西水利水电，2011（4）：66-68

[83] 孙欣. 城市雨水系统工况模拟与内涝风险评价. 天津：天津大学，2009

[84] 姜树海，范子武，吴时强. 洪灾风险评估和防洪安全决策. 北京：水利水电出版社，2005

[85] 魏一鸣. 洪水灾害风险管理理论. 北京：科学出版社，2002

[86] 万庆等. 洪水灾害系统分析与评估. 北京：科学出版社，1999

[87] 黄崇福. 风险分析基本方法探讨. 自然灾害学报，2011，20（5）：1-10

[88] 孙晓红. 防洪风险识别估计方法及应用. 黑龙江水专学报，2007，34（1）：38-41

[89] 王栋，朱元甡. 防洪系统风险分析的研究评述. 水文，2003，23（2）：15-20

[90] 马婧，李守义，杨杰等. 多层次模糊综合分析法在小型水库风险评估中的应用水库大坝建设与管理中的技术进展：中国大坝协会2012学术年会论文集，300-305

[91] 毛民治，高铁红，杨明海. 防洪工程经济评价. 水利科技与经济，2000，6（3）：126-129

[92] 孙阿丽. 基于情景模拟的城市暴雨内涝风险评估. 上海：华东师范大学，2011

[93] 焦瑞峰. 水库防洪调度多目标风险分析模型及应用研究. 郑州：郑州大学，2008

[94] 山东省排水专项规划编制纲要. 山东省建设厅，2012